例題と演習で学ぶ

# 電気数学

服藤 憲司 著

森北出版株式会社

# まえがき

　電気電子工学や通信工学を専攻しようとする学生の皆さんにとって，これらの関連科目を十分に理解するためには，基礎的な数学を，直面する課題に対して柔軟かつ適切に運用していく力が求められます．皆さんは，高校でいくつかの数学の項目，すなわち，数や式の考え方，2 次関数，図形と方程式，データの分析，ベクトル，三角関数，指数関数と対数関数，微分と積分などをしっかり勉強したことと思います．そして，これらの数学を，日常生活の簡単な具体例に対して応用してみたかもしれません．しかし，数学を，たとえば同時に勉強してきた物理や化学の問題などと，深く関連づけて考えてみたことは，あまり多くはなかったのではないでしょうか．

　本書は，大学の初学年で学ぶ「電気回路」をおもな題材として，これを十分に理解していくために必要な数学を，厳密な定理やこの証明には深入りせず，もっぱら応用的な面に主眼を置きながら解説したものです．まず，高校で学んだ数学の内容を簡単に復習します．そして，大学で学ぶ数学への接続を踏まえながら，いくつかの大切な項目を無理なく理解できるように説明が組み立てられています．具体的には，関数とグラフ，三角関数，微分・積分，複素数，行列と行列式，フーリエ級数解析，微分方程式，ラプラス変換などの項目が説明されています．電気電子工学や通信工学分野の，大学の 4 年間で学ぶ科目で必要とされる数学の多くの項目を含んでいます．本書をしっかり理解できれば，電気回路以外の電気電子系の専門科目の理解にも，きっと役立つと思います．ベクトル解析や複素関数などの項目は含まれていませんが，これらについては別の機会にぜひ勉強してください．

　本書は，大学低学年の，電気回路に必要な数学を初めて学ぼうとする学生を対象にして，半年のカリキュラムで履修できるように書かれたものです．電気回路を理解するためには，上述のさまざまな数学の項目の理解が必要です．これらの重要なポイントを確実に押さえながら，どのようにして具体的な電気回路の問題に適用していけばよいのか，無理なく理解できるようにいろいろな工夫をしました．

(1) 内容を精選しました．学ぶべき内容は多いのですが，重要度の高い項目を，余裕をもって勉強できるよう，負担の重い内容や，定理の証明などは割愛しています．

(2) 基本的ではあるものの，皆さんが十分に納得しにくい項目に対しては，紙面を十分に割いて解説しました．たとえば，複素数を交流回路解析に導入する

ことの必要性，微分・積分が交流回路の計算のどのような場面で活躍しているのか，そして行列を用いると，交流回路の解析がいかに簡潔かつ明確に行えるのか，などが挙げられます．微分方程式やラプラス変換を用いて，回路のスイッチを入れたり切ったりした後に現れる過渡現象を表す方程式の導出方法や，電流や電圧の時間変化を求めていく方法についても，丁寧に説明を加えました．

(3) 確実にマスターしなければならない項目に対しては，囲みを付け，予復習の便宜を図りました．

(4) 例題を多く用意し，また，章末の演習問題の解答は，読者が自習しやすいように，丁寧に記載しました．

この本は，前述しましたように，電気回路を十分に理解していくために必要な数学の要点を，丁寧な解説，豊富な例題，そして詳細な問題の解答を基にして，応用的な面に主眼を置きながら解説したものです．ここで取り上げる数学の各項目の，さらに進んだ深い理解や定理の証明の勉強を志す方は，巷間に優れた専門書がありますので，そちらをご覧ください．この本が，電気電子系の分野を志す皆さんにとって，電気回路や関連する電気系の専門科目を納得して理解できる一助となりますと幸いです．

最後になりますが，本書の出版の機会を与えてくださり，また執筆に関しまして，不断の激励と，数々の適切なアドバイスを頂きました，森北出版の富井晃さんに深く感謝致します．

2021 年 6 月　　　　　　　　　　　　　　　　　　　　　　著　者

# 目　次

# 1章 関数とグラフ

二つの変数 $x$ と $y$ があって，$x$ の値を定めると，これに対応して $y$ の値が決まるとき，$y$ は $x$ の関数であるという．関数は，電気数学の広い分野を理解するための基礎となる知識である．本章では，1次関数，2次関数，指数関数，そして対数関数を取り上げ，高校で学んだ数学の内容の復習を含めながら確認していくことにしよう．関数の性質を理解するうえで重要な，グラフ表現と併せて説明する．

## 1.1 関数の定義

二つの**変数** $x$ と $y$ があって，$x$ の値を定めると，これに対応して $y$ の値がただ一つ決まるとき，$y$ は $x$ の**関数**であるという．このことを，記号 $f$ などを用いて，

$$y = f(x) \tag{1.1}$$

と表す．関数 $y = f(x)$ において，変数 $x$ の値が $a$ であるとき，これに対応した $y$ の値を $f(a)$ と書く．これを，$a$ における関数 $f(x)$ の値という．$f$ は，英語の「関数」の意味を表す function の頭文字に由来するが，$f$ に限らず，$g$ や $h$ など，さまざまな文字が使われる．

一般に，関数 $y = f(x)$ に対して，$x$ の取り得る値の範囲を，この関数の**定義域**という．また，この $x$ の定義域に対応して，$y$ の取り得る値の範囲を，この関数の**値域**という．しばしば，定義域の与えられた関数を次のように書く．

$$y = f(x) \quad (a \leqq x \leqq b) \tag{1.2}$$

ここで，$a$ および $b$ を，それぞれ，定義域の下端および上端という．とくに断りがなければ，$x$ の定義域は，$f(x)$ の値が定まる実数全体とする．

図 1.1 に示すように，平面上に，原点 O で直交する二つの直線により**座標軸**を定める．たとえば，水平線を $\boldsymbol{x}$ **軸**とし，また，これに直交する垂直線を $\boldsymbol{y}$ **軸**とする．$\boldsymbol{x}$ **座標**が $a$ で $\boldsymbol{y}$ **座標**が $b$ であるこの平面上の任意の1点 P の位置は，二つの実数の組 $(a, b)$ で定められ，これを $\mathrm{P}(a, b)$ と表す．座標軸が定められたこの平面を，**座標平面**，$\boldsymbol{xy}$ **座標平面**あるいは $\boldsymbol{xy}$ **平面**などという．

図 1.2 に示すように，この座標平面は，二つの座標軸により四つの領域（**象限**）に分割される．座標平面上の任意の点の象限は，図に示すように，$x$ 座標と $y$ 座標の符

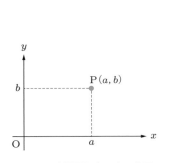

図 1.1　**座標平面上の点の位置**

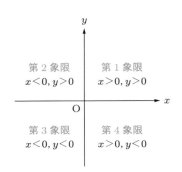

図 1.2　**座標平面上の四つの象限**

号により判断できる．ただし，座標軸上の点は，どの象限にも属さないものとする．

$y = f(x)$ を $x$ について解いたとき，$x = g(y)$ になったとする．このとき，$x$ と $y$ を入れ替えた $y = g(x)$ を，$y = f(x)$ の**逆関数**という．$y = f(x)$ のグラフ上の点 $(p,q)$ は，$y = g(x)$ 上では点 $(q,p)$ に移ることがわかる．ここで，点 $(p,q)$ と点 $(q,p)$ は，直線 $y = x$ に関して対称である．すなわち，$y = f(x)$ と $y = g(x)$ が，お互いに逆関数の関係にあるとき，両者は直線 $y = x$ に関して対称となる．$y = f(x)$ の逆関数は，

$$y = f^{-1}(x) \tag{1.3}$$

と表す．

## 1.2　1次関数とグラフ

$a$ および $b$ を定数として，$a \neq 0$ であるとき，

$$y = ax + b \tag{1.4}$$

で与えられる関数を，**1次関数**という．この関数は，**傾き**が $a$ で，$y$ 軸との**切片**が $b$ の直線を表す．

関数の変化の様子は，**グラフ**にしてみるとわかりやすい．図 1.3 は，$a = 2$，$b = 1$ とした，

$$y = 2x + 1 \tag{1.5}$$

で与えられる 1 次関数を，グラフにして示したものである．ここで，$x$ の定義域を，

$$-1 \leqq x \leqq 2 \tag{1.6}$$

とすると，$y$ の値域は

$$-1 \leqq y \leqq 5 \tag{1.7}$$

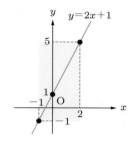

図 1.3　$y = 2x + 1$ のグラフ

となることが読み取れる．関数の値域に最大となる値があるとき，これを**最大値**という．同様に，最小となる値があるとき，これを**最小値**という．この場合には，最大値は 5 であり，最小値は $-1$ である†．

　関数 $y = f(x)$ において，$x$ の値が増加すると $y$ の値も増加するとき，関数 $y = f(x)$ は**単調に増加する**という．同様に，$x$ の値が増加すると $y$ の値が減少するとき，関数 $y = f(x)$ は**単調に減少する**という．1 次関数は，傾き $a$ が正のとき右肩上がりの**単調増加関数**である．一方，$a$ が負のとき右肩下がりの**単調減少関数**となる．

## **1.3**　**2次関数とグラフ**

### **1.3.1**　**2次関数の定義**

　関数 $y = f(x)$ が，$x$ の 2 次式で表される次の関数を考えてみよう．

$$y = ax^2 + bx + c \tag{1.8}$$

ここで，$a$, $b$, $c$ は定数であり，また $a \neq 0$ である．このような関数 $y$ を，$x$ の **2 次関数**という．

　まず，$b = 0$, $c = 0$ とした次の関数のグラフを調べてみよう．

$$y = ax^2 \tag{1.9}$$

図 1.4 にグラフを示す．ここでは，$a = 1/2$, および $-1/2$ の場合を示している．これらのグラフは，原点 O を通り，$y$ 軸に関して対称である．$a$ の値が正の場合には，このグラフは**下に凸**であり，$a$ の値が負の場合には**上に凸**である．$x$ の絶対値が大きくなるほど，$y$ の絶対値は大きくなる．このグラフの形は**放物線**とよばれ，その対称軸を放物線の**軸**といい，この軸と放物線の交点を**頂点**という．この例では，$y$ 軸が軸となり，原点が頂点である．

---

†　数学的には，定義域が開区間の場合，最大値や最小値は存在しないことがある．たとえば，定義域が $-1 \leqq x < 2$ だと最大値は存在しない．本書では，開区間の定義域は扱わない．

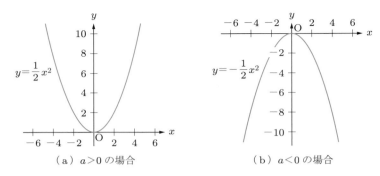

（a）$a > 0$ の場合 　　　　　（b）$a < 0$ の場合

図 1.4　$y = ax^2$ のグラフ

## 1.3.2 　2次関数の基本形とグラフの平行移動

次に，式 (1.8) で与えられる 2 次関数のグラフの，軸と頂点を調べてみることにしよう．このために，式 (1.8) を次のように変形する．

$$y = ax^2 + bx + c$$

$$= a\left(x^2 + \frac{b}{a}x\right) + c = a\left\{x^2 + 2 \times \frac{b}{2a}x + \left(\frac{b}{2a}\right)^2 - \left(\frac{b}{2a}\right)^2\right\} + c$$

$$= a\left\{\left(x + \frac{b}{2a}\right)^2 - \left(\frac{b}{2a}\right)\right\}^2 + c = a\left(x + \frac{b}{2a}\right)^2 - a\left(\frac{b}{2a}\right)^2 + c$$

$$= a\left(x + \frac{b}{2a}\right)^2 - \frac{b^2 - 4ac}{4a} \tag{1.10}$$

このように変形することを，**平方を完成させる**という．ここで，式 (1.10) と式 (1.9) を見比べて，式 (1.10) において，$x + b/2a = X$，$y + (b^2 - 4ac)/4a = Y$ とおき直そう．すると，$Y = aX^2$ となって式 (1.9) と同じ形になることがわかる．

$xy$ 座標における $y = ax^2$ のグラフと，$XY$ 座標における $Y = aX^2$ のグラフの関係を，図 1.5 に示す．どちらも座標原点を頂点にもつ放物線で，形状は等しい．また，$X = x + b/2a$，$Y = y + (b^2 - 4ac)/4a$ であるから，$X$ 軸（$Y = 0$）は直線 $y = -(b^2 - 4ac)/4a$ と，$Y$ 軸（$X = 0$）は直線 $x = -b/2a$ と一致する．

したがって，$Y = aX^2$ すなわち 2 次関数 $y = ax^2 + bx + c$ のグラフは，$y = ax^2$ のグラフを，$x$ 軸の正方向に $-b/2a$，$y$ 軸の正方向に $-(b^2 - 4ac)/4a$ だけ**平行移動**した放物線である．

その軸と頂点は，次のようになる．

$$\text{軸：　直線 } x = -\frac{b}{2a} \tag{1.11}$$

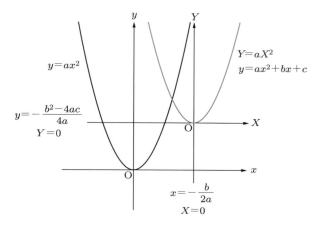

図 1.5  $y = ax^2$ のグラフと $Y = aX^2$ のグラフの関係

$$\text{頂点:}\quad \text{点}\left(-\frac{b}{2a},\ -\frac{b^2 - 4ac}{4a}\right) \tag{1.12}$$

このグラフは，$a > 0$ のとき下に凸，$a < 0$ のとき上に凸である．$y = ax^2 + bx + c$ を，**放物線の方程式**という．

式 (1.10) のような，次の形式

$$y = a(x - p)^2 + q \tag{1.13}$$

を，2次関数の**基本形**という．これは，軸が直線 $x = p$，頂点が点 $(p, q)$ である放物線を表し，$y = ax^2$ のグラフを $x$ 軸の正方向に $p$，$y$ 軸の正方向に $q$ だけ平行移動したグラフの方程式を与える．

一般に，任意の関数 $y = f(x)$ のグラフを平行移動したグラフは，次のようになる．

---

▶ **関数 $y = f(x)$ のグラフの平行移動** ────────────

任意の関数 $y = f(x)$ のグラフを，$x$ 軸の正方向に $p$，$y$ 軸の正方向に $q$ だけ平行移動したグラフの方程式は，次式で与えられる．

$$y - q = f(x - p) \tag{1.14}$$

---

グラフの平行移動は，次章で取り上げる三角関数の周期性や，正弦波交流の位相の進みや遅れを理解するうえで重要になる．

**例題 1.1**　放物線 $y = 2x^2 + 6x + 3$ を，式 (1.10) に従って平方を完成させ，2次関数の基本形にして，軸の式と頂点の座標を求めよ．

**解答** 次のようになる.

$$y = 2x^2 + 6x + 3 = 2(x^2 + 3x) + 3 = 2\left\{\left(x + \frac{3}{2}\right)^2 - \left(\frac{3}{2}\right)^2\right\} + 3$$

$$= 2\left(x + \frac{3}{2}\right)^2 - 2\left(\frac{3}{2}\right)^2 + 3 = 2\left(x + \frac{3}{2}\right)^2 - \frac{3}{2}$$

よって，軸の式は $x = -3/2$，頂点の座標は $(-3/2, -3/2)$ となる.

**例題 1.2** 放物線 $y = 3x^2 + 3x + 1$ を，$x$ 軸の正の方向に 2，$y$ 軸の正の方向に 1 だけ平行移動したグラフの方程式を，式 (1.14) に従って求めよ.

**解答** 次のようになる.

$$y - 1 = 3(x - 2)^2 + 3(x - 2) + 1 = 3(x^2 - 4x + 4) + 3(x - 2) + 1$$

$$\therefore \ y = 3x^2 - 9x + 8$$

### 1.3.3 2次関数の最大・最小

ボールを斜め上方に投げ上げると，水平方向には等速度運動しながら，鉛直方向には徐々に減速しつつ上昇して最高点に達し，その後，反対に加速しつつ下降して，最終的には地上に落ちてくる．2次関数が表すグラフは，このボールの一連の運動状態を表現しており，このことが**放物線**という名称の由来になっている.

ここでは，この2次関数の最大・最小について考えてみよう．そのためには，式 (1.8) の2次関数は，式 (1.13) の基本形に直しておくと理解しやすい．まとめると，次のようになる.

- $a > 0$ のとき，グラフは下に凸で，$x = p$ のとき最小値 $q$ をとり，最大値はない.
- $a < 0$ のとき，グラフは上に凸で，$x = p$ のとき最大値 $q$ をとり，最小値はない.

**例題 1.3** 2次関数 $y = -2x^2 + 4x + 1$ に最大値あるいは最小値があれば，それを求めよ.

**解答** 与えられた2次関数を，基本形に直す.

$$y = -2x^2 + 4x + 1 = -2(x^2 - 2x) + 1 = -2\{(x - 1)^2 - 1\} + 1$$

$$= -2(x - 1)^2 + 3$$

よって，この2次関数のグラフは上に凸であり，$x = 1$ のとき最大値 3 をとる．最小値はない.

次に，定義域が指定されている場合の最大・最小はどのようになるか見ていこう．$a > 0$ の場合について考えてみる．ここでも，式 (1.13) の基本形に直しておくとわかりやすい．定義域が $s \leqq x \leqq t$ と指定されているとして，軸 $x = p$ と定義域との位置関係を，図 1.6 の五つの場合に分けて考えるとよい．網掛けの領域が定義域である.

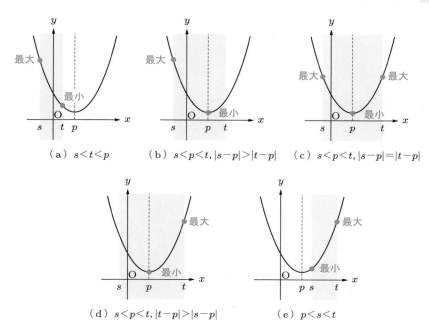

図 1.6　定義域が指定されている場合の最大・最小

- $a > 0$ のとき，最大値は，$s$ あるいは $t$ のうち軸 $x = p$ から遠い方の点でとる．最小値は，軸が定義域内なら頂点で，軸が定義域外なら $s$ あるいは $t$ のうち軸 $x = p$ に近い方の点でとる．
- $a < 0$ のときは，上記の最大・最小が逆になる．

# 1.4 指数関数

## 1.4.1 指数の定義

　指数は，非常に大きな数や，非常に小さな数を扱うのにとても便利な数である．たとえば，各種の単位を表すときに使われる k（キロ）や M（メガ），m（ミリ）や μ（マイクロ）は指数に基づいている．

　ある数 $a$ を $n$ 個掛けたものを，$a$ の **$n$ 乗** とよび，次のように表す．

$$a^n = \underbrace{a \times a \times a \times a \times \cdots \times a}_{n \text{ 個}} \tag{1.15}$$

このとき，$a$ を **底**，$n$ を **指数** という．ただし，$a \neq 0$ とする．このように指数は，同じ数を繰り返し掛け算する回数を表す．また，こうしてできる数 $a^1, a^2, a^3, \cdots, a^n$ を総称して，$a$ の **累乗** とよぶ．

この指数 $n$ を 0 や負の整数に対して拡張して，次のように定義する．

$$a^0 = 1 \tag{1.16}$$

$$a^{-n} = \frac{1}{a^n} \tag{1.17}$$

さらに，指数を実数にまで拡張したとき，以下の**指数法則**が成り立つ．ただし，$a > 0$，$b > 0$ であり，$p$ と $q$ は実数とする．

▶ **指数法則**

$$a^p a^q = a^{p+q} \tag{1.18}$$

$$(a^p)^q = a^{pq} \tag{1.19}$$

$$(ab)^p = a^p b^p \tag{1.20}$$

$$\frac{a^p}{a^q} = a^{p-q} \tag{1.21}$$

$$\left(\frac{a}{b}\right)^p = \frac{a^p}{b^p} \tag{1.22}$$

**例題 1.4** 次式を，簡単な式に整理せよ．

$$\left(\frac{a^3}{b^2}\right)^{-3} \times \left(\frac{b^3}{a}\right)^2 \div (a^2 b)^{-5}$$

**解答** 次のようになる．

$$\left(\frac{a^3}{b^2}\right)^{-3} \times \left(\frac{b^3}{a}\right)^2 \div (a^2 b)^{-5} = \frac{a^{3\times(-3)}}{b^{2\times(-3)}} \times \frac{b^{3\times2}}{a^{1\times2}} \div a^{2\times(-5)} b^{1\times(-5)}$$

$$= \frac{a^{-9}}{b^{-6}} \times \frac{b^6}{a^2} \times \frac{1}{a^{-10}b^{-5}} = a^{-9}b^6 a^{-2} b^6 a^{10} b^5 = a^{-9-2+10}b^{6+6+5} = a^{-1}b^{17}$$

$$= \frac{b^{17}}{a}$$

## 1.4.2 累乗根

2 以上の整数 $n$ に対して，$n$ 乗して $a$ になる数 $x$，すなわち

$$x^n = a \tag{1.23}$$

を満たす $x$ を，$a$ の **$n$ 乗根**，あるいは**累乗根**という．とくに，2 乗根を**平方根**，3 乗根を**立方根**という．$a$ の平方根，立方根，$n$ 乗根を，それぞれ $\sqrt{a}$，$\sqrt[3]{a}$，$\sqrt[n]{a}$ と表す．

累乗根に対して，次の公式が成り立つ．ただし，$a > 0$，$b > 0$ で，$m$，$n$，$k$ は正の整数とする．

▶ **累乗根**

$$(\sqrt[n]{a})^n = a \tag{1.24}$$

$$\sqrt[n]{a}\,\sqrt[n]{b} = \sqrt[n]{ab} \tag{1.25}$$

$$\frac{\sqrt[n]{a}}{\sqrt[n]{b}} = \sqrt[n]{\frac{a}{b}} \tag{1.26}$$

$$(\sqrt[n]{a})^m = \sqrt[n]{a^m} \tag{1.27}$$

$$\sqrt[m]{\sqrt[n]{a}} = \sqrt[mn]{a} \tag{1.28}$$

$$\sqrt[n]{a^m} = \sqrt[nk]{a^{mk}} \tag{1.29}$$

### 1.4.3 指数関数のグラフ

$a > 0$, $a \neq 1$ であるとき，$x$ を変数とする

$$y = a^x \tag{1.30}$$

で表される関数 $y$ を，$a$ を底とする**指数関数**という．一般に，

$$y = \left(\frac{1}{a}\right)^x = a^{-x} \tag{1.31}$$

であるので，$y = (1/a)^x$ のグラフは，$y = a^x$ のグラフと，$y$ 軸に関して対称となる．図 1.7 に，$a = 2$ の場合の指数関数 $y = a^x$ と $y = (1/a)^x$ のグラフを併せて示す．図のように，指数関数 $y = 2^x$ の値は，$x$ の値が大きくなるにつれて急激に大きくなる．世の中には，このような振る舞いを示す現象は多くある．いわゆる指数関数的な増加である．

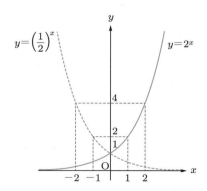

図 1.7 指数関数のグラフ

　指数関数 $y = a^x$ のグラフは，$a > 1$ の場合と $0 < a < 1$ の場合では，お互いに増減の様子が異なる．$a > 1$ の場合には，$x$ の増加とともに $y$ の値は増加し，単調増加関数となる．一方，$0 < a < 1$ の場合には，単調減少関数となる．図 1.8 に，これら両者の場合を比較しながら示す．式 (1.16) からも理解できるように，これら指数関数のグラフは，$x = 0$ で $y = 1$ となる点を通過することに注意してほしい．

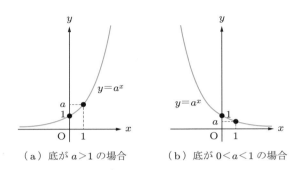

（a）底が $a>1$ の場合　　　　（b）底が $0<a<1$ の場合

図 1.8　底 $a$ の大きさによる増減の様子の違い

　ネイピア数 $e$ という，特別な定数を底に用いた指数関数がしばしば用いられる．すなわち，式 (1.30) において，$a$ を $e$ に置き換え，次のように書き表す．

$$y = e^x = \exp x \tag{1.32}$$

なお，**ネイピア数** $e$ については，3 章で改めて説明する．また，exp はエクスポネンシャルとよぶ．

## 1.5　対数関数

### 1.5.1　対数の定義

　前節で説明した指数は，底 $a$ の掛け算を繰り返してある数を作ったとき，その掛け算の回数を表すものであった．対数は，指数と表裏一体の関係にあり，ある数が与えられたとき，底 $a$ に対するその指数を表すものである．すなわち，ある数について，**底 $a$ を何回掛け算するとその数になるかを表す**．

　図 1.8 のグラフからわかるように，指数関数 $y = a^x$ において，$y$ の値を決めると，これを満たす $x$ の値はただ一つ決まる．すなわち，$a > 0$，$a \neq 1$ であるとき，

$$a^x = M \tag{1.33}$$

を満たす $x$ はただ一つ決まる．この $x$ を

$$x = \log_a M \tag{1.34}$$

と表すことにする．これを，$a$ を底とする $M$ の**対数**という．また，$M$ をこの対数の
**真数**という．$M > 0$ であり，これは**真数条件**とよばれる．この定義から，指数と対数
の間には次の関係がある．

> ▶ **指数と対数の関係**
>
> $a > 0$，$a \neq 1$ であるとき，次の関係がある．ただし，$M > 0$ である．
> $$a^p = M \quad \Leftrightarrow \quad p = \log_a M \tag{1.35}$$

また，真数 $M$ が底 $a$ と等しいとき，あるいは $M = 1$ であるとき，次のようになる．
$$\log_a a = 1 \tag{1.36}$$
$$\log_a 1 = 0 \tag{1.37}$$
ただし，$a > 0$，$a \neq 1$ である．

さらに，$a > 0$，$a \neq 1$，$b > 0$，$b \neq 1$，$c > 0$，$c \neq 1$，$P > 0$，$Q > 0$ で，$r$ が実数
であるとき，以下の関係が成り立つ．

> ▶ **対数の公式**
>
> 積の公式：　$\log_a PQ = \log_a P + \log_a Q \tag{1.38}$
>
> 商の公式：　$\log_a \dfrac{P}{Q} = \log_a P - \log_a Q \tag{1.39}$
>
> 累乗の公式：　$\log_a P^r = r \log_a P \tag{1.40}$
>
> 底の変換：　$\log_a b = \dfrac{\log_c b}{\log_c a} \tag{1.41}$

## 1.5.2　常用対数と自然対数

次式で与えられる 10 を底とする対数を，$M$ の**常用対数**という．
$$x = \log_{10} M \tag{1.42}$$
常用対数は，我々が日常生活で用いている 10 進法と直接関係しているため，とて
も便利である．たとえば，整数の桁を調べたりする際に役立つ．
一方，次式で与えられるネイピア数 $e$ を底とする対数を，$M$ の**自然対数**といい，理
工学の分野でしばしば用いられる．
$$x = \log_e M = \ln M \tag{1.43}$$

このように，自然対数は $\ln M$ と表すことも多い．対数は，$\log M$ のように，底が省略されて表現される場合もある．この場合には，文脈から常用対数か自然対数かを注意して判断する必要がある．

**例題 1.5** 次式を，簡単な式に整理せよ．
$$\log_3 \sqrt{6} + \log_3 \sqrt{12} - 3\log_3 \sqrt{2}$$

**解答** 次のようになる．
$$\log_3 \sqrt{6} + \log_3 \sqrt{12} - 3\log_3 \sqrt{2} = \log_3 \sqrt{6} + \log_3 \sqrt{12} - \log_3(\sqrt{2})^3$$
$$= \log_3 \frac{\sqrt{6} \times \sqrt{6 \times 2}}{(\sqrt{2})^3} = \log_3 \frac{6\sqrt{2}}{2\sqrt{2}} = \log_3 3 = 1$$

## 1.5.3 対数関数のグラフ

$a > 0$，$a \neq 1$ であるとき，$x$ を変数とする

$$y = \log_a x \tag{1.44}$$

で表される関数 $y$ を，$a$ を底とする**対数関数**という．ここで，対数の定義より，

$$y = \log_a x \quad \Leftrightarrow \quad x = a^y \tag{1.45}$$

であるので，$y = \log_a x$ と $y = a^x$ は，お互いに逆関数の関係にある．すなわち，$y = \log_a x$ と $y = a^x$ は，直線 $y = x$ に関して対称となる．図 1.9 は，$a > 1$ の場合について，対数関数 $y = \log_a x$ のグラフを描いたものである．対数関数のグラフは，定点 $(1,0)$ を通り，$y$ 軸が**漸近線**となる．ここでは，$y = a^x$ のグラフも併せて描いている．

図に示すように，対数関数のグラフは，$a > 1$ の場合には単調増加する．ただし，

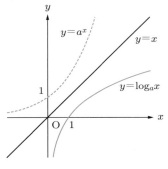

図 1.9 対数関数のグラフ
（$a > 1$ の場合）

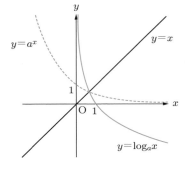

図 1.10 対数関数のグラフ
（$0 < a < 1$ の場合）

指数関数とは逆に，対数関数では $x$ の値が大きくなるにつれて増加率は小さくなる．音の大きさや地震の揺れなど，日常生活で受ける刺激に対する人間の感覚は，刺激が小さいときは鋭く，刺激が大きくなるほど鈍くなっている．そのため，大きさを対数で表すと，我々の実際の感じ方と近くなることが多い．

　また，図 1.10 に示すように，対数関数のグラフは，$0 < a < 1$ の場合には単調減少する．

────────────────────────○ **演習問題** ○────────────────────────

**1.1** 【1 次関数の値域】1 次関数とその定義域が，以下のように与えられている．このとき，$y$ の値域を求めよ．

　(1) $y = 2x + 1$ $\quad(-2 \leqq x \leqq 1)$ $\qquad$ (2) $y = -\dfrac{1}{2}x + 3$ $\quad(2 \leqq x \leqq 6)$

**1.2** 【2 次関数の基本形】2 次関数 $y = -2x^2 + 4x + 1$ を基本形に直し，軸の式と頂点の座標を求めよ．

**1.3** 【2 次関数の平行移動】放物線 $y = 3x^2 + 3x + 1$ を，$x$ 軸の方向に $-2$，$y$ 軸の方向に $-1$ だけ平行移動したグラフの方程式を求めよ．

**1.4** 【2 次関数の最大・最小】2 次関数 $y = 3x^2 + 12x + 10$ に最大値あるいは最小値があれば，それを求めよ．

**1.5** 【定義域が指定された 2 次関数の最大・最小】定義域が $0 \leqq x \leqq a$ で与えられる 2 次関数 $y = x^2 - 4x + 2$ の最大値と最小値を，定数 $a$ の値の場合分けを行って求めよ．ただし，$a > 0$ とする．

**1.6** 【指数の計算】次式を簡単な式に整理せよ．ただし，$a > 0$，$b > 0$ とする．

　(1) $16^2 \div 8^{-3} \times 4^2$ $\qquad$ (2) $\sqrt[4]{a} \times \sqrt{b} \div \sqrt[3]{ab^2}$

**1.7** 【指数関数のグラフ】以下に与えられる四つの指数関数のグラフを，同じ座標平面上に描け．さらに，これら四つの関数の関係について説明せよ．

　(1) $y = 3^x$ $\qquad$ (2) $y = \left(\dfrac{1}{3}\right)^x$ $\qquad$ (3) $y = -3^x$ $\qquad$ (4) $y = -3^{-x}$

**1.8** 【対数の計算・底の変換】次式を簡単な式に整理せよ．

　(1) $3\log_2 3 - 6\log_2 \dfrac{\sqrt{3}}{2}$ $\qquad$ (2) $\log_3 4 \times \log_4 9$

**1.9** 【対数関数のグラフ】以下に与えられる四つの対数関数のグラフを，同じ座標平面上に描け．さらに，これら四つの関数の関係について説明せよ．

　(1) $y = \log_3 x$ $\qquad$ (2) $y = \log_{1/3} x$ $\qquad$ (3) $y = -\log_3 x$ $\qquad$ (4) $y = -\log_{1/3} x$

# 2章 三角関数と正弦波交流

本章では，電気電子分野においてきわめて重要な役割を担う，三角関数について学ぶ．三角関数は，一定の間隔ごとに同じ変化を繰り返すこと，すなわち周期性をもつことが特徴である．そのため，各種の波の振る舞いを表現することができ，多くの分野で利用されている．電気電子分野においては，時間的に変化する電圧や電流，すなわち交流の表現に用いられる．

三角関数は，回路の電気的応答を取り扱う場合には，なくてはならない大切な関数であるが，その周期性のため，1章で取り上げた関数とは異なる性質を多くもつ．それら三角関数の性質や各種の公式をしっかり学んだうえで，最も基本的な交流の表現方法である正弦波交流との関係性について，理解を深めていこう．

## 2.1 三角関数

### 2.1.1 弧度法

図 2.1 に示すように，平面上で，原点 O を中心として回転する半直線 OP を考える．この回転する半直線 OP を**動径**という．また，半直線 OP の最初の位置 OX を**始線**という．動径 OP の回転方向は，反時計回りを**正の方向**，時計回りを**負の方向**と定義する．回転角度 $\theta$ の大きさを表す単位には，以下の 2 種類がある．

- **度** [°]：1 回転を $360°$ と定義する．よって，$1°$ は，1 回転を 360 等分した角度である．このようにして角度の大きさを表す方法を，**度数法**という．
- **ラジアン** [rad]：図 2.2 に示す半径 $r$ の円において，半径 $r$ と等しい円周長 $l = r$ に相当する中心角 $\angle$AOB の角度を，$1\,\mathrm{rad}$ と定義する．円周の一周長は $2\pi r$ であるので，1 回転の角度は $2\pi$ [rad] である．これを**弧度法**という．

以上より，度数法と弧度法の間には，

$$1\,[\mathrm{rad}] = \frac{360}{2\pi} \fallingdotseq 57.3\,[°] \tag{2.1}$$

$$180\,[°] = \pi\,[\mathrm{rad}] \tag{2.2}$$

$$1\,[°] = \frac{\pi}{180}\,[\mathrm{rad}] \tag{2.3}$$

という関係が成り立つ．弧度法で角度を表す場合には，[rad] の単位表記を省略することも多い．

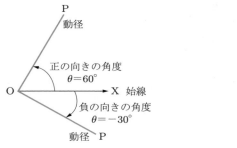

図 2.1 平面上の角度の符号の定義

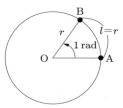

図 2.2 弧度法の定義

## 2.1.2 三角関数の定義

図 2.3 に示すように，点 O を原点とする $xy$ 座標平面上において，半径 $r$ の円周上を動く点 P$(x,y)$ を考える．$x$ 軸の正の方向を始線として，動径 OP がこの始線となす角度を $\theta$ とする．このとき，

$$\sin\theta = \frac{y}{r} \tag{2.4}$$

$$\cos\theta = \frac{x}{r} \tag{2.5}$$

$$\tan\theta = \frac{y}{x} \tag{2.6}$$

で定義される値は，半径 $r$ に関係なく，$\theta$ のみによって決定される．これらを，それぞれ $\theta$ の正弦（**サイン**），余弦（**コサイン**），正接（**タンジェント**）という．このように考えると，$\sin\theta$, $\cos\theta$, $\tan\theta$ は $\theta$ の関数となり，それぞれ**正弦関数**，**余弦関数**，**正接関数**という．また，これら三つをまとめて，**三角関数**という．なお，$x = 0$ になるとき，$\tan\theta$ の絶対値は無限大になる．そのため，この場合に相当する，$\theta$ が $\pi/2$ や $-\pi/2$ に対しては，$\tan\theta$ は定義されない．典型的な角度 $\theta$ の値に対して，正弦，余弦，および正接の値を，表 2.1 に示す．

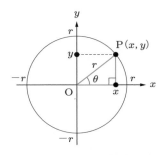

図 2.3 半径 $r$ の円と三角関数の定義

表 2.1　典型的な角度における三角関数の値

|  | 弧度 [rad] | 0 | $\pi/6$ | $\pi/4$ | $\pi/3$ | $\pi/2$ |
|---|---|---|---|---|---|---|
|  | 度数 [°] | 0 | 30 | 45 | 60 | 90 |
| sin |  | 0 | $1/2$ | $1/\sqrt{2}$ | $\sqrt{3}/2$ | 1 |
| cos |  | 1 | $\sqrt{3}/2$ | $1/\sqrt{2}$ | $1/2$ | 0 |
| tan |  | 0 | $1/\sqrt{3}$ | 1 | $\sqrt{3}$ | $\infty$ |

さらに，**三角関数の逆数**が，以下のように定義される.

$$\mathrm{cosec}\,\theta = \frac{1}{\sin\theta} = \frac{r}{y} \tag{2.7}$$

$$\sec\theta = \frac{1}{\cos\theta} = \frac{r}{x} \tag{2.8}$$

$$\cot\theta = \frac{1}{\tan\theta} = \frac{x}{y} \tag{2.9}$$

これらを，それぞれ $\theta$ の**余割**（コセカント），**正割**（セカント），**余接**（コタンジェント）という.

### 2.1.3　動径と三角関数

半径 $r=1$ の円を**単位円**という．図 2.4 で与えられる，点 O を原点とする単位円を用いて，三角関数を改めて考えてみよう．三角関数の定義式 (2.4)〜(2.6) において $r=1$ とすると，点 $\mathrm{P}(x,y)$ は，この単位円の周上を動く．このとき，

$$x = \cos\theta \tag{2.10}$$

$$y = \sin\theta \tag{2.11}$$

であるので，図から明らかなように，正弦関数と余弦関数は

$$-1 \leqq \sin\theta \leqq 1 \tag{2.12}$$

$$-1 \leqq \cos\theta \leqq 1 \tag{2.13}$$

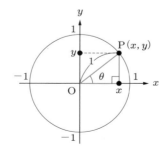

図 2.4　単位円と正弦関数および余弦関数の定義

の範囲の値をとる.

図 2.5 のように,直線 OP と直線 $x = 1$ との交点を Q とする.点 Q の座標を $(1, q)$ とすれば,

$$q = \tan\theta \tag{2.14}$$

となる.$q$ の値域は,すべての実数値となる.

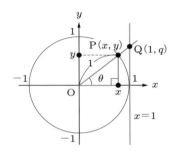

図 2.5 単位円と正接関数の定義

## 2.2 三角関数の相互関係

図 2.6 のように直角三角形の各辺の長さと角度 $\theta$ を定義するとき,正弦,余弦,および正接は次のようになる.

$$\sin\theta = \frac{\text{BC}}{\text{AB}} = \frac{a}{c} \tag{2.15}$$

$$\cos\theta = \frac{\text{AC}}{\text{AB}} = \frac{b}{c} \tag{2.16}$$

$$\tan\theta = \frac{\text{BC}}{\text{AC}} = \frac{a}{b} \tag{2.17}$$

よって,次式が成り立つ.

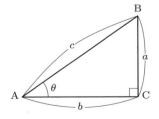

図 2.6 三角関数を定義するための直角三角形 ABC

$$\tan \theta = \frac{a}{b} = \frac{a/c}{b/c} = \frac{\sin \theta}{\cos \theta} \tag{2.18}$$

また，直角三角形の各辺の長さ $a$, $b$, $c$ に対して，三平方の定理を適用すると，$a^2 + b^2 = c^2$ が成り立つ．よって，この式に，$a = c\sin\theta$, $b = c\cos\theta$ を代入して，両辺を $c^2$ で割ると，次の大切な関係式が得られる．

$$\sin^2 \theta + \cos^2 \theta = 1 \tag{2.19}$$

さらに，この式の両辺を $\cos^2 \theta$ で割ると，次の関係式が導かれる．

$$1 + \tan^2 \theta = \frac{1}{\cos^2 \theta} \tag{2.20}$$

## 2.3　三角関数のグラフ

　図 2.7 で与えられる単位円の周上を回転する点 $\mathrm{P}(x, y)$ の動きに着目しながら，3 種類の三角関数のグラフを考えてみよう．

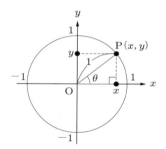

図 2.7　単位円の周上を動く点 P

### （1）　正弦関数 ($\sin\theta$) のグラフ

　$y = \sin\theta$ のグラフは，図 2.8 のように，$\theta$ の値の変化に対する点 P の $y$ 座標の変化を，$\theta$ を横軸にとって描いたものである．これを，**正弦波曲線（サインカーブ）**という．$y = \sin\theta$ のグラフは，周期 $2\pi$ の周期関数であり，原点について**点対称**である．すなわち，対称点 O を中心にして $180°$ 回転すると，もとの図形と一致する．

### （2）　余弦関数 ($\cos\theta$) のグラフ

　$y = \cos\theta$ のグラフは，図 2.9 のように，$\theta$ の値の変化に対する点 P の $x$ 座標の変化を，$\theta$ を横軸にとって描いたものである．ここで，左側の単位円の $xy$ 座標軸が，図 2.8 と比べて，$90°$ だけ反時計回りに回転した配置になっていることに注意してほしい．$y = \cos\theta$ のグラフは，$y = \sin\theta$ のグラフと同様に，周期 $2\pi$ の周期関数であ

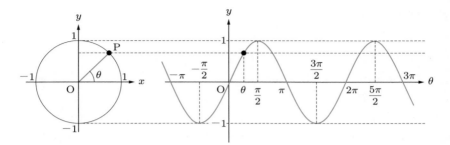

図 2.8 $y = \sin\theta$ のグラフ

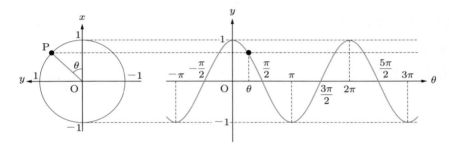

図 2.9 $y = \cos\theta$ のグラフ

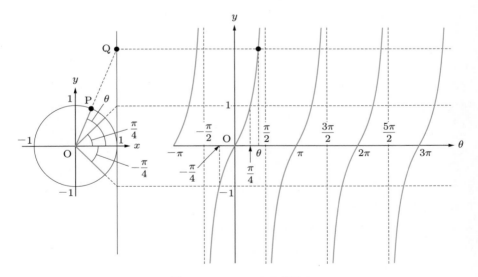

図 2.10 $y = \tan\theta$ のグラフ

る．しかし，点対称ではなく，$y$ 軸について対称である．

### （3） 正接関数 ($\tan\theta$) のグラフ

図 2.10 のように，直線 OP と直線 $x = 1$ との交点を Q とする．$y = \tan\theta$ のグラフは，この点 Q の $y$ 座標の変化を，$\theta$ を横軸にとって描いたものである．このグラフにおいて，$\theta = \pi/4$ の場合には $y = 1$ となり，また $\theta = -\pi/4$ の場合には $y = -1$ となるが，この位置関係についても記載してある．$y = \tan\theta$ のグラフは，$\theta = \pi/2$ あるいは $-\pi/2$ に近づくに従い，$y$ の絶対値が限りなく大きくなる．すなわち，$\theta = \pi/2$ および $\theta = -\pi/2$ は，$y = \tan\theta$ のグラフの**漸近線**になっている．$y = \tan\theta$ のグラフは，周期 $\pi$ の周期関数であり，原点について点対称である．

## 2.4 三角関数の性質

### 2.4.1 三角関数の周期性

動径は，1 回転 ($2\pi$) ごとに一致するので，$n$ を整数として，

$$\sin(\theta + 2n\pi) = \sin\theta \tag{2.21}$$
$$\cos(\theta + 2n\pi) = \cos\theta \tag{2.22}$$
$$\tan(\theta + 2n\pi) = \tan\theta \tag{2.23}$$

の関係が成り立つ．

一般に，変数 $x$ をもつ関数 $y = f(x)$ が，0 ではない定数 $T$ に対して，つねに

$$f(x + T) = f(x) \tag{2.24}$$

を満たすとき，関数 $f(x)$ は，**周期 $T$ をもつ周期関数**であるという．$2T$ や $3T$ もこの関数 $f(x)$ の周期となるが，通常は，その正の最小値をいう．式 (2.21)〜(2.23) の関係式は，三角関数が周期 $2\pi$ の周期関数であることを示している．ただし，$\tan\theta$ については，図 2.10 で説明したように，$2\pi$ の半分の $\pi$ が周期となっていることに注意してほしい．

1 章で説明したように，任意の関数 $y = f(x)$ のグラフを，$x$ 軸の正方向に $p$ だけ平行移動したグラフは，$y = f(x - p)$ で表される．したがって式 (2.24) は，$x$ 軸の負方向に周期 $T$ だけ平行移動したグラフが，もとのグラフと一致することを意味している．図 2.8〜2.10 を見るとわかるように，$\sin\theta$, $\cos\theta$, $\tan\theta$ のグラフは $\theta$ 軸の方向に同じ形の繰り返しとなっており，それぞれグラフ全体を $2\pi$, $2\pi$, $\pi$ だけずらしても一致する．このことからも，三角関数の周期性がよくわかるだろう．

## 2.4.2 $-\theta$ をもつ三角関数

図 2.11 に示すように，単位円において，角度 $\theta$ に対応する点 $\mathrm{P}(x,y)$ を $(\cos\theta, \sin\theta)$ と表すと，角度 $-\theta$ に対応する点 $\mathrm{Q}(\cos(-\theta), \sin(-\theta))$ は点 $\mathrm{P}(x,y)$ と $x$ 軸について対称な位置にあり，$(x, -y)$ となる．すなわち，次の関係が成り立つ．

$$\sin(-\theta) = -y = -\sin\theta \tag{2.25}$$

$$\cos(-\theta) = x = \cos\theta \tag{2.26}$$

$$\tan(-\theta) = \frac{-y}{x} = -\tan\theta \tag{2.27}$$

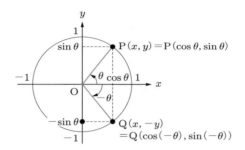

図 2.11　$-\theta$ をもつ三角関数

一般に，変数 $x$ をもつ関数 $y = f(x)$ に対して，

$$f(-x) = f(x) \tag{2.28}$$

を満たすとき，関数 $f(x)$ は**偶関数**であるという．偶関数は，$y$ 軸について対称となる．一方，

$$f(-x) = -f(x) \tag{2.29}$$

を満たすとき，関数 $f(x)$ は**奇関数**であるという．奇関数は，原点について点対称となる．$\cos\theta$ は偶関数であり，$\sin\theta$ と $\tan\theta$ は奇関数である．

## 2.4.3 $\theta + \pi$ および $\theta + \pi/2$ をもつ三角関数

図 2.12 に示すように，角度 $\theta$ に対応する点 $\mathrm{P}(x,y)$ を $(\cos\theta, \sin\theta)$ と表すと，角度 $\theta + \pi$ に対応する点 $\mathrm{Q}(\cos(\theta+\pi), \sin(\theta+\pi))$ は，点 $\mathrm{P}$ と原点について点対称な位置にあり，$(-x, -y)$ となる．よって，次の関係が成り立つ．

$$\sin(\theta + \pi) = -y = -\sin\theta \tag{2.30}$$

$$\cos(\theta + \pi) = -x = -\cos\theta \tag{2.31}$$

$$\tan(\theta + \pi) = \frac{-y}{-x} = \frac{y}{x} = \tan\theta \tag{2.32}$$

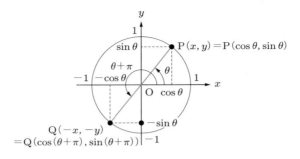

図 2.12 $\theta + \pi$ をもつ三角関数

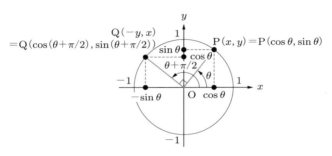

図 2.13 $\theta + \pi/2$ をもつ三角関数

さらに，図 2.13 に示すように，角度 $\theta+\pi/2$ に対応する点 Q$(\cos(\theta+\pi/2), \sin(\theta+\pi/2))$ は，点 P の $x$，$y$ 座標を入れ替えた点 $(y, x)$ と $y$ 軸について対称な位置にあり，$(-y, x)$ となる．よって，次の関係が成り立つ．

$$\sin\left(\theta + \frac{\pi}{2}\right) = x = \cos\theta \tag{2.33}$$

$$\cos\left(\theta + \frac{\pi}{2}\right) = -y = -\sin\theta \tag{2.34}$$

$$\tan\left(\theta + \frac{\pi}{2}\right) = \frac{x}{-y} = -\frac{x}{y} = -\frac{1}{\tan\theta} \tag{2.35}$$

**例題 2.1** 次の関係式が成り立つことを示せ．

(1) $\sin\left(\theta - \dfrac{\pi}{2}\right) = -\cos\theta$

(2) $\cos\left(\theta - \dfrac{\pi}{2}\right) = \sin\theta$

(3) $\tan\left(\theta - \dfrac{\pi}{2}\right) = -\dfrac{1}{\tan\theta}$

**解答** (1) 式 (2.30) および式 (2.33) の公式を順に適用して，次のように導かれる．

$$\sin\left(\theta - \frac{\pi}{2}\right) = -\sin\left(\theta - \frac{\pi}{2} + \pi\right) = -\sin\left(\theta + \frac{\pi}{2}\right) = -\cos\theta$$

(2), (3) 同様にして，以下のように導かれる．

$$\cos\left(\theta - \frac{\pi}{2}\right) = -\cos\left(\theta - \frac{\pi}{2} + \pi\right) = -\cos\left(\theta + \frac{\pi}{2}\right) = \sin\theta$$

$$\tan\left(\theta - \frac{\pi}{2}\right) = \tan\left(\theta - \frac{\pi}{2} + \pi\right) = \tan\left(\theta + \frac{\pi}{2}\right) = -\frac{1}{\tan\theta}$$

## 2.5 逆三角関数

三角関数をそれぞれ $\theta$ について解いたものを，次のように表す．

$$y = \sin\theta \rightarrow \quad \theta = \sin^{-1} y = \arcsin y \tag{2.36}$$

$$y = \cos\theta \rightarrow \quad \theta = \cos^{-1} y = \arccos y \tag{2.37}$$

$$y = \tan\theta \rightarrow \quad \theta = \tan^{-1} y = \arctan y \tag{2.38}$$

ここで，たとえば，$\sin^{-1}$ は**インバースサイン**，$\arcsin$ は**アークサイン**とよぶ．これらは**逆三角関数**とよばれ，三角関数の逆関数である．

式 (2.36)〜(2.38) の値 $\theta$ は，与えられた $y$ に対して，無限個の解をもつ．たとえば，式 (2.36) において，$y = 1/2$ とすると，この解として $\theta = \pi/6, 5\pi/6, 13\pi/6, \cdots$ など無限個存在するが，一般には $\theta$ の範囲を，次のように限定したときの値を採用する．これを**主値**という．

$$\sin^{-1} y \text{ の主値}: \quad -\frac{\pi}{2} \leqq \theta \leqq \frac{\pi}{2} \tag{2.39}$$

$$\cos^{-1} y \text{ の主値}: \quad 0 \leqq \theta \leqq \pi \tag{2.40}$$

$$\tan^{-1} y \text{ の主値}: \quad -\frac{\pi}{2} < \theta < \frac{\pi}{2} \tag{2.41}$$

**例題 2.2** 次の逆三角関数の主値 $\theta$ を求めよ．

$$\theta = \sin^{-1}\left(-\frac{\sqrt{3}}{2}\right)$$

**解答** 与式より，次のようになる．

$$\sin\theta = -\frac{\sqrt{3}}{2}$$

これを満たす $\theta$ のうち，主値の条件

$$-\frac{\pi}{2} \leqq \theta \leqq \frac{\pi}{2}$$

を満たす $\theta$ は，次に示す値である．

$$\theta = -\frac{\pi}{3}$$

## 2.6　三角関数の公式

角度 $\alpha$ と $\beta$ に対して，以下の**加法定理**が成り立つ．

▶ **加法定理**

$$\sin(\alpha + \beta) = \sin\alpha\cos\beta + \cos\alpha\sin\beta \tag{2.42}$$

$$\sin(\alpha - \beta) = \sin\alpha\cos\beta - \cos\alpha\sin\beta \tag{2.43}$$

$$\cos(\alpha + \beta) = \cos\alpha\cos\beta - \sin\alpha\sin\beta \tag{2.44}$$

$$\cos(\alpha - \beta) = \cos\alpha\cos\beta + \sin\alpha\sin\beta \tag{2.45}$$

$$\tan(\alpha + \beta) = \frac{\tan\alpha + \tan\beta}{1 - \tan\alpha\tan\beta} \tag{2.46}$$

$$\tan(\alpha - \beta) = \frac{\tan\alpha - \tan\beta}{1 + \tan\alpha\tan\beta} \tag{2.47}$$

加法定理から，以下に説明するいくつかの公式が導かれる．まず，式 (2.42)，(2.44)，(2.46) において，$\beta = \alpha$ とおくと，次の**倍角の公式**が得られる．

▶ **倍角の公式**

$$\sin 2\alpha = 2\sin\alpha\cos\alpha \tag{2.48}$$

$$\cos 2\alpha = \cos^2\alpha - \sin^2\alpha$$

$$= 2\cos^2\alpha - 1 = 1 - 2\sin^2\alpha \tag{2.49}$$

$$\tan 2\alpha = \frac{2\tan\alpha}{1 - \tan^2\alpha} \tag{2.50}$$

さらに，式 (2.49) において，$\alpha$ を $\alpha/2$ で置き換えると，次の**半角の公式**が得られる．

▶ **半角の公式**

$$\sin^2\frac{\alpha}{2} = \frac{1 - \cos\alpha}{2} \tag{2.51}$$

$$\cos^2\frac{\alpha}{2} = \frac{1 + \cos\alpha}{2} \tag{2.52}$$

次に，加法定理の式 (2.42) と (2.43)，式 (2.44) と (2.45) の辺々を，加えた式と引いた式を作ることにより，以下の**積を和に直す公式**が得られる．

▶ **積を和に直す公式**

$$\sin \alpha \cos \beta = \frac{1}{2}\{\sin(\alpha + \beta) + \sin(\alpha - \beta)\} \tag{2.53}$$

$$\cos \alpha \sin \beta = \frac{1}{2}\{\sin(\alpha + \beta) - \sin(\alpha - \beta)\} \tag{2.54}$$

$$\cos \alpha \cos \beta = \frac{1}{2}\{\cos(\alpha + \beta) + \cos(\alpha - \beta)\} \tag{2.55}$$

$$\sin \alpha \sin \beta = -\frac{1}{2}\{\cos(\alpha + \beta) - \cos(\alpha - \beta)\} \tag{2.56}$$

さらに，積を和に直す公式において，

$$\alpha + \beta = A, \quad \alpha - \beta = B \tag{2.57}$$

とおくと，

$$\alpha = \frac{A + B}{2}, \quad \beta = \frac{A - B}{2} \tag{2.58}$$

となる．これらを，式 (2.53)〜(2.56) に代入して整理すると，それぞれ以下の**和を積に直す公式**が得られる．

▶ **和を積に直す公式**

$$\sin A + \sin B = 2 \sin \frac{A + B}{2} \cos \frac{A - B}{2} \tag{2.59}$$

$$\sin A - \sin B = 2 \cos \frac{A + B}{2} \sin \frac{A - B}{2} \tag{2.60}$$

$$\cos A + \cos B = 2 \cos \frac{A + B}{2} \cos \frac{A - B}{2} \tag{2.61}$$

$$\cos A - \cos B = -2 \sin \frac{A + B}{2} \sin \frac{A - B}{2} \tag{2.62}$$

**例題 2.3**　表 2.1 の三角関数値と加法定理を用いて，次の値を求めよ．

(1) $\cos 75°$　　　(2) $\tan 15°$

**解答**

(1)　$\cos 75° = \cos(45° + 30°) = \cos 45° \cos 30° - \sin 45° \sin 30°$

$$= \frac{\sqrt{2}}{2} \frac{\sqrt{3}}{2} - \frac{\sqrt{2}}{2} \frac{1}{2} = \frac{\sqrt{6} - \sqrt{2}}{4}$$

(2)　$\tan 15° = \tan(45° - 30°) = \dfrac{\tan 45° - \tan 30°}{1 + \tan 45° \tan 30°} = \dfrac{1 - 1/\sqrt{3}}{1 + 1 \times 1/\sqrt{3}}$

$$= \frac{\sqrt{3}-1}{\sqrt{3}+1} = \frac{(\sqrt{3}-1)^2}{(\sqrt{3}+1)(\sqrt{3}-1)} = \frac{3-2\sqrt{3}+1}{(\sqrt{3})^2-1^2} = \frac{4-2\sqrt{3}}{2} = 2-\sqrt{3}$$

この例のように,分母に無理数である累乗根が現れる場合には,原則として分母を有理化しておこう.このようにすることにより,結果の解釈が容易になる.

## 2.7 正弦波交流

### 2.7.1 正弦波交流の表現法

三角関数の電気分野への応用例として最も大切なものは,おそらく正弦波交流の回路解析であろう.すなわち,交流回路解析は,三角関数の知識体系をベースにして成り立っているといってもよい.

電圧や電流が,一定の時間ごとに向きを変えながら同じ変化を繰り返すものを,**交流**という.とくに,図 2.14 に示すように,その電圧の変化が,正弦波曲線,すなわちサインカーブである次式

$$v = V_m \sin \omega t \tag{2.63}$$

に従うものを,**正弦波交流**という.この図において,横軸は時間 $t$ に比例する量 $\omega t$ である.また縦軸は電圧 $v$ を表している.

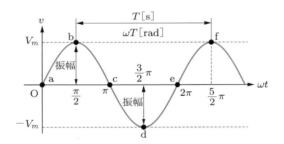

図 2.14 正弦波交流電圧の波形

式 (2.63) において,$v$ は,ある時間 $t$ における瞬間の値という意味で,電圧の**瞬時値**という.本書では,**瞬時電圧**という表現も用いる.これからは,瞬時値を表すときには,このように小文字を用いることにする.また,$V_m$ は瞬時値の中の最大の値という意味で,電圧の**最大値**あるいは**振幅**という.図において,点 b および点 f が,電圧の最大値 $V_m$ をとる点である.また,点 d において負の最大値 $-V_m$ をとる.点 b,d,f における電圧の最大の振れ幅が振幅である.

さて,図の正弦波曲線は,点 a から点 e まで,あるいは点 b から点 f までを一つの

単位として，これが繰り返された曲線である．この一つの単位の間の時間を**周期**といい，$T$ で表すことにする．その単位は秒 [s] である．$\omega$ は**角周波数**あるいは**角速度**とよばれるもので，この正弦波曲線の変化の速さを決めている．次項で，この角周波数について少し詳しく説明する．$\omega t$ を，この正弦波関数の**位相**という．図 2.14 の横軸は時間に比例した値であるが，$\omega t$ で表現されているので，正確には位相の進行を表している．この図では，$\omega t$ が $\pi/2$ および $5\pi/2$ となる点で電圧は最大値 $V_m$ をとる．以上は，電圧の向きが一定の変化を繰り返す場合（交流電圧）であるが，電流の向きが一定の変化を繰り返す場合（交流電流）についても同様に考えることができる．

### 2.7.2　回転運動と正弦波曲線

図 2.15（a）に示す $xy$ 平面上で，点 P が，点 O を中心とする半径 $V_m$ の円周上を毎秒 $n$ 回転している場合を考える．このとき，この回転の速さは $n\ [\mathrm{s}^{-1}]$ となるので，回転角度の速さ，すなわち角周波数は次のように表される．

$$\omega = 2\pi n \ [\mathrm{rad/s}] \tag{2.64}$$

たとえば，1 秒間に 2 回転する場合には，式 (2.64) に $n = 2$ を代入して，その角周波数は $4\pi\ [\mathrm{rad/s}]$ となる．また，この角周波数 $\omega$ で $t$ 秒間経過したときの回転角 $\phi$ は，次のようになる．

$$\phi = \omega t \ [\mathrm{rad}] \tag{2.65}$$

この円周上の回転運動と，正弦波曲線の関係について考えてみよう．図（a）は，$t = 0$ のときに点 A にあった点 P が，角周波数 $\omega$ で円周上を回転している様子を示している．一方，図（b）は，この回転する点 P の $y$ 座標の時間変化を，横軸を $\omega t$ にとってグラフに描いたものである．ある時刻 $t$ における回転角を $\phi$ とすると，その $y$ 座標の変化は，次のようにまとめることができる．

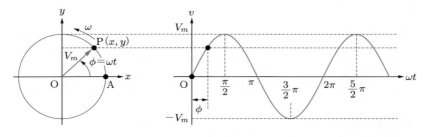

（a）回転運動　　　　　（b）点 P の $y$ 座標の時間変化が示す正弦波曲線

図 2.15　回転運動と正弦波曲線との関係

▶ 正弦波曲線 ─────────

半径 $V_m$ の円周上を角周波数 $\omega$ で回転する点 P の $y$ 座標

$$y = V_m \sin\phi = V_m \sin\omega t \tag{2.66}$$

を，時間の経過に従って描いたものが **正弦波曲線** である．点 P が 1 回転すると，正弦波曲線は 1 周期分を描く．

これにより，回転運動と正弦波曲線との 1 対 1 の関係を理解することができる．この内容は，図 2.8 で説明した単位円上の点 P の回転運動と正弦波曲線の関係を，具体的な事例である正弦波交流に応用したものである．

交流の 1 回の変化に要する時間を周期とよぶことを述べた．これを用いて，変化の速さを示す次の大切な量が導入される．

▶ 周波数 ─────────

交流において，1 秒間に変化する回数のことを **周波数** といい，$f$ で表すことにする．周波数の単位は **ヘルツ** [Hz] を用いる．周波数は周期 $T$ の逆数で与えられる．

$$f = \frac{1}{T} \ [\text{Hz}] \tag{2.67}$$

先ほど説明した回転の速さ $n$ は，ここで定義した周波数 $f$ と同じ内容であることが確認できる．よって，式 (2.64) に従い，周波数と角周波数との間には次の関係が成立する．

▶ 周波数と角周波数の関係 ─────────

1 回転は $2\pi$ [rad] であるので，角周波数を $2\pi$ で割ったものが周波数である．

$$f = \frac{\omega}{2\pi} \ [\text{Hz}] \tag{2.68}$$

また，式 (2.67) と (2.68) から，角周波数と周期の間には，次の関係が成り立つ．

▶ 角周波数と周期の関係 ─────────

$$\omega = \frac{2\pi}{T} \ [\text{rad/s}] \tag{2.69}$$

### 2.7.3　正弦波交流の位相

　円周上に二つの点 P と Q があり，点 P は点 Q に対して最初の回転角が $\theta$ だけ進んでいる場合を考えてみよう．ただし，二つの点は，反時計回りに同じ角周波数 $\omega$ で回転しているとする．よって，二つの点の角度差 $\theta$ はつねに一定に保たれている．図 2.16 は，これら二つの点の回転によって描かれる二つの正弦波交流電圧の曲線を，比較しながら示している．

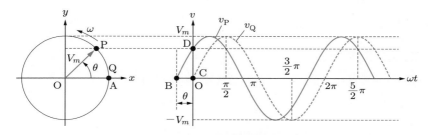

図 2.16　二つの正弦波曲線と位相差

　$t = 0$ のとき，点 Q は $x$ 軸上の点 A にあり，よって，点 Q の回転角すなわち位相 $\phi$ は，式 (2.65) から 0 である．このとき，点 P はすでに $\theta$ だけ反時計回りに回転した位置にある．よって，任意の時刻 $t$ における点 P の位相 $\phi$ は

$$\phi = \omega t + \theta \tag{2.70}$$

で与えられる．

　点 Q の $y$ 座標が時間の経過とともに描く交流電圧の曲線 $v_Q$ は破線で表され，これは図 2.15 の正弦波曲線と同じである．この曲線は式 (2.66) に従って，次のように表される．

$$v_Q = V_m \sin \omega t \tag{2.71}$$

　一方，点 P の $y$ 座標が時間の経過とともに描く曲線 $v_P$ は，青い実線の正弦波曲線で与えられる．これは次式で表される．

$$v_P = V_m \sin(\omega t + \theta) \tag{2.72}$$

$t = 0$ における回転角 $\theta$ は**初期位相**とよばれる．また，式 (2.72) の正弦波曲線は，式 (2.71) のそれに比べて，$\theta$ だけ**位相が進んでいる**という．逆に，式 (2.71) の正弦波曲線は，式 (2.72) のそれに比べて，$\theta$ だけ**位相が遅れている**という．二つの正弦波曲線の位相の違いを**位相差**という．なお，電圧や電流の位相の進みや遅れは，一般に，$-\pi \leqq \theta < \pi$ の範囲で表される．

$v_Q$ に比べて $\theta$ だけ位相が進んでいる $v_P$ の正弦波曲線は，$\theta$ の分だけ $v_Q$ に比べて左側へ平行移動したものであることに注意しよう．二つの正弦波曲線が与えられていて，どちらのほうが位相が進んでいるのか迷ってしまったら，次のように考えるとよい．すなわち，$\omega t = 0$ のとき，$v_Q$ の曲線はようやく負の値から点 C で与えられる $v = 0$ の点になったばかりであるが，$v_P$ の曲線はすでに点 D で与えられる正の値になっている．$v_P$ がいつ 0 であったかというと，点 B で与えられる，過去にさかのぼった $\omega t = -\theta$ のときである．

以上の内容をまとめると，次のようになる．

---

▶ **正弦波交流の瞬時値**

正弦波交流の電圧の瞬時値 $v$ は，一般に次のように表される．

$$v = V_m \sin(\omega t + \theta)$$
$$= V_m \sin(2\pi f t + \theta) = V_m \sin\left(\frac{2\pi}{T}\,t + \theta\right) \tag{2.73}$$

同様にして，正弦波交流の電流の瞬時値 $i$ は，一般に次のように表される．

$$i = I_m \sin(\omega t + \theta)$$
$$= I_m \sin(2\pi f t + \theta) = I_m \sin\left(\frac{2\pi}{T}\,t + \theta\right) \tag{2.74}$$

---

**例題 2.4**　正弦波交流電圧 $v$ および正弦波交流電流 $i$ が，それぞれ次のように与えられる．お互いの位相差を求めよ．

$$i = 20 \sin\left(\omega t + \frac{\pi}{3}\right), \quad v = 50 \sin\left(\omega t - \frac{\pi}{4}\right)$$

**解答**　電流の初期位相から電圧のそれを引いて，その差を調べる．

$$\frac{\pi}{3} - \left(-\frac{\pi}{4}\right) = \frac{4\pi}{12} + \frac{3\pi}{12} = \frac{7\pi}{12}$$

よって，電流は電圧に対して，7π/12 [rad] だけ位相が進んでいる．

## 2.7.4　交流回路の電力

図 2.17 で示される交流回路について，この回路の電力を計算してみよう．電力 $p$ は，次式のように電圧 $v$ [V] と電流 $i$ [A] の積で定義される．

$$p = vi \tag{2.75}$$

6 章で後述するように，負荷インピーダンス $\boldsymbol{Z}$ により，一般に，回路を流れる電流 $i$ の位相は印加電圧 $v$ の位相とずれる．ここでは $\theta$ だけ遅れるとして，

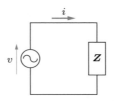

図 2.17 インピーダンス $Z$ に正弦波交流を加えた回路

$$v = V_m \sin \omega t \tag{2.76}$$

$$i = I_m \sin(\omega t - \theta) \tag{2.77}$$

とする．これらを式 (2.75) に代入すると，次式のようになる．なお，以下では三角関数の積を和に直す公式 (2.56) を用いている．

$$
\begin{aligned}
p &= vi \\
&= V_m \sin \omega t \times I_m \sin(\omega t - \theta) = V_m I_m \sin \omega t \sin(\omega t - \theta) \\
&= V_m I_m \left( -\frac{1}{2} \right) \{ \cos(2\omega t - \theta) - \cos\theta \} \\
&= V I \{ \cos\theta - \cos(2\omega t - \theta) \} \ [\text{W}]
\end{aligned}
\tag{2.78}
$$

これを**瞬時電力**という．瞬時電力の単位は**ワット** [W] である．ここで，$V = V_m / \sqrt{2}$，$I = I_m / \sqrt{2}$ であり，それぞれ電圧，電流の**実効値**とよばれる．実効値は，以下に示すように交流の電力と深い関係がある（例題 4.5 も参照）．

瞬時電力 $p$ の 1 周期 $T = 2\pi/\omega$ についての平均値 $P$ を考えよう．式 (2.78) の最終形において，$\{ \ \}$ 内の第 2 項は，周期 $2\pi/2\omega = T/2$ の余弦関数であるから，その平均値は明らかに 0 である．よって，残るのは第 1 項の定数項のみとなり，$P$ は，電圧と電流の実効値の積 $VI$ に，両者の位相差で決まる定数 $\cos\theta$ を掛けた値で表される．これを**有効電力**あるいは**交流電力**という．有効電力の単位もワットである．

$$P = VI \cos\theta \ [\text{W}] \tag{2.79}$$

図 2.18 に，式 (2.78) で与えられる瞬時電力 $p$ の時間変化の様子を示す．ここでは，位相の遅れ $\theta$ が $\pi/4$ の場合について示している．$VI\cos\theta$ というバイアス値，つまり一定のずれ値を中心にもつ，$\cos(2\omega t - \theta)$ の振動波形であることが読み取れる．

式 (2.79) より，$\cos\theta = 0$ となる場合，すなわち，電流と電圧の位相差 $\theta$ の絶対値が $\pi/2$ であれば，有効電力 $P = 0$ になることがわかる．交流の電力は，このように，電圧と電流の大きさのみでは決まらず，お互いの位相差 $\theta$ に依存する．

さらに，電力に関するいくつかの量を定義する．電圧と電流の実効値の積 $VI$ を，単なる見かけ上の電力という意味で，**皮相電力**という．単位には**ボルトアンペア** [VA]

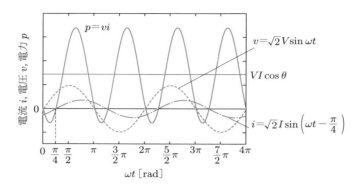

図 2.18　位相差が $\pi/4$ のときの瞬時電力の時間変化

を用いる．

$$P_a = VI \ [\text{VA}] \tag{2.80}$$

また，**無効電力**を次式で定義する．単位には**バール** [var] を用いる．

$$P_r = VI \sin\theta \ [\text{var}] \tag{2.81}$$

式 (2.79) に現れる定数 $\cos\theta$ は，次式のように皮相電力 $P_a$ に対する有効電力 $P$ の比を表し，これを**力率**という．また，位相角 $\theta$ を**力率角**という．

$$\frac{P}{P_a} = \frac{VI\cos\theta}{VI} = \cos\theta \tag{2.82}$$

有効電力，皮相電力と無効電力の間には，次の関係がある．

$$P_a = VI = \sqrt{P^2 + P_r{}^2} = \sqrt{(VI\cos\theta)^2 + (VI\sin\theta)^2} \tag{2.83}$$

この関係を図 2.19 に示す．

　有効電力とは，抵抗で実際に消費される電力のことである．一方，無効電力とは，コイルやコンデンサなどの素子に一時的に蓄えられる電力を表している．また，皮相電力は，抵抗で消費される電力と素子に蓄えられる電力を合わせたものであり，電気機器の容量を決める電力である．

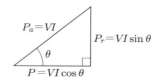

図 2.19　有効電力，皮相電力，無効電力の関係

○── **演習問題** ──○

**2.1** 【三角関数の相互関係】$\cos\theta = 0.3$ であるとき，$\sin\theta$，および $\tan\theta$ を求めよ．ただし，$0 \leqq \theta \leqq \pi/2$ とする．

**2.2** 【逆三角関数の主値】次の逆三角関数の主値 $\theta$ を求めよ．

$$\theta = \cos^{-1}\left(-\frac{1}{2}\right)$$

**2.3** 【加法定理】表 2.1 の三角関数値と三角関数の加法定理を用いて，次の値を求めよ．

(1) $\cos 15°$ 　　(2) $\tan 75°$

**2.4** 【半角の公式】表 2.1 の三角関数値と三角関数の半角の公式を用いて，次の値を求めよ．必要に応じて，$a > b > 0$ であるとき，以下の関係式が成り立つことを用いよ．

$$\sqrt{(a+b) \pm 2\sqrt{ab}} = \sqrt{(\sqrt{a} \pm \sqrt{b})^2} = \sqrt{a} \pm \sqrt{b} \quad (複号同順)$$

(1) $\sin 15°$ 　　(2) $\cos 15°$

**2.5** 【周期と周波数】周期が 20 [ms] の正弦波交流の周波数はいくらか．

**2.6** 【角周波数と周期】角周波数が 1000 [rad/s] の正弦波交流の周期はいくらか．

**2.7** 【瞬時値の表式】次に示す瞬時電圧 $v$ および瞬時電流 $i$ の最大値，周期，周波数，角周波数，および初期位相を求めよ．

(1) $v = 256\sin\left(120\pi t + \frac{3\pi}{2}\right)$ [V] 　　(2) $i = 120\cos\left(500t - \frac{\pi}{6}\right)$ [A]

**2.8** 【正弦波交流の位相差】正弦波交流電流 $i$ および正弦波交流電圧 $v$ が，それぞれ以下のように与えられている．$i$ は $v$ に比べて位相がいくら進んでいるか．あるいは遅れているか．なお，余弦関数で与えられているものは，いったん，正弦関数に直してから考えていくこと．

$$i = 50\sin\left(\omega t + \frac{\pi}{6}\right) \text{ [A]}, \quad v = -100\cos\left(\omega t + \frac{\pi}{3}\right) \text{ [V]}$$

# 3章 微 分

　私たちが身近に接する現象は，時間に対する変化を伴うものが多い．このような現象を首尾よく表現し理解するためには，物理量の，ある点，ある時刻における変化率，という概念を導入するとよさそうである．これを実現する数学的な方法が微分である．電気回路に目を向けてみよう．単位時間あたりに断面を通過する電気量が電流であり，交流回路においては，一般的に，これが周期的に変化する．一方，コイルやコンデンサを含む電気回路においては，電源を加えたり切ったりした後では，電流や電圧は，ある特徴的な時間変化を伴いながら，一定時間を要して，定常的な状態に落ち着く．この章で説明する微分法を使うと，このようなさまざまな物理現象の時間変化を，わかりやすく表現することができる．

## 3.1 微分の定義

　$x$ を変数とする関数 $y = f(x)$ を取り上げよう．図 3.1 は，横軸に変数 $x$ をとり，縦軸に関数の値 $y = f(x)$ をとって，この関数をグラフに表したものである．このグラフの曲線のある区間の平均的な変化率を考えてみよう．$x$ の値を $a$ から $b$ まで変化させたとき，関数 $f(x)$ は，$f(a)$ から $f(b)$ まで変化する．$x$ の 2 点間 $\Delta x = b - a$ における関数 $f(x)$ の変化量を $\Delta y$ とすると，この 2 点間の**平均変化率**は，

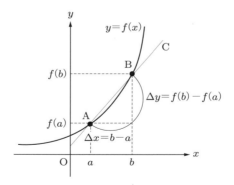

図 3.1　関数 $f(x)$ と平均変化率

$$\frac{\Delta y}{\Delta x} = \frac{f(b) - f(a)}{b - a} \tag{3.1}$$

となる．ここで，$\Delta x$ は，$x$ の**増分量**を表し，一方，$\Delta y$ は，これに対応した $y$ の**変化量**を表す．ここで，ギリシャ文字 $\Delta$（デルタ）は**微小量**を表す記号である．$x$ の値 $a$，$b$ に対応した $f(x)$ 上の点を A，B とすると，A と B を結ぶ直線 C の傾きが平均変化率である．

この 2 点間の距離 $\Delta x$ を限りなく 0 に近づけた場合における，平均変化率 $\Delta y/\Delta x$ の極限を考えてみよう．これを次のように表す．

$$\lim_{\Delta x \to 0} \frac{\Delta y}{\Delta x} = \lim_{\Delta x \to 0} \frac{f(a + \Delta x) - f(a)}{\Delta x} \tag{3.2}$$

ここで，$\displaystyle\lim_{\Delta x \to 0}$ は，$x$ の増分量 $\Delta x$ を限りなく 0 に近づける，という意味の記号であり，**リミット**と読む．$\Delta x$ を限りなく 0 に近づけていくと，$x = b$ に対応する点 B は，$x = a$ に対応する点 A に限りなく近づき，この結果，直線 C の傾きは変化しながら，ある一定値に近づく．このときの傾きの極限値を，関数 $y = f(x)$ の $x = a$ における**微分係数**という．これを，

$$f'(a) = \lim_{\Delta x \to 0} \frac{f(a + \Delta x) - f(a)}{\Delta x} \tag{3.3}$$

と表す．図 3.2 は，$\Delta x$ を 0 に近づけていったときの，直線 C の傾きの変化を描いている．$\Delta x = 0$ の極限において，直線 C の傾きは，ある値に収束している様子が読み取れる．このときの直線 C を，点 A における曲線の**接線**という．また，点 A を，この接線の**接点**という．

以上を一般化して，次のように定義される導関数という概念を導入する．

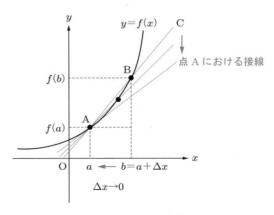

図 3.2 　関数 $f(x)$ の微分係数と接線

---

▶ **導関数**

任意の変数 $x$ に対する関数 $y = f(x)$ の微分係数を考え，これを $f(x)$ の**導関数**あるいは**微分**といい，次のように表す.

$$f'(x) = \frac{\mathrm{d}f(x)}{\mathrm{d}x} = \lim_{\Delta x \to 0} \frac{f(x + \Delta x) - f(x)}{\Delta x} \tag{3.4}$$

あるいは，

$$y' = \frac{\mathrm{d}y}{\mathrm{d}x} = \lim_{\Delta x \to 0} \frac{\Delta y}{\Delta x} \tag{3.5}$$

と表す.

---

ある関数 $y = f(x)$ の導関数を求めることを，$f(x)$ を **$x$ について微分する**，あるいは単に**微分する**という. 関数 $y = f(x)$ の $x = a$ における微分係数，すなわち $x = a$ における導関数 $f'(a)$ は，点 $A(a, f(a))$ における接線の傾きを表す.

**例題 3.1**　次の関数を，式 (3.4) の定義に従って微分せよ.

(1)　$f(x) = C$　（$C$：定数）

(2)　$f(x) = x$

(3)　$f(x) = x^2$

(4)　$f(x) = x^n$　（$n$：自然数）

---

**解答**　(1) $\dfrac{\mathrm{d}C}{\mathrm{d}x} = \lim\limits_{\Delta x \to 0} \dfrac{C - C}{\Delta x} = 0$

(2) $\dfrac{\mathrm{d}x}{\mathrm{d}x} = \lim\limits_{\Delta x \to 0} \dfrac{(x + \Delta x) - x}{\Delta x} = \lim\limits_{\Delta x \to 0} \dfrac{\Delta x}{\Delta x} = 1$

(3) $\dfrac{\mathrm{d}x^2}{\mathrm{d}x} = \lim\limits_{\Delta x \to 0} \dfrac{(x + \Delta x)^2 - x^2}{\Delta x} = \lim\limits_{\Delta x \to 0} \dfrac{2x\Delta x + (\Delta x)^2}{\Delta x} = 2x$

(4) **二項定理**を用いて，$(x + \Delta x)^n$ を展開すると，次のようになる.

$$(x + \Delta x)^n = {}_n\mathrm{C}_0\, x^n + {}_n\mathrm{C}_1\, x^{n-1}\Delta x + {}_n\mathrm{C}_2\, x^{n-2}(\Delta x)^2 + \cdots + {}_n\mathrm{C}_n\, (\Delta x)^n$$

ここで，${}_n\mathrm{C}_r$ は，$n$ 個のものから $r$ 個とる**組み合わせ**を表し，

$$_n\mathrm{C}_r = \frac{n!}{r!\,(n - r)!}$$

で与えられる. なお，$n!$ は $n$ の**階乗**といい，次式のように $1$ から $n$ までの自然数の積で定義される.

$$n! = 1 \cdot 2 \cdot 3 \cdots (n - 2)(n - 1)n$$

よって，次のようになる.

$$\frac{\mathrm{d}x^n}{\mathrm{d}x} = \lim_{\Delta x \to 0} \frac{(x + \Delta x)^n - x^n}{\Delta x}$$

$$= \lim_{\Delta x \to 0} \left\{ {}_n\mathrm{C}_1\, x^{n-1} + {}_n\mathrm{C}_2\, x^{n-2}\Delta x + \cdots + {}_n\mathrm{C}_n(\Delta x)^{n-1} \right\}$$

$$= {}_n\mathrm{C}_1\, x^{n-1} = nx^{n-1}$$

## 3.2 微分の基本公式

関数 $f(x)$ と $g(x)$ に対して，よく利用される微分の公式を確認しておこう．

▶ **微分の公式**

関数の定数倍： $\{kf(x)\}' = kf'(x)$ (3.6)

関数の和と差： $\{f(x) \pm g(x)\}' = f'(x) \pm g'(x)$ （複号同順） (3.7)

関数の積： $\{f(x)g(x)\}' = f'(x)g(x) + f(x)g'(x)$ (3.8)

分子が 1 の分数関数： $\left\{\dfrac{1}{g(x)}\right\}' = -\dfrac{g'(x)}{\{g(x)\}^2}$ (3.9)

分数関数： $\left\{\dfrac{f(x)}{g(x)}\right\}' = \dfrac{f'(x)g(x) - f(x)g'(x)}{\{g(x)\}^2}$ (3.10)

なお，式 (3.4) の定義に基づいて，式 (3.8)～(3.10) の導出法を示すと，以下のようになる．

$$y = \{f(x)g(x)\}' = \lim_{\Delta x \to 0} \frac{f(x+\Delta x)g(x+\Delta x) - f(x)g(x)}{\Delta x}$$

$$= \lim_{\Delta x \to 0} \frac{\{f(x+\Delta x)g(x+\Delta x) - f(x)g(x+\Delta x)\} + \{f(x)g(x+\Delta x) - f(x)g(x)\}}{\Delta x}$$

$$= \lim_{\Delta x \to 0} \frac{\{f(x+\Delta x) - f(x)\}g(x+\Delta x) + f(x)\{g(x+\Delta x) - g(x)\}}{\Delta x}$$

$$= \lim_{\Delta x \to 0} \left\{ \frac{f(x+\Delta x) - f(x)}{\Delta x}\, g(x+\Delta x) + f(x)\,\frac{g(x+\Delta x) - g(x)}{\Delta x} \right\}$$

$$= f'(x)g(x) + f(x)g'(x) \tag{3.11}$$

$$y = \left\{\frac{1}{g(x)}\right\}' = \lim_{\Delta x \to 0} \frac{1/g(x+\Delta x) - 1/g(x)}{\Delta x} = \lim_{\Delta x \to 0} \frac{g(x) - g(x+\Delta x)}{\Delta x\, g(x+\Delta x)g(x)}$$

$$= \lim_{\Delta x \to 0} \left\{ -\frac{g(x+\Delta x) - g(x)}{\Delta x}\, \frac{1}{g(x+\Delta x)g(x)} \right\} = -\frac{g'(x)}{\{g(x)\}^2} \tag{3.12}$$

式 (3.11)，(3.12) を用いて，

$$y = \left\{\frac{f(x)}{g(x)}\right\}' = f'(x)\,\frac{1}{g(x)} + f(x)\left\{\frac{1}{g(x)}\right\}' = \frac{f'(x)}{g(x)} - \frac{f(x)g'(x)}{\{g(x)\}^2}$$

$$= \frac{f'(x)g(x) - f(x)g'(x)}{\{g(x)\}^2} \tag{3.13}$$

## 3.3 導関数と関数の極大・極小

与えられた関数 $y = f(x)$ の増減の変化の様子は，微分法を用いて調べることができる．関数の増減を，接線の傾きと関連づけてみよう．図 3.3 は，ある関数 $y = f(x)$ のグラフを示したものである．$x < a$ の領域 A では，関数 $f(x)$ は $x$ の増加とともに増加し，このとき，接線の傾きは正である．$a < x < b$ の領域 B では，関数 $f(x)$ は減少に転じ，接線の傾きは負である．$x > b$ の領域 C では，再び増加し，接線の傾きは正である．すなわち，領域 A では $f'(x) > 0$ であり，領域 B では $f'(x) < 0$ となる．この結果，$x = a$ の点 D で，$f'(x) = 0$ となり，このグラフは**極大点**をとる．さらに，領域 C では再び $f'(x) > 0$ となるため，$x = b$ の点 E で，再び $f'(x) = 0$ となり，このグラフは**極小点**をとる．このように，$f'(x)$ の符号から，$f(x)$ の増減の変化の様子が理解できる．

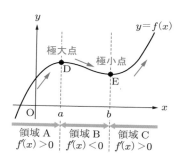

図 3.3 　関数 $f(x)$ の極大と極小

次に示すのは，直流回路における最大電力を満たす条件を求める，よく知られている例題である．ここで勉強した，導関数と関数の極大の知識を基に考えてみよう．

**例題 3.2** 　図 3.4 のように，乾電池に豆電球を接続する場合を考えよう．この等価回路は，図 3.5 のように，起電力が $E$ で内部抵抗が $r$ の乾電池に，抵抗値が $R$ の電球を接続した回路として表される．この回路に流れる電流 $I$ は，オームの法則により，

$$I = \frac{E}{r + R}$$

である．よって，豆電球に相当する負荷抵抗 $R$ で消費される電力 $P$ は，次式のように $R$ の関数として与えられる．

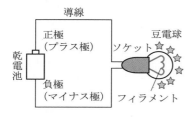

導線
正極
（プラス極）
豆電球
乾電池
ソケット
負極
（マイナス極）
フィラメント

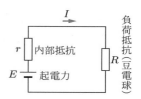

図 3.4 **乾電池と豆電球の回路**　　図 3.5 **乾電池と豆電球の等価回路**

$$P(R) = I^2 R = \left(\frac{E}{r+R}\right)^2 R = E^2 \frac{R}{(r+R)^2}$$

この電球が最も明るく光るための，$R$ に対する条件式を，微分法を用いて導け．次に，$E = 20$ [V]，$r = 2, 3, 4$ [$\Omega$] の場合に対して，抵抗値 $R$ を $0 \sim 12$ [$\Omega$] まで変化させた場合の $P$ の変化を表すグラフを描き，求めた $R$ に対する条件式が成り立っていることを確かめよ．

**解答**　この豆電球を最も明るく光らせる条件は，豆電球に相当する負荷抵抗 $R$ で消費される電力を最大にすることである．このために，$P(R)$ の極大値を与える $R$ の値を探すことにする．すなわち，$P$ を $R$ で微分し，それが $0$ となる $R$ の値を求めればよい．式 (3.10) の微分の公式を用いる．

$$\frac{dP}{dR} = \frac{d}{dR}\left\{\frac{E^2 R}{(r+R)^2}\right\} = E^2 \frac{(r+R)^2 - R \times 2(r+R)}{(r+R)^4} = E^2 \frac{r^2 - R^2}{(r+R)^4}$$

$$= E^2 \frac{(r+R)(r-R)}{(r+R)^4} = E^2 \frac{r-R}{(r+R)^3}$$

$R$ の値に対する $dP/dR$ と $P$ の変化をまとめたものが表 3.1 である．

表 3.1 **負荷抵抗 $R$ と電力 $P$ の関係**

| 負荷抵抗 $R$ | $R < r$ | $R = r$ | $R > r$ |
|---|---|---|---|
| $dP/dR$ | 正 | 0 | 負 |
| 電力 $P$ | 増加 | 最大値 | 減少 |

これから，電力 $P$ は $R = r$ で極大値をとる．すなわち，$R$ が電池の内部抵抗 $r$ と等しいときに，$P$ はもっとも大きくなり，電球はもっとも明るく光る．これを，**最大電力の法則**という．**最大電力**は，$P(R)$ の式に $R = r$ を代入して，

$$P(r) = \frac{r}{(r+r)^2} E^2 = \frac{r}{4r^2} E^2 = \frac{E^2}{4r}$$

である．以上の結果をグラフにしたものが，図 3.6 である．$E = 20$ [V] として，内部抵抗 $r$ が 2，3，4 [$\Omega$] のそれぞれの場合について，$R$ の変化に対する消費電力 $P$ の変化を示している．矢印は，グラフから読み取った最大電力を与える $R$ の値を示しており，これから $R = r$ の条件が満たされていることがわかる．$r$ の減少とともに $P$ の最大値は増加し，また，グラフのピークも鋭くなっている．

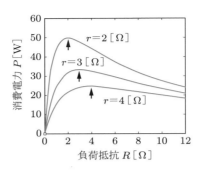

図 3.6 　負荷抵抗と消費電力の関係

## 3.4 　逆関数・合成関数の微分

### 3.4.1 　逆関数の微分

関数 $x = f(y)$ が，単調増加あるいは単調減少で微分可能ならば，その逆関数 $y = f^{-1}(x) = g(x)$ は微分可能である．ここで，$\mathrm{d}x/\mathrm{d}y \neq 0$ であるとき，

$$g'(x) = \frac{\mathrm{d}y}{\mathrm{d}x} = \frac{1}{\mathrm{d}x/\mathrm{d}y} = \frac{1}{f'(y)} \tag{3.14}$$

で与えられる．

### 3.4.2 　合成関数の微分

関数 $y = f(t)$ の変数 $t$ が，変数 $x$ の関数 $t = g(x)$ で表されるとする．このとき，合成関数 $y = f(t) = f\{g(x)\}$ の，変数 $x$ についての導関数は次式で与えられる．

$$\frac{\mathrm{d}y}{\mathrm{d}x} = \frac{\mathrm{d}y}{\mathrm{d}t}\frac{\mathrm{d}t}{\mathrm{d}x} = \frac{\mathrm{d}f(t)}{\mathrm{d}t}\frac{\mathrm{d}g(x)}{\mathrm{d}x} \tag{3.15}$$

**例題 3.3** 　$y = (5x^2 + 3x + 6)^3$ の導関数を，合成関数の微分法を用いて求めよ．

**解答** 　$t = 5x^2 + 3x + 6$ とおくと，$y = t^3$ となる．よって，

$$\frac{\mathrm{d}y}{\mathrm{d}t} = 3t^2, \quad \frac{\mathrm{d}t}{\mathrm{d}x} = 10x + 3$$

である．したがって，次のようになる．

$$\frac{\mathrm{d}y}{\mathrm{d}x} = \frac{\mathrm{d}y}{\mathrm{d}t}\frac{\mathrm{d}t}{\mathrm{d}x} = 3t^2 \times (10x + 3) = 3(5x^2 + 3x + 6)^2(10x + 3)$$

## 3.5 三角関数の微分

三角関数は，交流回路の計算で，しばしば利用する大切な関数である．この微分の計算は，少しテクニックが必要であるが，式 (3.4) の定義に基づいて確認しておこう．

$$(\sin x)' = \lim_{\Delta x \to 0} \frac{\sin(x + \Delta x) - \sin x}{\Delta x} = \lim_{\Delta x \to 0} \frac{2\cos(x + \Delta x/2)\sin(\Delta x/2)}{\Delta x}$$

$$= \lim_{\Delta x \to 0} \cos\left(x + \frac{\Delta x}{2}\right) \frac{\sin(\Delta x/2)}{\Delta x/2} \tag{3.16}$$

ここで，三角関数の和を積に直す公式 (2.60) を用いている．上式で $\Delta x/2 = \theta$ とおいてみよう．$\Delta x \to 0$ の極限では，明らかに $\theta \to 0$ である．よって，次のようになる．

$$(\sin x)' = \cos x \lim_{\theta \to 0} \frac{\sin \theta}{\theta} \tag{3.17}$$

この式の演算結果を求めるためには，$\theta \to 0$ の極限における $\sin\theta/\theta$ の値を評価する必要がある．図 3.7 に示す，半径 $r$ の円の一部を切り出した，中心角が $\theta$ の扇形 OCA を取り上げる．C から半径 OA 上に下ろした垂線の足を H として，直角三角形 OCH を作る．また，A における円の接線と OC の延長線の交点を B として，これにより直角三角形 OBA を作る．このとき，三角形 OCA の面積 $S_1$，扇形 OCA の面積 $S_2$，直角三角形 OBA の面積 $S_3$ の間には，明らかに次の関係が成り立つ．

$$S_1 < S_2 < S_3 \tag{3.18}$$

ここで，

$$S_1 = \frac{1}{2}\overline{\text{OA}} \times \overline{\text{CH}} = \frac{1}{2}r \times r\sin\theta = \frac{1}{2}r^2\sin\theta \tag{3.19}$$

$$S_2 = 半径\ r\ の円の面積 \times \frac{\theta}{2\pi} = \pi r^2 \times \frac{\theta}{2\pi} = \frac{1}{2}r^2\theta \tag{3.20}$$

$$S_3 = \frac{1}{2}\overline{\text{OA}} \times \overline{\text{BA}} = \frac{1}{2}r \times r\tan\theta = \frac{1}{2}r^2\tan\theta \tag{3.21}$$

であるから，次のようになる．

$$\frac{1}{2}r^2\sin\theta < \frac{1}{2}r^2\theta < \frac{1}{2}r^2\tan\theta \tag{3.22}$$

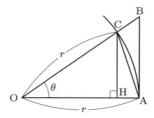

図 3.7　$\theta \to 0$ の極限における $\sin\theta/\theta$ の値の評価

また, $0 < \theta < \pi/2$ であるので, $\sin\theta > 0$, $\cos\theta > 0$ である. 上式の各辺を $(1/2)r^2 \sin\theta$ で割ると, 次式が得られる.

$$1 < \frac{\theta}{\sin\theta} < \frac{1}{\cos\theta} \tag{3.23}$$

各辺の逆数をとると, 次のようになる.

$$1 > \frac{\sin\theta}{\theta} > \cos\theta \tag{3.24}$$

ここで, $\theta \to 0$ の極限を考えたとき, $\cos\theta \to 1$ であるので,

$$\lim_{\theta \to 0} \frac{\sin\theta}{\theta} = 1 \tag{3.25}$$

が得られる. よって, 式 (3.16) および式 (3.17) を改めて書くと,

$$(\sin x)' = \lim_{\Delta x \to 0} \cos\left(x + \frac{\Delta x}{2}\right) \frac{\sin(\Delta x/2)}{\Delta x/2} = \cos x \lim_{\theta \to 0} \frac{\sin\theta}{\theta} = \cos x \tag{3.26}$$

となる. 同様にして, 次式が得られる (演習問題 3.2).

$$(\cos x)' = -\sin x \tag{3.27}$$

$\tan x$ の微分は, 式 (3.10) を用いて, 次のようになる.

$$(\tan x)' = \left(\frac{\sin x}{\cos x}\right)' = \frac{(\sin x)' \cos x - \sin x (\cos x)'}{\cos^2 x}$$
$$= \frac{\cos^2 x + \sin^2 x}{\cos^2 x} = \frac{1}{\cos^2 x} = \sec^2 x \tag{3.28}$$

**例題 3.4**　$y = \sin^{-1} x$ の導関数を, 式 (3.14) の逆関数の微分法を用いて求めよ.

**解答**　$x = \sin y$ であるので,

$$\frac{dy}{dx} = \frac{1}{dx/dy} = \frac{1}{\cos y} = \pm\frac{1}{\sqrt{1 - \sin^2 y}} = \pm\frac{1}{\sqrt{1 - x^2}}$$

となる. ただし, 複号において, $-\pi/2 < y < \pi/2$ のとき $+$ であり, $\pi/2 < y < 3\pi/2$ のとき $-$ である.

**例題 3.5**　交流電圧は, 図 3.8 ( a ) のように, **磁束密度** $B$ の一様な磁場中をコイルが回転することで発生する. **ファラデーの電磁誘導の法則**によれば, コイルを貫く磁束が変化すると, その時間変化の大きさに比例した電圧がコイルに発生する. 発生する電圧の向きは, 磁束の変化を妨げる向きである.

コイルの回転の角周波数を $\omega$, コイルの面積を $S$ とすれば, 図 ( b ) より, コイルの面に垂直な磁場の成分は $B\sin\omega t$ であるので, コイルを貫く**磁束** $\Phi$ は時間 $t$ の関数として

$$\Phi = BS\sin\omega t = \Phi_m \sin\omega t$$

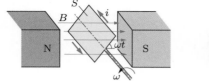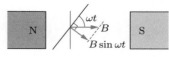

（a）一様磁束密度中に配置されたコイル 　　（b）真横から見た図

図 3.8　交流電圧の発生

で与えられる．このときコイルに発生する電圧 $v$ を表す式を求めよ．また，横軸を $\omega t$ にとって，電圧と磁束の変化のグラフを描き，両者の位相の関係について説明せよ．

**解答**　題意から，電圧 $v$ は磁束 $\Phi$ を時間 $t$ で微分することにより，次式で与えられる．

$$v = -\frac{\mathrm{d}\Phi}{\mathrm{d}t} = -BS\omega \cos\omega t = BS\omega \sin\left(\omega t - \frac{\pi}{2}\right) = V_m \sin\left(\omega t - \frac{\pi}{2}\right)$$

なお，$\mathrm{d}\Phi/\mathrm{d}t$ の前についている負号は，磁束の時間変化を妨げる向きであることを表す．

図 3.9 に，磁束 $\Phi$ および発生する電圧 $v$ の時間変化を示す．電圧 $v$ は磁束 $\Phi$ と同様に正弦関数で表されるが，磁束に比べて位相は $\pi/2$ だけ遅れている．

このように，三角関数では微分すると位相にずれが生じる．6 章で述べる交流解析において，コイルやコンデンサを含む回路で位相の進み・遅れが生じるのもこのためである．

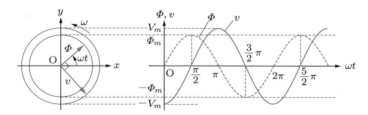

図 3.9　回転するコイルの磁束と発生する交流電圧の変化

# 3.6 対数関数・指数関数の微分

## 3.6.1 対数関数の微分

対数関数の微分の計算を，式 (3.4) の定義に基づいて，確認しておこう．

$$\begin{aligned}
(\log_a x)' &= \lim_{\Delta x \to 0} \frac{\log_a(x + \Delta x) - \log_a x}{\Delta x} = \lim_{\Delta x \to 0} \frac{1}{\Delta x} \log_a \frac{x + \Delta x}{x} \\
&= \lim_{\Delta x \to 0} \frac{1}{x} \frac{x}{\Delta x} \log_a\left(1 + \frac{\Delta x}{x}\right) = \lim_{\Delta x \to 0} \frac{1}{x} \log_a\left(1 + \frac{\Delta x}{x}\right)^{x/\Delta x} \\
&= \frac{1}{x} \log_a \lim_{\Delta x \to 0} \left(1 + \frac{\Delta x}{x}\right)^{x/\Delta x}
\end{aligned} \tag{3.29}$$

ここで，$\Delta x/x = h$ とおく．$\Delta x \to 0$ の極限では $h \to 0$ であるので，上式は次のようになる．

$$(\log_a x)' = \frac{1}{x} \log_a \lim_{h \to 0} (1 + h)^{1/h} \tag{3.30}$$

この式に現れる

$$e = \lim_{h \to 0} (1 + h)^{1/h} \tag{3.31}$$

は，**ネイピア数**とよばれる．$e$ は無理数であり，$h \to 0$ の極限において，$2.71828\cdots$ という一定値に収束することが，スイスの数学者オイラーによって発見された．式 (3.31) を式 (3.30) に代入して，

$$(\log_a x)' = \frac{1}{x} \log_a e \tag{3.32}$$

となる．とくに，底 $a$ がネイピア数 $e$ と等しいときには次のようになる．

$$(\log_e x)' = \frac{1}{x} \log_e e = \frac{1}{x} \tag{3.33}$$

### 3.6.2 指数関数の微分

次に，指数関数の微分の計算を確認しておこう．

$$y = a^x \tag{3.34}$$

ただし，$a > 0$，$a \neq 1$ である．両辺の自然対数をとる．

$$\log_e y = \log_e a^x = x \log_e a \tag{3.35}$$

よって，これを $x$ について解くと次のようになる．

$$x = \frac{\log_e y}{\log_e a} \tag{3.36}$$

上式の $x$ を $y$ の関数と考えて，$y$ で微分すると，式 (3.33) より，

$$\frac{\mathrm{d}x}{\mathrm{d}y} = \frac{1}{\log_e a} \frac{1}{y} \tag{3.37}$$

となる．逆関数の微分の公式 (3.14) を用いると，求める指数関数の微分は次のようになる．

$$(a^x)' = \frac{\mathrm{d}y}{\mathrm{d}x} = \frac{1}{\mathrm{d}x/\mathrm{d}y} = y \log_e a = a^x \log_e a \tag{3.38}$$

ここで底 $a$ がネイピア数 $e$ と等しいときには，次のようになる．

$$(e^x)' = e^x \log_e e = e^x \tag{3.39}$$

すなわち，ネイピア数 $e$ を底にもつ指数関数は，微分しても，その関数形は変わらない．

ネイピア数 $e$ を底とする対数や指数は，自然一般，工学や経済学の数学的指標とし

て広く用いられ，さまざまな関連する現象を簡潔に表現する手段を与えてくれる．

## **3.7** 双曲線関数とその微分

　指数関数 $e^x$ を基にして組み立てられた**双曲線関数**について，以下に定義する．$\sinh x$ を**双曲線正弦**（ハイパボリックサイン），$\cosh x$ を**双曲線余弦**（ハイパボリックコサイン），$\tanh x$ を**双曲線正接**（ハイパボリックタンジェント）とよぶ．

$$\sinh x = \frac{e^x - e^{-x}}{2} \tag{3.40}$$

$$\cosh x = \frac{e^x + e^{-x}}{2} \tag{3.41}$$

$$\tanh x = \frac{\sinh x}{\cosh x} = \frac{e^x - e^{-x}}{e^x + e^{-x}} \tag{3.42}$$

これらの双曲線関数のグラフを，図 3.10 に示す．

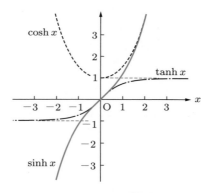

図 3.10　双曲線関数

　また，双曲線関数に対する以下の関係式が成り立つ．

$$\cosh^2 x - \sinh^2 x = 1 \tag{3.43}$$

$$e^{\pm x} = \cosh x \pm \sinh x \quad \text{（複号同順）} \tag{3.44}$$

さらに，式 (3.40)〜(3.42) の双曲線関数の逆数として，以下の双曲線関数が定義される．$\operatorname{cosech} x$ を**双曲線余割**，$\operatorname{sech} x$ を**双曲線正割**，$\coth x$ を**双曲線余接**とよぶ．

$$\operatorname{cosech} x = \frac{1}{\sinh x} \tag{3.45}$$

$$\operatorname{sech} x = \frac{1}{\cosh x} \tag{3.46}$$

$$\coth x = \frac{1}{\tanh x} \tag{3.47}$$

　三角関数は，単位円 $x^2 + y^2 = 1$ に準拠して作られているが，双曲線関数は，その名前のとおり，双曲線 $x^2 - y^2 = 1$ に準拠して作られている．双曲線関数は，三角関数と似たような性質をもち，式 (3.40)〜(3.42) は，式 (2.4)〜(2.6) の三角関数に対応し，式 (3.45)〜(3.47) は，式 (2.7)〜(2.9) に対応する．

　双曲線関数の微分は，式 (3.40)〜(3.42) の定義に基づき，指数関数の微分と，微分の公式に従って求めればよい．

**例題 3.6**　双曲線正弦関数 $y = \sinh x$，双曲線余弦関数 $y = \cosh x$，および双曲線正接関数 $y = \tanh x$ の導関数を求めよ．

**解答**　次のようになる．

$$(\sinh x)' = \left( \frac{e^x - e^{-x}}{2} \right)' = \frac{e^x + e^{-x}}{2} = \cosh x$$

$$(\cosh x)' = \left( \frac{e^x + e^{-x}}{2} \right)' = \frac{e^x - e^{-x}}{2} = \sinh x$$

$$(\tanh x)' = \left( \frac{\sinh x}{\cosh x} \right)' = \frac{(\sinh x)' \cosh x - \sinh x (\cosh x)'}{\cosh^2 x}$$

$$= \frac{\cosh^2 x - \sinh^2 x}{\cosh^2 x} = \frac{1}{\cosh^2 x} = \operatorname{sech}^2 x$$

# 3.8　関数の展開

## 3.8.1　テイラー展開

　ここまでの説明では，関数 $f(x)$ の導関数 $f'(x)$ を扱ってきた．この $f'(x)$ 自体も $x$ の関数である．もし，$f'(x)$ を微分することができるのであれば，この $f'(x)$ の導関数を次のように表すことにする．

$$f''(x) = \frac{\mathrm{d}f'(x)}{\mathrm{d}x} = \frac{\mathrm{d}}{\mathrm{d}x} \frac{\mathrm{d}f(x)}{\mathrm{d}x} = \frac{\mathrm{d}^2 f(x)}{\mathrm{d}x^2} \tag{3.48}$$

これを，$f(x)$ の **2 階の導関数**という．同様にして，3 階の導関数は，2 階の導関数の微分として，$f'''(x)$ と表される．一般に，$n$ を自然数としたとき，$f(x)$ の **$n$ 階の導関数**は，次のように定義される．

$$f^{(n)}(x) = \frac{\mathrm{d}f^{(n-1)}(x)}{\mathrm{d}x} = \frac{\mathrm{d}^n f(x)}{\mathrm{d}x^n} \tag{3.49}$$

　関数 $f(x)$ が区間 $a \leqq x \leqq b$ において，$n+1$ 回微分可能であるとする．このとき，$a < \xi < x$ となる適切な $\xi$ を選ぶとき，次式が成り立つ．

$$f(x) = f(a) + \frac{f'(a)}{1!}(x-a) + \frac{f''(a)}{2!}(x-a)^2 + \cdots + \frac{f^{(n)}(a)}{n!}(x-a)^n + R_{n+1} \tag{3.50}$$

これを，**テイラーの公式**という．ここで，

$$R_{n+1} = \frac{f^{(n+1)}(\xi)}{(n+1)!}(x-a)^{n+1} \tag{3.51}$$

であり，これを $n+1$ 次の**剰余項**という．このとき，

$$\lim_{n \to \infty} R_{n+1} = 0 \tag{3.52}$$

を満たすならば，式 (3.50) は，次式のように表すことができる．

$$f(x) = f(a) + \frac{f'(a)}{1!}(x-a) + \frac{f''(a)}{2!}(x-a)^2 + \cdots + \frac{f^{(n)}(a)}{n!}(x-a)^n + \cdots \tag{3.53}$$

これを，$f(x)$ の $x=a$ の周りの**テイラー展開**という．ただし，関数 $f(x)$ が $x=a$ を含むある区間において，無限回微分可能であるとする．

### 3.8.2　マクローリン展開

テイラー展開において，$a=0$ の場合を，関数 $f(x)$ の**マクローリン展開**という．

$$f(x) = f(0) + \frac{f'(0)}{1!}x + \frac{f''(0)}{2!}x^2 + \cdots + \frac{f^{(n)}(0)}{n!}x^n + \cdots \tag{3.54}$$

代表的な関数のマクローリン展開を，以下に示す．

$$e^x = 1 + \frac{x}{1!} + \frac{x^2}{2!} + \frac{x^3}{3!} + \cdots + \frac{x^n}{n!} + \cdots \tag{3.55}$$

$$\sin x = x - \frac{x^3}{3!} + \frac{x^5}{5!} - \cdots + (-1)^n \frac{x^{2n+1}}{(2n+1)!} + \cdots \tag{3.56}$$

$$\cos x = 1 - \frac{x^2}{2!} + \frac{x^4}{4!} - \cdots + (-1)^n \frac{x^{2n}}{(2n)!} + \cdots \tag{3.57}$$

$$\log_e(1+x) = x - \frac{x^2}{2} + \frac{x^3}{3} - \cdots + (-1)^n \frac{x^{n+1}}{n+1} + \cdots \tag{3.58}$$

◆─────────◇　**演習問題**　◇─────────◆

**3.1**　【関数の微分】次の関数の導関数を求めよ．
(1) $y = \sqrt{x^2 - 2x + 1}$　(2) $y = \dfrac{5x+3}{3x+1}$

**3.2**　【微分の定義】$f(x) = \cos x$ の導関数を，式 (3.4) の定義に基づいて求め，式 (3.27) が成り立つことを確認せよ．

**3.3**　【極大・極小をもつ関数のグラフ】次の関数のグラフを，関数の増減表を作り，極大，極小の位置を確認しながら描け．

$$y = -x^3 + 3x$$

**3.4【三角関数および双曲線関数の微分】**次の三角関数および双曲線関数を微分せよ.

(1) $\sin 3x \cos 2x$　　(2) $\dfrac{1}{\tan 2x}$　　(3) $\cos^{-1}\dfrac{x}{2}$　　(4) $\tanh 3x$

**3.5【対数関数の微分】**次の対数関数を微分せよ.

$$y = \log_e(x^2 + 2x + 5)$$

**3.6【指数関数の微分】**次の関数を微分せよ.

(1) $y = e^{-2x^2}$　　(2) $y = e^{2x}\log_e(x+3)$

# 4章 積分

関数 $f(x)$ を微分すると導関数 $f'(x)$ が得られ，これを用いてグラフの増減などを調べることができた．逆に，導関数 $f'(x)$ が与えられたとき，もとの関数 $f(x)$ を求めることを考えてみる．これは，微分するという操作の逆の操作であり，**積分**するという．また，このようにして求められた $f(x)$ を，導関数 $f'(x)$ に対する**不定積分**という．一方，微分とは独立に定義される概念として**定積分**があり，これは曲線によって囲まれた面積として理解することができる．定積分と不定積分の関係についても学んでいく．

## 4.1 不定積分

関数 $f(x)$ に対して，この $f(x)$ を導関数にもつ関数 $F(x)$ を，$f(x)$ の**原始関数**という．

$$F'(x) = f(x) \tag{4.1}$$

たとえば，

$$(x^2)' = 2x \tag{4.2}$$

であるので，関数 $2x$ の原始関数は $x^2$ である．ところが，定数を微分したものは $0$ であるので，

$$x^2 + 2, \quad x^2 + 5, \quad x^2 - 3 \tag{4.3}$$

などの定数を加えた一群の関数も微分すると $2x$ になる．よって，これらは，すべて関数 $2x$ の原始関数となる．このことから，ある一つの原始関数 $F(x)$ に定数 $C$ を足したものも，やはり原始関数である．すなわち，

$$\{F(x) + C\}' = f(x) \tag{4.4}$$

となる．よって，$f(x)$ の任意の原始関数は次のように表される．

$$F(x) + C \tag{4.5}$$

この $F(x) + C$ を，$f(x)$ の**不定積分**といい，

$$\int f(x)\, \mathrm{d}x = F(x) + C \tag{4.6}$$

と表す．ここで，$C$ を**積分定数**という．また，$f(x)$ の不定積分を求めることを，$f(x)$ を**積分する**，という．なお，積分記号 $\int$ は，**インテグラル**と読む．

---

▶ **不定積分**

$$F'(x) = f(x) \tag{4.7}$$

を満たすとき，$f(x)$ の不定積分は次のように表される．

$$\int f(x)\,\mathrm{d}x = F(x) + C \tag{4.8}$$

---

以下に，よく利用される不定積分の基本公式を整理しておこう．ただし，$k$ は定数である．なお，厳密には，不定積分には積分定数 $C$ を付けて表す必要があるが，着目すべき大切な点は関数の形である．よって，とくに支障のないときには，$C$ を省略する場合がある．

---

▶ **不定積分の基本公式**

関数の定数倍：$\displaystyle \int k f(x)\,\mathrm{d}x = k \int f(x)\,\mathrm{d}x \tag{4.9}$

関数の和と差：$\displaystyle \int \{f(x) \pm g(x)\}\,\mathrm{d}x = \int f(x)\,\mathrm{d}x \pm \int g(x)\,\mathrm{d}x$ （複号同順）
$$\tag{4.10}$$

---

## 4.2 いろいろな関数の不定積分

積分という操作は，微分の逆の操作である．これを念頭に置いて，3 章で勉強した微分の結果を基に，代表的な関数の不定積分を考えてみよう．

例題 3.1 (4) より，$x$ のべき乗関数の微分は，

$$(x^{n+1})' = \frac{\mathrm{d}x^{n+1}}{\mathrm{d}x} = (n+1)x^n \tag{4.11}$$

であるので，これより，

$$\int x^n\,\mathrm{d}x = \frac{x^{n+1}}{n+1} + C \tag{4.12}$$

となる．ただし，$n \neq -1$ である．

次に，指数関数 $e^x$ は，微分しても関数形が変わらないことから，

$$\int e^x \, dx = e^x + C \tag{4.13}$$

となる.

　また，正弦関数および余弦関数の不定積分は，それぞれ式 (3.27) および式 (3.26) より次のようになる.

$$\int \sin x \, dx = -\cos x + C \tag{4.14}$$

$$\int \cos x \, dx = \sin x + C \tag{4.15}$$

## 4.3 部分積分・置換積分・対数積分

### 4.3.1 部分積分法

　二つの関数 $f(x)$ と $g(x)$ の積の微分を思い出そう.

$$\{f(x)g(x)\}' = f'(x)g(x) + f(x)g'(x) \tag{4.16}$$

この式の両辺を積分すると，

$$\int \{f(x)g(x)\}' \, dx = \int f'(x)g(x) \, dx + \int f(x)g'(x) \, dx \tag{4.17}$$

となる. ここで，

$$\int \{f(x)g(x)\}' \, dx = f(x)g(x) \tag{4.18}$$

であるので，これを，式 (4.17) に代入し，さらに移項し整理すると，次の公式が得られる.

$$\int f'(x)g(x) \, dx = f(x)g(x) - \int f(x)g'(x) \, dx \tag{4.19}$$

この式において，$f'(x)$ のみが部分的に積分された形になっているので，この積分公式は**部分積分法**とよばれる. たとえば，$g(x)$ が $x$ の 1 次関数である場合などによく利用される. このとき，$g'(x)$ は定数になるので，右辺の積分計算において，$f(x)$ の積分が実行できれば，この積分が求められることになる.

**例題 4.1**　$\log_e x$ の不定積分を，部分積分法を用いて求めよ.

**解答**　次のようになる.

$$\int \log_e x \, dx = \int (x)' \log_e x \, dx = x \log_e x - \int x (\log_e x)' \, dx$$

$$= x \log_e x - \int x \frac{1}{x} \, dx = x \log_e x - \int dx = x \log_e x - x + C$$

### 4.3.2 置換積分法

$f'(x)$ の不定積分を $F(x)$ とする.

$$\int f(x)\,\mathrm{d}x = F(x) \tag{4.20}$$

ここで,変数 $x$ が,新しい変数 $t$ と次の関係にあるとする.

$$x = g(t) \tag{4.21}$$

このとき,

$$\frac{\mathrm{d}F(x)}{\mathrm{d}t} = \frac{\mathrm{d}F(x)}{\mathrm{d}x}\frac{\mathrm{d}x}{\mathrm{d}t} = f(x)\frac{\mathrm{d}x}{\mathrm{d}t} \tag{4.22}$$

が成り立つ. よって,

$$F(x) = \int f(x)\frac{\mathrm{d}x}{\mathrm{d}t}\,\mathrm{d}t = \int f\{g(t)\}g'(t)\,\mathrm{d}t \tag{4.23}$$

となる. このように, $x$ についての積分を, $t$ についての積分に置き換えることができる. このことから,この積分公式を**置換積分法**という.

**例題 4.2** 次の不定積分を,置換積分法を用いて求めよ.

$$\int (3x + 2)^5\,\mathrm{d}x$$

**解答** まず, $3x + 2 = t$ とおく. すると, $x = (t - 2)/3$ より $\mathrm{d}x/\mathrm{d}t = 1/3$, すなわち $\mathrm{d}x = (1/3)\,\mathrm{d}t$ であるから,次のようになる.

$$\int (3x + 2)^5\,\mathrm{d}x = \int t^5\frac{1}{3}\,\mathrm{d}t = \frac{1}{3}\frac{t^{5+1}}{5+1} + C = \frac{1}{18}(3x + 2)^6 + C$$

### 4.3.3 対数積分法

次の形をした積分を対数積分といい,原始関数は対数の形になる.

$$F(x) = \int \frac{f'(x)}{f(x)}\,\mathrm{d}x = \log_e |f(x)| + C \tag{4.24}$$

**例題 4.3** 正接関数 $\tan x$ の不定積分を,対数積分法を用いて求めよ.

**解答** $\tan x = \sin x/\cos x = -(\cos x)'/\cos x$ であるので,次のようになる.

$$\int \tan x\,\mathrm{d}x = -\int \frac{(\cos x)'}{\cos x}\,\mathrm{d}x = -\log_e |\cos x| + C$$

## 4.4 定積分

関数 $f(x)$ の原始関数の一つを $F(x)$ とするとき, $x = a$ から $x = b$ までの**定積分**を次式で定義する.

$$\int_a^b f(x)\,\mathrm{d}x = \big[F(x)\big]_a^b = F(b) - F(a) \tag{4.25}$$

ここで，$a$ をこの定積分の積分区間の**下端**，また $b$ を**上端**という．この定積分は，$a$，$b$ によって決まるものであり，原始関数 $F(x)$ に加えるべき積分定数 $C$ のとり方に依存しない．

　関数 $f(x)$ の微分（導関数）$f'(x)$ の $x = a$ における値は，点 $(a, f(a))$ における $f(x)$ の接線の傾きであった．それでは，関数 $f(x)$ の定積分は何を表すのだろうか．

　図 4.1 のように，$a$ から $x$ までの区間における，関数 $f(x)$ のグラフと $x$ 軸との間の面積を $S(x)$ とする．区間の上端が $x$ から $x + \Delta x$ になったときの面積 $S(x)$ の増分 $\Delta S$ は，次のようになる．

$$\Delta S = S(x + \Delta x) - S(x) = f(x_c)\Delta x \tag{4.26}$$

ここで，$x_c$ は図のように $\Delta S$ をならして長方形にしたとき，$f(x_c)$ がその長方形の高さに等しくなるような $x$ の値であり，$x \leqq x_c \leqq x + \Delta x$ である．したがって，

$$\frac{\Delta S}{\Delta x} = f(x_c) \tag{4.27}$$

となる．$\Delta x \to 0$ のとき $x_c \to x$ であり，

$$\lim_{\Delta x \to 0} \frac{\Delta S}{\Delta x} = \frac{\mathrm{d}S}{\mathrm{d}x} = S'(x) = \lim_{x_c \to x} f(x_c) = f(x) \tag{4.28}$$

より，

$$S(x) = \int f(x)\,\mathrm{d}x = F(x) + C \tag{4.29}$$

となる．すなわち，$S(x)$ は $f(x)$ の原始関数の一つである．また $S(a) = 0$ より $C = -F(a)$ であるから，

$$S(x) = F(x) - F(a) \tag{4.30}$$

となる．したがって，$a$ から $b$ までの区間における面積 $S(b)$ は，式 (4.25) より，

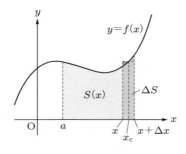

図 4.1　**定積分**

$$S(b) = F(b) - F(a) = \int_a^b f(x)\,\mathrm{d}x \tag{4.31}$$

となることがわかる．すなわち定積分は，その積分区間における関数 $f(x)$ のグラフと $x$ 軸の間の面積を表すことがわかる．なお，$f(x) < 0$ のときは，面積は負の値となる．

以下に，よく利用される定積分の公式を整理しておこう．

---

▶ **定積分の公式**

関数の定数倍：$\displaystyle \int_a^b k f(x)\,\mathrm{d}x = k \int_a^b f(x)\,\mathrm{d}x$ (4.32)

関数の和と差：$\displaystyle \int_a^b \{f(x) \pm g(x)\}\,\mathrm{d}x = \int_a^b f(x)\,\mathrm{d}x \pm \int_a^b g(x)\,\mathrm{d}x$ （複号同順）

(4.33)

上下端が等しい積分区間：$\displaystyle \int_a^a f(x)\,\mathrm{d}x = 0$ (4.34)

積分区間の反転：$\displaystyle \int_b^a f(x)\,\mathrm{d}x = -\int_a^b f(x)\,\mathrm{d}x$ (4.35)

積分区間の分割：$\displaystyle \int_a^b f(x)\,\mathrm{d}x = \int_a^c f(x)\,\mathrm{d}x + \int_c^b f(x)\,\mathrm{d}x$ (4.36)

---

**例題 4.4**　　正弦波交流電圧 $v(t) = V_m \sin \omega t$ の平均値は，$0$ から $T/2$ の区間の，半周期 $T/2$ についての平均値 $V_{av}$ で与えられる．これを求めよ．ここで，$\omega$ は角周波数である．また，1 周期 $T$ についての平均値はどうなるか．

---

**解答**　　題意より $V_{av}$ は，図 4.2 に示す $t$ 軸と電圧波形が囲む領域 A の面積を求め，$T/2$ で割ることで求められる．これは，次式のような $0$ から $T/2$ までの $v$ の定積分で計算される．なお，ここでは式 (2.69) から導かれる $T = 2\pi/\omega$ の関係を用いる．

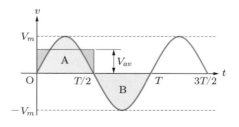

図 4.2　交流電圧の平均値

$$V_{av} = \frac{1}{T/2} \int_0^{T/2} v(t)\,\mathrm{d}t = \frac{1}{T/2} \int_0^{T/2} V_m \sin \omega t\,\mathrm{d}t = \frac{2}{T}\left[-\frac{V_m}{\omega}\cos \omega t\right]_0^{T/2}$$

$$= -\frac{2V_m}{\omega T}\left(\cos\frac{\omega T}{2} - 1\right) = -\frac{V_m}{\pi}(\cos \pi - 1) = \frac{2V_m}{\pi} \fallingdotseq 0.637 V_m$$

このように，交流電圧の**平均値** $V_{av}$ は，最大値 $V_m$ の $0.637$ 倍となる．これは図のように，領域 A をならして同じ面積をもつ長方形にしたときの，長方形の高さに相当する．

　同様に，1 周期 $T$ についての平均値は，$v(t)$ を 0 から $T$ まで積分して $T$ で割ることで求められるが，図において領域 A と B は面積が同じで逆符号のため打ち消し合う．したがって，1 周期 $T$ についての平均値は 0 となる．

**例題 4.5**　　大きさ $R$ の抵抗に，正弦波交流電流 $i(t) = I_m \sin(\omega t + \theta)$ が流れているとき，この抵抗で消費される平均電力 $P$ を求めよ．ここで，$\omega$ は角周波数，$\theta$ は初期位相である．

**解答**　　抵抗 $R$ で消費される瞬時電力は $p = Ri^2$ で表される．したがって，平均電力 $P$ は，次式のように $p$ を $t = 0$ から $T$ まで積分して $T$ で割ることで求められる．なお，ここでは三角関数の半角の公式と，$T = 2\pi/\omega$ の関係を用いる．

$$P = \frac{1}{T}\int_0^T Ri^2\,\mathrm{d}t = \frac{1}{T}\int_0^T RI_m^2 \sin^2(\omega t + \theta)\,\mathrm{d}t$$

$$= \frac{RI_m^2}{T}\int_0^T \frac{1 - \cos 2(\omega t + \theta)}{2}\,\mathrm{d}t = \frac{RI_m^2}{2T}\left[t - \frac{\sin 2(\omega t + \theta)}{2\omega}\right]_0^T$$

$$= \frac{RI_m^2}{2T}\left[\left\{T - \frac{\sin 2(\omega T + \theta)}{2\omega}\right\} - \left(0 - \frac{\sin 2\theta}{2\omega}\right)\right]$$

$$= \frac{RI_m^2}{2T}\left\{T - \frac{\sin(4\pi + 2\theta)}{2\omega} + \frac{\sin 2\theta}{2\omega}\right\}$$

$$= \frac{RI_m^2}{2T}T = \frac{RI_m^2}{2}$$

ここで，求めた平均電力を，瞬時電力と同様の表式で $P = RI^2$ と表すと，

$$I = \frac{I_m}{\sqrt{2}} \fallingdotseq 0.707 I_m$$

となる．この $I$ は平均電力 $P$ に対応した実効的な電流の大きさを表し，電流の**実効値**とよばれる．

◯━━━━━━━━━━　**演習問題**　◯━━━━━━━━━━

**4.1**　【部分積分法】次の関数の不定積分を，部分積分法を用いて求めよ．

(1) $x \sin x$　　(2) $x e^{3x}$

**4.2**　【置換積分法】次の不定積分を，それぞれ指示のように変数を置換し，置換積分法を用いて求めよ．なお，$n \neq -1$ であり，$a$ は正の定数とする．

(1)  $\displaystyle\int (5x+3)^n \,\mathrm{d}x$   （$5x+3=t$ と置換）

(2)  $\displaystyle\int \frac{\mathrm{d}x}{(a^2+x^2)^{3/2}}$   （$x=a\tan\theta$ と置換）

(3)  $\displaystyle\int \frac{1}{\cos x}\,\mathrm{d}x$   $\left( t=\tan\dfrac{x}{2} \text{ と置換} \right)$

**4.3 【対数積分法】** 次の関数の不定積分を，対数積分法を用いて求めよ．

(1)  $\dfrac{x}{x^2+3}$   (2)  $\dfrac{5\cos x}{1+\sin x}$

**4.4 【定積分】** 次の定積分を求めよ．

(1)  $\displaystyle\int_0^1 (x^2+3)\,\mathrm{d}x$   (2)  $\displaystyle\int_2^3 \frac{\mathrm{d}x}{x^2+3x+2}$

(3)  $\displaystyle\int_{-a}^a \sqrt{a^2-x^2}\,\mathrm{d}x$   $(a>0)$   (4)  $\displaystyle\int_0^1 xe^{2x^2}\,\mathrm{d}x$

**4.5 【有効電力】** 式 (2.78) で表された瞬時電力 $p(t)=VI\{\cos\theta-\cos(2\omega t-\theta)\}$ を 1 周期について積分し，この平均値を計算することにより，有効電力が式 (2.79) で与えられる $P=VI\cos\theta$ となることを確かめよ．

# 5章 複素数とフェーザ

本章では，電気回路の解析において重要な役割を担う複素数の基礎について学ぶ．複素数は，もともとは2次方程式が実数解をもたない場合にも解をもつように，数の概念を拡張して導入された新しい数である．その後，オイラーの公式の発見により，これが三角関数と指数関数を結び付けることが明らかになった．

2章で説明した三角関数は，そのグラフにより正弦波交流を視覚的に表現できるため，交流電圧や交流電流の振る舞いを直感的に理解することができた．しかし反面，三角関数の和や差，積といった演算には，公式を用いた式変形が必要で，回路の計算は大変に複雑になる．複素数を用いて，三角関数表示を指数関数表示に変換することで，これらの計算がとても簡単に，また見通しがよいものになる．

## 5.1 複素数の基礎

数学の発展は，数の概念の発展とともにあるといってよい．最初に $1, 2, 3, \cdots$ で表される自然数，次に 0 や負の数が発見されて，整数の概念ができた．さらに整数どうしの割り算として $1/2$ や $2/3$ などの有理数が定義され，$\sqrt{2}$ や $\pi$，$e$ などの，有理数で表現できない数が無理数として定義された．これらをまとめて実数とよぶ．実数は，原点 O を中心に，たとえば右向きを正に，左向きを負にとった，1次元の数直線上の点として表される．

一方，歴史的には，2次方程式の解が得られない場合があるという問題があって，数学者たちはこの扱いに頭を悩ませてきた†．これを解決したのが，2乗すると負の値になるという不思議な数，すなわち**虚数**である．この数を表すためには，先ほどの1次元の数直線に対して垂直な，もう一つの座標軸を導入し，2次元空間で考えていく必要がある．

まず，平方して $-1$ になるような新しい数 $j$ を導入する．

$$j^2 = -1 \tag{5.1}$$

この条件を満たす数 $j$ は，自然数のような実世界で見られる数とは明らかに異なる．

---

† 正確には，3次方程式を解くうえで問題があった．2次方程式に帰着させて解かれたが，もとの3次方程式は実数解をもつのに，帰着させた2次方程式は虚数解をもつ場合があったのである．

そこで，これを**虚数単位**と定義する．$j$ は次式のようにも表される．

$$j = \sqrt{-1} \tag{5.2}$$

なお，数学では，虚数単位はその英語名 imaginary unit の頭文字をとって $i$ で表される．しかし，電気分野においては，歴史的に電流を表す $i$ との混乱を避けるために，$j$ で表されるのが慣習となっている．

この虚数単位を使うと，実数に対応したさまざまな虚数が表現できる．$a$ を正の実数とするとき，2乗すると負の実数 $-a$ になる数は，

$$\sqrt{-a} = \sqrt{-1}\sqrt{a} = j\sqrt{a} \tag{5.3}$$

と表される．虚数と実数の両者を組み合わせて，**複素数**を次のように定義する．

> ▶ **複素数の直交座標形式**
>
> 複素数 $\boldsymbol{Z}$ は，二つの実数 $a, b$ と虚数単位 $j$ を用いて，次式で与えられる．
>
> $$\boldsymbol{Z} = a + jb \tag{5.4}$$
>
> ここで，$a$ および $b$ を，それぞれ複素数 $\boldsymbol{Z}$ の**実部**および**虚部**という．

この複素数 $\boldsymbol{Z}$ は，実部 $a$ の値を $x$ 軸，虚部 $b$ の値を $y$ 軸にとって表すと，図 5.1 のように，直交座標 $(x, y)$ 平面上の 1 点 P で示される．この平面を**複素平面**あるいは**ガウス平面**といい，また $x$ 軸を**実軸**あるいは**実数軸**，$y$ 軸を**虚軸**あるいは**虚数軸**という．式 (5.4) で複素数を表現する方法を，**直交座標形式**という．

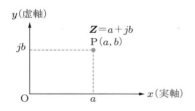

図 5.1　複素平面と複素数 $\boldsymbol{Z}$

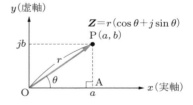

図 5.2　複素数の極形式

さらに，この複素平面上の複素数 $\boldsymbol{Z}$ は，図 5.2 で示されるように，原点 O からの距離 $r$ と，実軸を始線として測った角 $\theta$ を用いて表すことができる．このとき，$r$ を $\boldsymbol{Z}$ の**絶対値**あるいは $\boldsymbol{Z}$ の**大きさ**といい，直角三角形 OAP に対する三平方の定理を用いることにより，次のようになる．

$$r = |\boldsymbol{Z}| = \sqrt{a^2 + b^2} \tag{5.5}$$

また，角 $\theta$ は

$$\theta = \tan^{-1}\frac{b}{a} \tag{5.6}$$

で与えられ，これを**偏角**という．なお，書籍によっては，$\arg \boldsymbol{Z} = \theta$ という表記を使う場合もある．$r$ と $\theta$ を用いると，$a, b$ は次のように表される．

$$a = r\cos\theta, \quad b = r\sin\theta \tag{5.7}$$

式 (5.7) を式 (5.4) に代入して整理すると，次のようになる．

▶ **複素数の極座標形式**

$$\boldsymbol{Z} = r(\cos\theta + j\sin\theta) \tag{5.8}$$

複素数のこの表現方法を，**極座標形式**あるいは**極形式**という．

図 5.2 からわかるように，複素数 $\boldsymbol{Z}$ は，大きさ $r$ と偏角 $\theta$ をもつベクトル（有向線分）とみなすことができる．ただし，複素平面上の 2 次元に限定したベクトルである．交流回路理論では，ベクトル解析で用いられる一般の 3 次元の空間ベクトルと区別して用いるために，**フェーザ**（phase vector を縮めた用語）という表現が用いられる．フェーザは，しばしば次のように表す．

▶ **複素数のフェーザ形式**

$$\boldsymbol{Z} = r\angle\theta \tag{5.9}$$

これを，**フェーザ形式**とよぶ．

複素数をフェーザ形式で表すとき，その偏角 $\theta$ の単位は，ラジアン [rad] ではなく，度 [°] を用いる．本書では，基本的にこの原則に従っているが，直観的な理解のしやすさから，必要に応じてラジアンを用いている部分もある．

## 5.2 複素数の指数関数表現

実数 $x$ を変数とする指数関数のマクローリン展開は，式 (3.55) より，次のようになる．以下，複号同順である．

$$e^{\pm x} = 1 \pm \frac{x}{1!} + \frac{x^2}{2!} \pm \frac{x^3}{3!} + \frac{x^4}{4!} \pm \frac{x^5}{5!} + \cdots \tag{5.10}$$

この式において，$x$ を複素数 $j\theta$ に置き換えてみよう．

$$e^{\pm j\theta} = 1 \pm \frac{j\theta}{1!} + \frac{(j\theta)^2}{2!} \pm \frac{(j\theta)^3}{3!} + \frac{(j\theta)^4}{4!} \pm \frac{(j\theta)^5}{5!} + \cdots \tag{5.11}$$

$j^2 = -1$ であるので，これを式 (5.11) に代入して整理すると，

$$e^{\pm j\theta} = \left(1 - \frac{\theta^2}{2!} + \frac{\theta^4}{4!} - \frac{\theta^6}{6!} + \cdots\right) \pm j\left(\frac{\theta}{1!} - \frac{\theta^3}{3!} + \frac{\theta^5}{5!} - \frac{\theta^7}{7!} + \cdots\right) \tag{5.12}$$

となる．一方，正弦関数および余弦関数のマクローリン展開は，それぞれ式 (3.56)，(3.57) より，以下のとおりである．

$$\sin\theta = \theta - \frac{\theta^3}{3!} + \frac{\theta^5}{5!} - \frac{\theta^7}{7!} + \cdots \tag{5.13}$$

$$\cos\theta = 1 - \frac{\theta^2}{2!} + \frac{\theta^4}{4!} - \frac{\theta^6}{6!} + \cdots \tag{5.14}$$

これらは，それぞれ式 (5.12) の虚部と実部に等しい．よって，次の**オイラーの公式**が得られる．

▶ **オイラーの公式**

$$e^{\pm j\theta} = \cos\theta \pm j\sin\theta \quad （複号同順） \tag{5.15}$$

式 (5.15) を式 (5.8) に代入すると，次のようになる．

▶ **複素数の指数関数形式**

$$\boldsymbol{Z} = re^{j\theta} \tag{5.16}$$

この表現法を，複素数の**指数関数形式**という．

式 (5.15) より，正弦関数および余弦関数は，次のように指数関数で表現できる．

$$\sin\theta = \frac{e^{j\theta} - e^{-j\theta}}{2j} \tag{5.17}$$

$$\cos\theta = \frac{e^{j\theta} + e^{-j\theta}}{2} \tag{5.18}$$

$r$ と $\theta$ を用いて複素数 $\boldsymbol{Z}$ を表現する方法として，式 (5.8) の極座標形式（極形式），式 (5.9) のフェーザ形式，および式 (5.16) の指数関数形式を説明した．これら三つは，広義の**極座標形式**（**極形式**）とよばれ，式 (5.4) の直交座標形式と対比した表現として用いられる．

# **5.3** 複素数の四則演算

二つの複素数を

$$\boldsymbol{Z}_1 = a_1 + jb_1 = r_1 e^{j\theta_1} \tag{5.19}$$

$$\boldsymbol{Z}_2 = a_2 + jb_2 = r_2 e^{j\theta_2} \tag{5.20}$$

とする. これらを用いた加減算は, 直交座標形式を用いて, 以下のようになる.

$$\boldsymbol{Z}_1 + \boldsymbol{Z}_2 = (a_1 + jb_1) + (a_2 + jb_2) = (a_1 + a_2) + j(b_1 + b_2) \tag{5.21}$$

$$\boldsymbol{Z}_1 - \boldsymbol{Z}_2 = (a_1 + jb_1) - (a_2 + jb_2) = (a_1 - a_2) + j(b_1 - b_2) \tag{5.22}$$

すなわち, 実部どうし, 虚部どうしの和および差を求めて, 整理すればよい.

次に, 乗除算を行う. まず, 直交座標形式で計算を行ってみる.

$$\boldsymbol{Z}_1 \times \boldsymbol{Z}_2 = (a_1 + jb_1) \times (a_2 + jb_2) = (a_1 a_2 - b_1 b_2) + j(a_1 b_2 + a_2 b_1) \tag{5.23}$$

$$\frac{\boldsymbol{Z}_1}{\boldsymbol{Z}_2} = \frac{a_1 + jb_1}{a_2 + jb_2} = \frac{(a_1 + jb_1)(a_2 - jb_2)}{(a_2 + jb_2)(a_2 - jb_2)} = \frac{a_1 a_2 + b_1 b_2}{a_2{}^2 + b_2{}^2} + j\frac{a_2 b_1 - a_1 b_2}{a_2{}^2 + b_2{}^2} \tag{5.24}$$

一方, 乗除算を指数関数形式を用いて行うと, 以下のようになる.

$$\boldsymbol{Z}_1 \times \boldsymbol{Z}_2 = (r_1 e^{j\theta_1}) \times (r_2 e^{j\theta_2}) = r_1 r_2 e^{j(\theta_1 + \theta_2)} \tag{5.25}$$

$$\frac{\boldsymbol{Z}_1}{\boldsymbol{Z}_2} = \frac{r_1 e^{j\theta_1}}{r_2 e^{j\theta_2}} = \frac{r_1}{r_2} e^{j(\theta_1 - \theta_2)} \tag{5.26}$$

すなわち, 乗算においては, 演算後の絶対値は, 二つの複素数の絶対値を掛け算すれば求められる. また, 演算後の偏角は, 二つの複素数の偏角を足し算したものになる. 一方, 除算においては, 演算後の絶対値は, 分子の複素数の絶対値を分母の複素数の絶対値で割り算すれば求められる. また, 演算後の偏角は, 分子の複素数の偏角から分母の複素数の偏角を引き算したものになる. 直交座標形式を用いると, 計算が複雑になるのに加え, 演算後の結果の解釈が難しい. それに対し, 指数関数形式で行うと, 結果の解釈に対する見通しがとてもよいことがわかる.

> ▶ **複素数どうしの演算**
>
> 加減算は, 直交座標形式で行う. 実部どうし, 虚部どうしの和と差を求めて整理する.
>
> 乗算および除算は, 極座標形式 (指数関数形式) で行う. 絶対値は, それぞれ掛け算および割り算を, 偏角は, それぞれ足し算および引き算を行う.

**例題 5.1** 次の二つの複素数 $Z_1$ と $Z_2$ の加減乗除算を行え.

$$Z_1 = 2 + j2, \quad Z_2 = 3 - j3\sqrt{3}$$

**解答** 加減算は直交座標形式のままで行う.

加算：$Z_1 + Z_2 = (2 + j2) + (3 - j3\sqrt{3}) = 5 + j(2 - 3\sqrt{3})$

減算：$Z_1 - Z_2 = (2 + j2) - (3 - j3\sqrt{3}) = -1 + j(2 + 3\sqrt{3})$

乗除算は指数関数形式で行う. そのために, $Z_1$ と $Z_2$ を指数関数形式に直す.

$$r_1 = \sqrt{2^2 + 2^2} = \sqrt{8} = 2\sqrt{2}$$

$$\theta_1 = \tan^{-1}\frac{2}{2} = \tan^{-1} 1 = \frac{\pi}{4}$$

$$r_2 = \sqrt{3^2 + (-3\sqrt{3})^2} = \sqrt{9 + 27} = \sqrt{36} = 6$$

$$\theta_2 = \tan^{-1}\frac{-3\sqrt{3}}{3} = \tan^{-1}(-\sqrt{3}) = -\frac{\pi}{3}$$

よって,

$$Z_1 = r_1 e^{j\theta_1} = 2\sqrt{2}\, e^{j\pi/4}$$

$$Z_2 = r_2 e^{j\theta_2} = 6 e^{-j\pi/3}$$

と表せる. これらを用いると, 乗算と除算は次のようになる.

乗算：$Z_1 \times Z_2 = (2\sqrt{2}\, e^{j\pi/4}) \times (6 e^{-j\pi/3}) = (2\sqrt{2} \times 6) e^{j(\pi/4 - \pi/3)}$
$$= 12\sqrt{2}\, e^{-j\pi/12}$$

除算：$\dfrac{Z_1}{Z_2} = \dfrac{2\sqrt{2}\, e^{j\pi/4}}{6 e^{-j\pi/3}} = \dfrac{\sqrt{2}}{3}\, e^{j(\pi/4 + \pi/3)} = \dfrac{\sqrt{2}}{3}\, e^{j7\pi/12}$

# 5.4 共役複素数

　式 (5.4) で与えられる複素数に対して, 虚部の符号を変えたものを, **共役複素数**といい, 次式で表す.

▶ **共役複素数**

$$\overline{Z} = a - jb \tag{5.27}$$

　共役複素数は, このようにもとの複素数 $Z$ の上にバーをつけて表す. $Z$ と $\overline{Z}$ は, お互いに**共役な関係**にあるという.

　図 5.3 は, 複素平面上において, 点 P で表される複素数 $Z$ と, 点 Q で表される共役複素数 $\overline{Z}$ の関係を示したものである. なお, 極形式では, 共役複素数は偏角の符

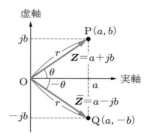

図 5.3　共役複素数

号を変えることにより，次のように表される．

$$\overline{Z} = r(\cos\theta - j\sin\theta) = re^{-j\theta} = r\angle(-\theta) \tag{5.28}$$

すなわち，**共役複素数は，もとの複素数と，実軸に対して対称になる．**式 (5.16) と式 (5.28) を用いると，次の重要な関係が導かれる．

---

▶ **複素数と共役複素数の積**

複素数 $Z$ とその共役複素数 $\overline{Z}$ との積は，$Z$ の大きさの 2 乗となる．

$$Z\overline{Z} = re^{j\theta} \times re^{-j\theta} = r^2 \tag{5.29}$$

---

**例題 5.2**　複素数 $Z = -3 + j3\sqrt{3}$ の共役複素数をフェーザ形式で表せ．また，複素数 $Z$ と共役複素数 $\overline{Z}$ の関係がわかるように，複素平面上に図示せよ．

**解答**　複素数 $Z$ の絶対値 $r$ と偏角 $\theta$ は，次のようになる．

$$r = |Z| = \sqrt{(-3)^2 + (3\sqrt{3})^2} = 6$$

$$\theta = \tan^{-1}\frac{3\sqrt{3}}{-3} = \tan^{-1}(-\sqrt{3}) = 120°$$

よって，求める共役複素数は，絶対値 $r$ はそのままで，偏角 $\theta$ を $-\theta$ にすればよいので，次のようになる．

$$\overline{Z} = r\angle(-\theta) = 6\angle(-120°)$$

図 5.4 に複素数 $Z$ と，その共役複素数 $\overline{Z}$ を示す．

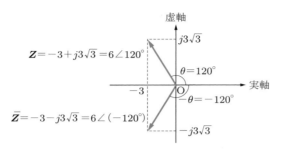

図 5.4 例題 5.2

## 5.5 回転オペレータ

式 (5.4) で与えられる複素数 $\boldsymbol{Z}$ に，虚数単位 $j$ を掛けてみよう．

$$jZ = j(a + jb) = -b + ja \tag{5.30}$$

複素平面上の $\boldsymbol{Z}$ および $j\boldsymbol{Z}$ を表す点を，それぞれ点 P および点 Q として，これら二つの複素数を図示すると，図 5.5 のようになる．明らかに，点 Q は点 P を $\pi/2$ [rad] だけ，原点 O を中心として反時計回りに回転させたものである．

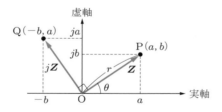

図 5.5 複素平面上の $\boldsymbol{Z}$ と $j\boldsymbol{Z}$ の関係

　このことは，複素数を指数関数形式で表して計算すると，もっと端的に理解できる．図 5.6 に示すように，虚数単位 $j$ は，その絶対値が 1 で偏角が $\pi/2$ [rad] の複素数である．式 (5.8) に $r = 1$，$\theta = \pi/2$ を代入してみると，確かに，

$$1 \times \left( \cos \frac{\pi}{2} + j \sin \frac{\pi}{2} \right) = j \tag{5.31}$$

となる．すなわち，

$$j = e^{j\pi/2} \tag{5.32}$$

であるので，指数関数形式で表した式 (5.16) の $\boldsymbol{Z}$ に，式 (5.32) の $j$ を掛ける演算を行ってみると，

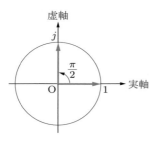

図 5.6　複素数 $j$

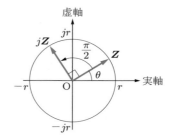

図 5.7　回転オペレータ $j$ の機能

$$jZ = j \times re^{j\theta} = e^{j\pi/2} \times re^{j\theta} = re^{j(\theta+\pi/2)} \qquad (5.33)$$

となる．以上より，偏角が $\theta$ である複素数 $Z$ に $j$ を掛けると，図5.7に示すように，その絶対値は変化せず，偏角だけが $\pi/2$ [rad] 増加する．このことから，$j$ を掛けることは，反時計回りに回転させる**回転オペレータ**としての機能があることがわかる．

式 (5.33) に対して，さらに $j$ を掛けてみよう．

$$j \times jZ = e^{j\pi/2} \times re^{j(\theta+\pi/2)} = re^{j(\theta+\pi)} \qquad (5.34)$$

複素数 $Z$ の偏角がさらに $\pi/2$ [rad] 増加し，合計して偏角が $\pi$ [rad] 増加したことがわかる．

次に，式 (5.16) を $j$ で割ってみよう．まず，

$$\frac{1}{j} = \frac{j}{j \times j} = -j \qquad (5.35)$$

となる．明らかに，$-j$ は $j$ の共役複素数である．共役複素数の定義に従って，

$$-j = 1 \times \left\{ \cos\left(-\frac{\pi}{2}\right) + j\sin\left(-\frac{\pi}{2}\right) \right\} = e^{j(-\pi/2)} \qquad (5.36)$$

となる．よって，次のようになる．

$$\frac{Z}{j} = e^{j(-\pi/2)} \times re^{j\theta} = re^{j(\theta-\pi/2)} \qquad (5.37)$$

すなわち，偏角が $\theta$ である複素数 $Z$ を $j$ で割ると，その絶対値は変化せず，偏角だけが $\pi/2$ [rad] 減少する．このことから，$j$ で割ることは，時計回りに回転させる回転オペレータとしての機能があることがわかる．

▶ **回転オペレータ**

　ある複素数に虚数単位 $j$ を掛けると，その複素数の偏角は $\pi/2$ [rad] 増加する．また，ある複素数を虚数単位 $j$ で割ると，その複素数の偏角は $\pi/2$ [rad] 減少する．

以上の回転オペレータ $j$ の機能をまとめると，図5.8のようになる．

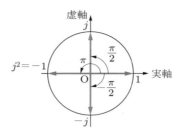

図 5.8 回転オペレータ

## 5.6 正弦波交流の複素数表示

### 5.6.1 複素電圧と複素電流

2章の式 (2.73) において，正弦波交流の瞬時電圧は，次のように表されることを説明した.

$$v = V_m \sin(\omega t + \theta) \tag{5.38}$$

5.2 節で学んだ複素数の指数関数表現を用いると，式 (5.38) の正弦波交流電圧は，次のように表すことができる.

$$\boldsymbol{V} = V_m e^{j(\omega t + \theta)} \tag{5.39}$$

この式は，図 5.9 の左側に示すように，大きさが $V_m$ で，初期位相が $\theta$，角周波数が $\omega$ のベクトル OP の回転の動きを表している. 式 (5.39) をオイラーの公式を用いて展開すると，

$$\boldsymbol{V} = V_m \{\cos(\omega t + \theta) + j \sin(\omega t + \theta)\} \tag{5.40}$$

となる. この式の実部は，ベクトル OP の $x$ 軸への投影 OQ を表し，一方，虚部は $y$ 軸への投影 OR を表す. 図 5.9 の右側の図は，この虚部である $V_m \sin(\omega t + \theta)$ の時間変化の波形を表している. これは，式 (5.38) で与えられる正弦波交流の瞬時電圧の波形そのものである. 式 (5.39) の指数関数形式で表した複素数の電圧を，**複素電圧**と

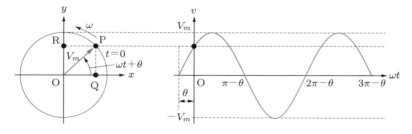

図 5.9 回転ベクトルとその $y$ 軸への投影波形

いう．同様に，正弦波交流の瞬時電流は，指数関数表現を用いて次のように表す．

$$\boldsymbol{I} = I_m e^{j(\omega t + \phi)} \tag{5.41}$$

これを**複素電流**という．以上の表現方法を**正弦波交流の複素数表示**という．また，式 (5.39) や式 (5.41) は角周波数 $\omega$ で回転するベクトルを表しているので，この表現を**回転ベクトル**という．

さて，式 (5.38) からわかるように，正弦波交流の瞬時値を表現するために本当に必要なものは，式 (5.39) や式 (5.41) の虚部だけである．それなのに，どうして不必要と思われる実部まで含めた，このような複素数表示をわざわざ用いるのだろうか？ その理由は，これから説明していく電気回路のさまざまな計算が，複素数表示を用いることによって，きわめて簡潔かつ明瞭に行えるからである．一般に，三角関数を使って電気回路の計算を行おうとすると，2 章で説明したような，加法定理や倍角公式等を使った複雑な計算が必要になる．複素数を用いると，この負担が一挙に軽減される．

複素数表示を用いた電気回路の計算は，以下のようにして行う．まず，複素電圧や複素電流を与える式 (5.39) や式 (5.41) において，時間変化を表す $e^{j\omega t}$ の部分は共通に存在する．したがって，この部分は省略して，次の表現を用いることにする．

$$\boldsymbol{V} = V_m e^{j\theta} \tag{5.42}$$

$$\boldsymbol{I} = I_m e^{j\phi} \tag{5.43}$$

この複素数表示を使うと，電圧や電流は，$V_m$ や $I_m$ で与えられる振幅と，$\theta$ や $\phi$ で与えられる初期位相のみで表現できる．ちなみに，電圧や電流の初期位相は，一般にお互いに異なる．式 (5.42) や式 (5.43) を用いてさまざまな計算を行った後，最後に $e^{j\omega t}$ を掛ければ，最終的な解が得られる．大切な点は，電圧と電流のお互いの位相関係，すなわち位相差である．電圧と電流は共通の角周波数で回転するから，お互いの位相差，すなわち，相対的な位相関係はいつまでも変化せず，一定に保たれる．

いままでは，瞬時電圧や瞬時電流の表式の中に現れる最大値，すなわち $V_m$ や $I_m$ を使ってきたが，実用的な観点からは，実効値を用いたほうが都合がよい．そこで，以降はとくに断らない限り，複素数表示を使う場合には，電圧や電流は実効値を用いることにし，添え字を付けずに $V, I$ で表す．

> ▶ **複素電圧と複素電流**
>
> 指数関数形式を用いた複素電圧 $\boldsymbol{V}$ と複素電流 $\boldsymbol{I}$ は，それぞれの実効値 $V, I$ と初期位相 $\theta, \phi$ を用いて，次のように表す．
>
> $$\boldsymbol{V} = V e^{j\theta} \tag{5.44}$$
>
> $$\boldsymbol{I} = I e^{j\phi} \tag{5.45}$$

ここで，2.7.4 項および 4 章の例題 4.5 で説明したように，

$$V = \frac{V_m}{\sqrt{2}}, \quad I = \frac{I_m}{\sqrt{2}} \tag{5.46}$$

である．式 (5.42), (5.43)，あるいは式 (5.44), (5.45) の表現を**静止ベクトル**という．共通の角周波数で回転する効果の部分 $e^{j\omega t}$ を省いた，静止した状態を考えるから，こうよぶのである．

### 5.6.2 フェーザ形式とフェーザ図

複素電圧と複素電流に対して，次のようなフェーザ形式もよく用いられる．

> ▶ **フェーザ形式による電圧・電流の表現**
>
> $$\boldsymbol{V} = V\angle\theta \tag{5.47}$$
> $$\boldsymbol{I} = I\angle\phi \tag{5.48}$$

　フェーザ形式は，電気回路の解析を行ううえで大切な，実効値と初期位相のみを取り出して，これらを見やすく，かつ強調した表現形式といえる．演算上の数学的あるいは物理的な定義は，あくまでも式 (5.44) および式 (5.45) で与えられる点に注意してほしい．

　これからは，電圧や電流を複素数で表現する場合，この節で示したように，それぞれ，太字の斜体 $\boldsymbol{V}$ や $\boldsymbol{I}$ で表すことにする．また，図 5.10 のように，フェーザ形式に従って，複素平面上に電圧や電流の複素数表示を行った図を，**フェーザ図**という．

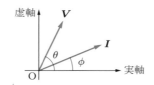

図 5.10　電圧と電流のフェーザ図

　交流回路理論に現れる電圧や電流などの諸量をフェーザ図で表すことで，それらの大きさと位相が視覚的に表現される．そのため，同一の物理量，たとえば，二つの交流電圧であれば，両者の大きさと初期位相の相対的な関係を明確に理解することができる．

　図 5.10 のように，電圧と電流など物理量がお互いに異なるときは，大きさの直接的な比較はできないが，両者の位相関係は比較できる．ただし，それぞれの正弦波交流諸量の角周波数 $\omega$ が同じであることが，前提である点に注意してほしい．

　なお，本書では，フェーザと同時に，必要に応じてベクトルという表現も用いる．

とくに，後述するインピーダンスやアドミタンスに対しては，ベクトルという表現を標準的に用いる．

　フェーザ形式で表された二つの複素数の掛け算について，少し説明を加えておこう．たとえば，式 (5.47) と式 (5.48) で与えられる $\boldsymbol{V}$ と $\boldsymbol{I}$ の掛け算は，形式的に次のようになる．

$$\boldsymbol{V} \times \boldsymbol{I} = (V\angle\theta) \times (I\angle\phi) = VI\angle(\theta + \phi) \tag{5.49}$$

すなわち，その大きさは，二つの複素数の大きさの掛け算で，また初期位相は，二つの複素数の初期位相の足し算で表される．このことは，数学的な定義の明確な式 (5.44) と式 (5.45) の指数関数形式に立ち戻って，

$$\boldsymbol{V} \times \boldsymbol{I} = Ve^{j\theta} \times Ie^{j\phi} = VIe^{j(\theta+\phi)} \tag{5.50}$$

となることから，確認できる．同様にして，割り算は次のようになる．

$$\frac{\boldsymbol{V}}{\boldsymbol{I}} = \frac{V\angle\theta}{I\angle\phi} = \frac{V}{I}\angle(\theta - \phi) \tag{5.51}$$

すなわち，その大きさは二つの複素数の大きさの割り算で，また，初期位相は，二つの複素数の初期位相の引き算で表される．

---

**例題 5.3**　　次に示す瞬時電圧 $v$ を，指数関数形式およびフェーザ形式で表し，このフェーザ図を描け．

$$v = 250\sqrt{2}\sin\left(\omega t + \frac{\pi}{3}\right) \ [\mathrm{V}]$$

**解答**　　題意により，この瞬時電圧 $v$ の実効値は 250 [V]，初期位相は $\pi/3$ [rad] である．よって，式 (5.44)，および式 (5.47) に従って，次のようになる．

$$\boldsymbol{V} = 250e^{j\pi/3} = 250\angle 60°\ [\mathrm{V}]$$

図 5.11 にフェーザ図を示す．

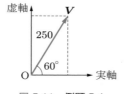

図 5.11　**例題 5.4**

---

　複素数表示を行った電圧や電流に対して，これらを時間に関して微分したり，あるいは積分したりする演算について確認しておこう．この場合には，$e^{j\omega t}$ を省略した後の静止ベクトルでは計算できないため，式 (5.39) あるいは式 (5.41) の，もともとの時間に依存した表現に立ち戻る必要がある．

式 (5.39) で与えられる複素電圧を時間 $t$ について微分すると,

$$\frac{\mathrm{d}\boldsymbol{V}}{\mathrm{d}t} = j\omega V_m e^{j(\omega t+\theta)} = j\omega \boldsymbol{V} \tag{5.52}$$

となる. また, 時間 $t$ について積分すると,

$$\int \boldsymbol{V}\,\mathrm{d}t = \int V_m e^{j(\omega t+\theta)}\,\mathrm{d}t = \frac{V_m}{j\omega}e^{j(\omega t+\theta)} = \frac{1}{j\omega}\boldsymbol{V} \tag{5.53}$$

となる. 複素電流に対しても, 同様の操作が成り立つ.

---

▶ **複素数表示の微分と積分**

　複素数表示による電圧や電流を $\boldsymbol{F}$ で表す. このとき, 時間 $t$ についての微分演算は, 形式的に $j\omega$ を掛けることであり, 積分演算は $j\omega$ で割ることである.

$$\frac{\mathrm{d}\boldsymbol{F}}{\mathrm{d}t} = j\omega\boldsymbol{F} \tag{5.54}$$

$$\int \boldsymbol{F}\,\mathrm{d}t = \frac{1}{j\omega}\boldsymbol{F} \tag{5.55}$$

---

◦ **演習問題** ◦

**5.1** 【複素数の表現形式】次に示す複素数を, 極座標形式と指数関数形式で表せ.

(1) $\boldsymbol{Z} = \sqrt{3} + j1$ 　　(2) $\boldsymbol{Z} = 8 - j6$

**5.2** 【複素数の加減乗除】複素数 $\boldsymbol{Z}_1$ と $\boldsymbol{Z}_2$ が次のように与えられている. これら二つの複素数の加減乗除算を行え.

$$\boldsymbol{Z}_1 = 3 + j3\sqrt{3}, \quad \boldsymbol{Z}_2 = 2 - j2$$

**5.3** 【共役複素数】複素数 $\boldsymbol{Z} = 2\sqrt{3} + j2$ の共役複素数 $\overline{\boldsymbol{Z}}$ をフェーザ形式で表せ. また, 複素数 $\boldsymbol{Z}$ と共役複素数 $\overline{\boldsymbol{Z}}$ の関係がわかるように, これら両者を複素平面上に図示せよ.

**5.4** 【回転オペレータ】複素数 $\boldsymbol{Z} = 3\sqrt{3} + j3$ に, 虚数単位 $j$ を 2 回掛ける操作を行い, その後, $j$ で 1 回割る操作を行った. このような操作を完了させた複素数 $\boldsymbol{Z}^*$ は, もとの複素数 $\boldsymbol{Z}$ とどのような位置関係にあるか. 複素平面上でその動きを示しながら説明せよ.

**5.5** 【正弦波交流の複素数表示】次に示す正弦波交流の瞬時値を, 直交座標形式, 指数関数形式, およびフェーザ形式を用いて複素数表示せよ.

(1) $v = V_m \sin(\omega t + \theta)$ [V] 　　(2) $i = 80\sqrt{2}\sin\left(100\pi t - \frac{\pi}{4}\right)$ [A]

**5.6** 【フェーザ図】次に示す正弦波交流をフェーザ形式で表し, このフェーザ図を描け.

(1) $v = 100\sin\left(50\pi t + \frac{\pi}{3}\right)$ [V] 　　(2) $i = 20\cos\left(60\pi t - \frac{\pi}{4}\right)$ [A]

**5.7** 【直交座標形式から瞬時値への変換】周波数が 50 [Hz] であるとして, 次に示す複素数表示した正弦波交流を瞬時値で示せ.

(1) $\boldsymbol{V} = 30 + j30\sqrt{3}$ [V] 　　(2) $\boldsymbol{I} = 10\sqrt{3} + j10$ [A]

5.8 【フェーザ形式から瞬時値への変換】次のフェーザ形式で与えられる正弦波交流を，瞬時値で示せ．ただし，角周波数を 360 [rad/s] とする．

(1) $\boldsymbol{V} = 60 \angle 60°$ [V]　　(2) $\boldsymbol{I} = 30 \angle (-45°)$ [A]

5.9 【指数関数形式から瞬時値への変換】次の指数関数形式で与えられる正弦波交流を，瞬時値で示せ．ただし，角周波数を 360 [rad/s] とする．

(1) $\boldsymbol{V} = 100 e^{-j\pi/3}$ [V]　　(2) $\boldsymbol{I} = 20 e^{j\pi/4}$ [A]

# 6章
## 複素数の交流解析への応用

本章では，複素数の応用として，正弦波交流回路の解析を取り上げる．抵抗やコイル，コンデンサといった素子を含む回路における電圧や電流が，複素数を用いてどのように表現されるかを学ぶ．まず，各素子が単独に存在する交流回路の複素数表示を説明し，これらをまとめて一般化したインピーダンスの概念を導入する．そしてインピーダンスにより，交流回路が直流回路の拡張として，同じ形式で表現できることを見ていく．

前章で説明したように，正弦波交流に対して複素数を用いると，その掛け算・割り算は，大きさと位相の代数演算になる．これにより，拡張されたオームの法則や交流電力の計算も代数演算となり，簡単に求められる．また，回路を表す方程式には，時間の関数である電流や電荷に対する微分や積分が現れるが，複素数を用いると，見通しよく簡潔に表現できる．

## 6.1 基本素子をもつ交流回路の複素数表示

抵抗のみ，コイルのみ，あるいはコンデンサのみをもつ電気回路を取り上げ，正弦波交流電圧を加えた場合に流れる電流を求めてみよう．5章で勉強した複素数を用いると，三角関数や，微分・積分を含む複雑な方程式が代数方程式になり，物理的な見通しがよく簡潔に表現できる．

### 6.1.1 抵抗 $R$ のみの回路

図 6.1 に示す**抵抗 $R$ のみの回路**に，

$$v = V_m \sin(\omega t + \theta) \tag{6.1}$$

の正弦波交流電圧 $v$ を加えると，回路に流れる電流 $i$ は，オームの法則より次のようになる．

$$i = \frac{v}{R} = \frac{V_m}{R} \sin(\omega t + \theta) = I_m \sin(\omega t + \theta) \tag{6.2}$$

ここで，

$$I_m = \frac{V_m}{R} \tag{6.3}$$

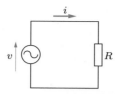

図 6.1　抵抗に正弦波交流を加えた回路

である．これらの方程式を，5.6 節の内容に従って複素数表示してみよう．式 (5.38)〜(5.45) に従うと，式 (6.1)，(6.2) の電圧 $v$ と電流 $i$ は，次のように複素電圧 $\boldsymbol{V}$ と複素電流 $\boldsymbol{I}$ で簡約表現できる．

$$v = V_m \sin(\omega t + \theta) \;\Rightarrow\; \boldsymbol{V} = V_m e^{j(\omega t + \theta)} \to V_m e^{j\theta} \to V e^{j\theta} \tag{6.4}$$

$$i = I_m \sin(\omega t + \theta) \;\Rightarrow\; \boldsymbol{I} = I_m e^{j(\omega t + \theta)} \to I_m e^{j\theta} \to I e^{j\theta} \tag{6.5}$$

よって，抵抗 $R$ に複素電圧 $\boldsymbol{V}$ を加えた際に流れる複素電流 $\boldsymbol{I}$ は，式 (6.2) に対して，式 (6.4)，(6.5) を用いることにより，次式のように複素数表示できる．

$$\boldsymbol{I} = \frac{\boldsymbol{V}}{R} \tag{6.6}$$

あるいは，複素電圧 $\boldsymbol{V}$ について表すと次のようになる．

$$\boldsymbol{V} = R\boldsymbol{I} \tag{6.7}$$

式 (6.2) あるいは (6.6) より，電流は電圧と同じ位相（同位相）で変化することがわかる．

## 6.1.2　インダクタンス $L$ のみの回路

　円形状に導線を巻いたものを**コイル**という．導線に電流 $i$ を流すと，このコイルの中を貫通するように磁束 $\Phi$ が発生する．

$$\Phi = Li \tag{6.8}$$

ここで，$L$ は比例定数であり，**自己インダクタンス**または単に**インダクタンス**という．この単位は**ヘンリー** [H] である．なお，本書では，インダクタンス $L$ をもつコイルのことを，単にコイル $L$ とよぶことにする．さて，流す電流 $i$ を変化させると，この磁束 $\Phi$ も変化する．この結果，導線には起電力が発生する．この起電力の方向と大きさは，**ファラデーの電磁誘導の法則**に従う．

　図 6.2 に示すコイル $L$ のみの回路を考える．この回路に式 (6.1) で与えられる正弦波交流電圧 $v$ を加えると，コイルの両端に**逆起電力**が発生する．逆起電力の大きさ $e$ は磁束の変化 $d\Phi/dt$ に等しく，加えた電圧 $v$ とつり合っている．すなわち，次式のようになる．

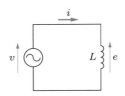

図6.2 コイルに正弦波交流を加えた回路

$$e = \frac{\mathrm{d}\Phi}{\mathrm{d}t} = L\frac{\mathrm{d}i}{\mathrm{d}t} = v \tag{6.9}$$

よって，回路に流れる電流 $i$ は，式 (6.9) を時間 $t$ について積分することにより，次のように求められる．

$$i = \frac{1}{L}\int v\,\mathrm{d}t = \frac{1}{L}\int V_m\sin(\omega t + \theta)\,\mathrm{d}t = -\frac{V_m}{\omega L}\cos(\omega t + \theta)$$

$$= \frac{V_m}{\omega L}\sin\left(\omega t + \theta - \frac{\pi}{2}\right) = I_m\sin\left(\omega t + \theta - \frac{\pi}{2}\right) \tag{6.10}$$

ただし，

$$I_m = \frac{V_m}{\omega L} \tag{6.11}$$

としている．ここで，

$$X_L = \omega L \tag{6.12}$$

と定義すると，$X_L$ は交流に対する抵抗としてはたらくことがわかる．$X_L$ は**誘導性リアクタンス**とよばれる．単位はオーム [Ω] である．

式 (6.10) の内容を，複素数を用いて表してみよう．コイル $L$ に複素電圧 $\boldsymbol{V}$ を加えた際に流れる複素電流 $\boldsymbol{I}$ は，式 (5.55) の複素数の積分演算を用いて，次のように計算できる．

$$\boldsymbol{I} = \frac{1}{L}\int \boldsymbol{V}\,\mathrm{d}t = \frac{1}{j\omega L}\boldsymbol{V} = -j\frac{1}{\omega L}\boldsymbol{V} = -j\frac{1}{X_L}\boldsymbol{V} \tag{6.13}$$

あるいは，複素電圧 $\boldsymbol{V}$ について表すと次のようになる．

$$\boldsymbol{V} = j\omega L\boldsymbol{I} = jX_L\boldsymbol{I} \tag{6.14}$$

式 (6.10) より，電流 $i$ の位相の部分に $-\pi/2$ が付いていることから，電流 $i$ の位相は，電圧 $v$ の位相より $\pi/2$ だけ遅れていることが理解できる．一方，式 (6.14) の複素数を用いた計算結果より，複素電流 $\boldsymbol{I}$ に虚数単位 $j$ を掛けたものが複素電圧 $\boldsymbol{V}$ になっている．よって，$\boldsymbol{V}$ は $\boldsymbol{I}$ より位相が $\pi/2$ だけ進んでいる．すなわち，複素数表示からも，$\boldsymbol{I}$ は $\boldsymbol{V}$ より位相が $\pi/2$ だけ遅れていることがわかる．このように，電流の位相と電圧の位相の関係は，どちらを基準にとるかで，表現が異なることに注意する必要がある．

### 6.1.3 キャパシタンス $C$ のみの回路

2枚の対向する導体電極の間に絶縁体を挟んだものを**コンデンサ**という．図 6.3 に示す**キャパシタンス** $C$ のコンデンサのみの回路を考える．なお，本書では，キャパシタンス $C$ をもつコンデンサのことを，単にコンデンサ $C$ とよぶことにする．

この回路に式 (6.1) で与えられる正弦波交流電圧 $v$ を加えると，電極に蓄えられる電荷の電気量 $Q$ は，次のようになる．

$$Q = Cv = CV_m \sin(\omega t + \theta) \tag{6.15}$$

ここで，$C$ の単位は**ファラッド** [F] である．電流は，電荷 $Q$ の時間変化で与えられるので，この回路を流れる電流は，次式のように求められる．

$$i = \frac{\mathrm{d}Q}{\mathrm{d}t} = C\frac{\mathrm{d}v}{\mathrm{d}t} = \omega CV_m \cos(\omega t + \theta) = \omega CV_m \sin\left(\omega t + \theta + \frac{\pi}{2}\right)$$
$$= I_m \sin\left(\omega t + \theta + \frac{\pi}{2}\right) \tag{6.16}$$

ただし，

$$I_m = \omega CV_m \tag{6.17}$$

である．ここで，

$$X_C = \frac{1}{\omega C} \tag{6.18}$$

と定義すると，$X_C$ は交流に対する抵抗としてはたらくことがわかる．$X_C$ は**容量性リアクタンス**とよばれる．単位はオーム [Ω] である．

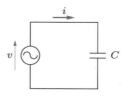

**図 6.3 コンデンサに正弦波交流を加えた回路**

式 (6.16) の内容を，複素数を用いて表してみよう．コンデンサ $C$ に複素電圧 $\boldsymbol{V}$ を加えた際に流れる複素電流 $\boldsymbol{I}$ は，式 (5.54) の複素数の微分演算を用いて，次のように計算できる．

$$\boldsymbol{I} = \frac{\mathrm{d}\boldsymbol{Q}}{\mathrm{d}t} = C\frac{\mathrm{d}\boldsymbol{V}}{\mathrm{d}t} = j\omega C\boldsymbol{V} = j\frac{1}{X_C}\boldsymbol{V} \tag{6.19}$$

あるいは，複素電圧 $\boldsymbol{V}$ について表すと次のようになる．

$$\boldsymbol{V} = \frac{1}{j\omega C}\boldsymbol{I} = -j\frac{1}{\omega C}\boldsymbol{I} = -jX_C\boldsymbol{I} \tag{6.20}$$

式 (6.16) において，電流 $i$ の位相の部分に $+\pi/2$ が付いていることから，電流 $i$ の位相は，電圧 $v$ の位相より $\pi/2$ だけ進んでいることがわかる．一方，式 (6.20) の複素数を用いた計算結果では，複素電流 $\boldsymbol{I}$ に負号を付けた虚数単位 $j$ を掛けたものが，複素電圧 $\boldsymbol{V}$ になっている．よって，$\boldsymbol{V}$ は $\boldsymbol{I}$ より位相が $\pi/2$ だけ遅れている．すなわち，$\boldsymbol{I}$ は $\boldsymbol{V}$ より位相が $\pi/2$ だけ進んでいることがわかる．

### 6.1.4　電流と電圧の関係のフェーザ図

式 (6.2)，(6.10)，(6.16) を，それぞれ，複素数で表した式 (6.6)，(6.13)，(6.19) と比べてみよう．複素数で表した場合には，これらを導くための計算過程はもちろんのこと，最終的な式が簡潔に表現されていることがよくわかる．

図 6.4 は，交流電圧源に，抵抗，コイル，あるいはコンデンサを接続した場合の，それぞれの素子の両端の電圧 $\boldsymbol{V}_R$，$\boldsymbol{V}_L$，$\boldsymbol{V}_C$ と電流の位相関係を，フェーザ図で表したものである．ここで，複素電流 $\boldsymbol{I}$ を基準にとり，実軸上に配置している．一般に，基準にとるフェーザを実軸上に配置することが多く，このようにすると理解しやすい．

抵抗を接続した場合には，複素電圧 $\boldsymbol{V}_R$ と複素電流 $\boldsymbol{I}$ の位相はお互いに等しい．コイルを接続した場合には，複素電圧 $\boldsymbol{V}_L$ の位相は，複素電流 $\boldsymbol{I}$ のそれより $\pi/2$ 進む．コンデンサを接続した場合には，複素電圧 $\boldsymbol{V}_C$ の位相は，複素電流 $\boldsymbol{I}$ のそれより $\pi/2$ 遅れる．複素数表示に基づくフェーザ図は，電圧や電流の間の，位相の相互関係を明確に表現してくれる．

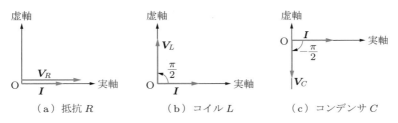

（a）抵抗 $R$　　　　（b）コイル $L$　　　　（c）コンデンサ $C$

図 6.4　基準複素電流と各素子の両端の複素電圧との関係を示したフェーザ図

**例題 6.1**　図 6.2 の回路において，$L = 200$ [mH] のインダクタンスをもつコイルに，交流電圧 $\boldsymbol{V} = 250\angle(-30°)$ [V] を加えた．周波数 $f = 50$ [Hz] とする．誘導性リアクタンス $X_L$ を求めよ．また，この回路に流れる電流をフェーザ形式で求め，電圧フェーザとの関係がわかるようにフェーザ図を描け．

**解答**　角周波数は $\omega = 2\pi f = 2\pi \times 50$ [rad/s] であるので，誘導性リアクタンス $X_L$ は式 (6.12) より，

$$X_L = \omega L = 2\pi \times 50 \times 200 \times 10^{-3} = 62.8\ [\Omega]$$

となる．また，式 (6.13) より，電流は次のようになる．

$$I = -j\frac{V}{\omega L} = -j\frac{250\angle(-30°)}{62.8} = \frac{250}{62.8}\angle(-30° - 90°) = 3.98\angle(-120°)\ [\text{A}]$$

この導出過程において，$-j$ が $1\angle(-90°)$ と等しいことや，式 (5.49) の関係を用いている．図 6.5 が求める電流のフェーザ図である．

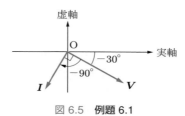

図 6.5　例題 6.1

## 6.2 インピーダンスとアドミタンス

回路に加えた複素電圧 $V$ と，回路に流れる複素電流 $I$ との間には，一般化された交流のオームの法則として，次の関係が成り立つ．

$$V = ZI \tag{6.21}$$

ここで，$Z$ は**インピーダンス**とよばれる．単位はオーム $[\Omega]$ である．すなわち，インピーダンスは次式で定義される．

$$Z = \frac{V}{I} \tag{6.22}$$

ここで定義したインピーダンスは複素数である．このことは，インピーダンスは，交流に対する抵抗としての大きさと同時に，位相をもつことを表している．すなわち，式 (6.21) が示すように，複素電流 $I$ に対する複素電圧 $V$ の位相の変化を与える．

それぞれの素子に対するインピーダンスを整理すると，次のようになる．

$$\text{抵抗 } R:\quad Z_R = R \tag{6.23}$$

$$\text{コイル } L:\quad Z_L = j\omega L = jX_L \tag{6.24}$$

$$\text{コンデンサ } C:\quad Z_C = \frac{1}{j\omega C} = -j\frac{1}{\omega C} = -jX_C \tag{6.25}$$

よって，各素子の両端にかかる電圧は次のようになる．

$$V_R = Z_R I = RI \tag{6.26}$$

$$V_L = Z_L I = jX_L I = j\omega L I \tag{6.27}$$

$$V_C = Z_C I = -jX_C I = -j\frac{1}{\omega C} I \tag{6.28}$$

このように，複素数表示を用いることで，異なる素子でもすべて同一の形式で表現できる．

一方，インピーダンスの逆数を $Y$ で表し，これを**アドミタンス**という．単位は**ジーメンス** [S] である．アドミタンスは，電流の流れやすさの尺度を与える．

$$Y = \frac{1}{Z} \tag{6.29}$$

アドミタンスも複素数となる．これを

$$Y = G + jB \tag{6.30}$$

と表したとき，$G$ を**コンダクタンス**，$B$ を**サセプタンス**という．単位は，いずれもジーメンスである．

ある素子のアドミタンスを $Y$ とし，また，この素子の両端にかかっている電圧を $V$ とすると，この素子に流れる電流は次式で与えられる．

$$I = YV \tag{6.31}$$

抵抗 $R$，コイル $L$，コンデンサ $C$ のアドミタンス $Y_R$，$Y_L$，$Y_C$ は，式 (6.23)〜(6.25) より次式で与えられる．

$$Y_R = \frac{1}{Z_R} = \frac{1}{R} \tag{6.32}$$

$$Y_L = \frac{1}{Z_L} = \frac{1}{j\omega L} = -j\frac{1}{\omega L} \tag{6.33}$$

$$Y_C = \frac{1}{Z_C} = \frac{1}{1/j\omega C} = j\omega C \tag{6.34}$$

よって，各素子を流れる電流は次のようになる．

$$I_R = Y_R V = \frac{V}{R} \tag{6.35}$$

$$I_L = Y_L V = -j\frac{1}{\omega L} V \tag{6.36}$$

$$I_C = Y_C V = j\omega C V \tag{6.37}$$

# 6.3　組み合わせ素子の交流回路

## 6.3.1　RLC 直列回路

次に，複数のインピーダンス素子が接続された交流回路を考えよう．図 6.6 のようにインピーダンス $Z_1$，$Z_2$，$Z_3$ を接続し，共通の電流 $I$ が流れるようにしたものを，インピーダンスの**直列接続**という．また，この回路を，インピーダンスの**直列回路**という．回路に加えられる電圧を $V$ とすると，次のようになる．

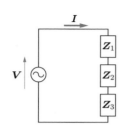

図 6.6　インピーダンスの
　　　　直列接続

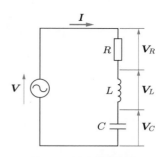

図 6.7　RLC 直列回路

$$V = Z_1 I + Z_2 I + Z_3 I = (Z_1 + Z_2 + Z_3) I \tag{6.38}$$

よって，この回路の**合成インピーダンス** $Z$ は次のように表される．

$$Z = Z_1 + Z_2 + Z_3 \tag{6.39}$$

　一般化して，$n$ 個のインピーダンス $Z_1, Z_2, \cdots, Z_n$ が直列接続されている場合の合成インピーダンス $Z$ は，次式で与えられる．

$$Z = Z_1 + Z_2 + \cdots + Z_n = \sum_{i=1}^{n} Z_i \tag{6.40}$$

とくに，図 6.7 に示す，$R$，$L$，$C$ が直列に接続された回路を，**RLC 直列回路**という．この回路における，各素子にかかる電圧 $V_R$，$V_L$，$V_C$ の三つを合成した複素電圧 $V$ は，式 (6.26)〜(6.28) を用いて，次のようになる．

$$
\begin{aligned}
V &= V_R + V_L + V_C \\
&= RI + L\frac{\mathrm{d}I}{\mathrm{d}t} + \frac{1}{C}\int I \, \mathrm{d}t = RI + j\omega LI + \frac{1}{j\omega C}I \\
&= RI + j\omega LI - j\frac{1}{\omega C}I = \left\{ R + j\left(\omega L - \frac{1}{\omega C}\right) \right\} I
\end{aligned} \tag{6.41}
$$

　図 6.8 は，三つの複素電圧 $V_R$，$V_L$，$V_C$ と，これら三つを合成した複素電圧 $V$ との関係を示したフェーザ図である．この図を見ながら，$V$ の作図方法を確認してみよう．電流 $I$ は，$R$，$L$，$C$ の三つの素子に共通に流れるので，これを基準にとると理解しやすい．$I$ を基準にすると，$I$ は実数のみのフェーザとなるから，実軸上にある．よって，これに実数値 $R$ を掛けた $V_R$ も実軸上にある．このフェーザ $V_R = RI$ を，原点を出発点として実軸上に OA のように描く．次に，$V_L$ は $I$ より位相が $\pi/2$ 進んでいるので，このフェーザ $V_L = j\omega LI$ を，虚軸の正の方向に OD のように描く．また，$V_C$ は $I$ より位相が $\pi/2$ 遅れているので，このフェーザ $V_C = -j(1/\omega C)I$ を，虚軸の負の方向に OC のように描く．

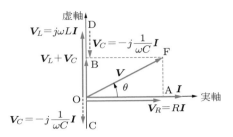

図 6.8 RLC 直列回路における合成複素電圧の作図法

次に，虚軸上の二つのフェーザ $\boldsymbol{V}_L$ と $\boldsymbol{V}_C$ のみを合成した $\boldsymbol{V}_L + \boldsymbol{V}_C$ を作る．破線で描いたフェーザ $\boldsymbol{V}_C$ を表す OC の原点にある根元が，フェーザ $\boldsymbol{V}_L$ の先端 D と一致するように，フェーザ $\boldsymbol{V}_C$ を平行移動させ，DB のように配置する．$\boldsymbol{V}_L + \boldsymbol{V}_C$ というフェーザは，O を出発点として D まで行き，逆に D から B に戻ることになるから，結局，OB で与えられる．最後に，実軸上のフェーザ $\boldsymbol{V}_R$ と虚軸上のフェーザ $\boldsymbol{V}_L + \boldsymbol{V}_C$ を 2 辺とする長方形 OAFB の対角線 OF を描くと，これが求める式 (6.41) の合成フェーザとなる．

一方，この RLC 直列回路における回路全体の合成インピーダンス $\boldsymbol{Z}$ は，

$$\boldsymbol{Z} = \frac{\boldsymbol{V}}{\boldsymbol{I}} = \boldsymbol{Z}_R + \boldsymbol{Z}_L + \boldsymbol{Z}_C = R + j\omega L + \frac{1}{j\omega C} = R + j\omega L - j\frac{1}{\omega C}$$
$$= R + j\left(\omega L - \frac{1}{\omega C}\right) \tag{6.42}$$

と表される．

$\boldsymbol{Z}$ のベクトル図を，図 6.9 に示す．$\boldsymbol{Z}$ の実部は $R$ である．一方，虚部は，誘導性リアクタンス $X_L$ から容量性リアクタンス $X_C$ を差し引いた $\omega L - 1/\omega C$ となる．よって，$\boldsymbol{Z}$ の大きさは，

$$|\boldsymbol{Z}| = \sqrt{R^2 + \left(\omega L - \frac{1}{\omega C}\right)^2} \tag{6.43}$$

で与えられる．また，図より，$\boldsymbol{Z}$ の偏角 $\theta$ は，

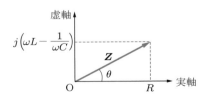

図 6.9 RLC 直列回路における合成インピーダンス $\boldsymbol{Z}$

$$\theta = \tan^{-1} \frac{\omega L - 1/\omega C}{R} \tag{6.44}$$

となる.

　以上のように，回路にさまざまな素子が複数接続されていても，複素数表示によりそれらをインピーダンスとして同一の形式で表し，合成して一つにまとめることで，あたかも単一の素子からなる回路のように取り扱うことができる.

**例題 6.2**　図 6.7 に示した RLC 直列回路において，抵抗 $R = 60$ [Ω]，インダクタンス $L = 20$ [mH]，キャパシタンス $C = 5$ [μF] とする. この回路に，角周波数 $\omega = 5000$ [rad/s] の複素電流 $\boldsymbol{I} = 2.0\angle 0°$ [A] を流した. この回路のインピーダンス $\boldsymbol{Z}$ を求めよ. 次に，電流を基準にしたときの，各素子の端子間の複素電圧 $\boldsymbol{V}_R$, $\boldsymbol{V}_L$, $\boldsymbol{V}_C$ と，電源の複素電圧 $\boldsymbol{V}$ を求めよ. また，この回路のインピーダンス $\boldsymbol{Z}$ と，$\boldsymbol{V}_R$, $\boldsymbol{V}_L$, $\boldsymbol{V}_C$, $\boldsymbol{V}$, および $\boldsymbol{I}$ の関係を表すフェーザ図を描け.

**解答**　インピーダンスに関連する諸量は，$\omega L$ や $\omega C$ が一つのかたまりとして現れるので，まず，これらを評価しておくと便利である.

$$\omega L = 5 \times 10^3 \times 20 \times 10^{-3} = 100$$
$$\omega C = 5 \times 10^3 \times 5 \times 10^{-6} = 2.5 \times 10^{-2}$$

であるので，回路のインピーダンス $\boldsymbol{Z}$ の絶対値と偏角 $\theta$ は，次のようになる.

$$|\boldsymbol{Z}| = \sqrt{R^2 + \left(\omega L - \frac{1}{\omega C}\right)^2}$$
$$= \sqrt{60^2 + \left(100 - \frac{1}{2.5 \times 10^{-2}}\right)^2} = \sqrt{60^2 + 60^2} = 60\sqrt{2} \ [\Omega]$$
$$\theta = \tan^{-1} \frac{\omega L - 1/\omega C}{R} = \tan^{-1} \frac{60}{60} = \tan^{-1} 1 = \frac{\pi}{4} = 45°$$

よって，

$$\boldsymbol{Z} = 60\sqrt{2}\angle 45° \ [\Omega]$$
$$\boldsymbol{V} = \boldsymbol{Z}\boldsymbol{I} = 60\sqrt{2}\angle 45° \times 2 = 120\sqrt{2}\angle 45° \ [V]$$
$$\boldsymbol{V}_R = R\boldsymbol{I} = 60 \times 2 = 120 \ [V]$$
$$\boldsymbol{V}_L = j\omega L\boldsymbol{I} = j100 \times 2 = j200 \ [V]$$
$$\boldsymbol{V}_C = -j\frac{1}{\omega C}\boldsymbol{I} = -j\frac{1}{2.5 \times 10^{-2}} \times 2 = -j80 \ [V]$$

となる. 電流を基準にして，これらの関係をフェーザ図に表すと，図 6.10 のようになる.

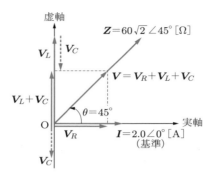

図 6.10　例題 6.2

## 6.3.2　RLC 並列回路

図 6.11 のようにインピーダンス $Z_1$, $Z_2$, $Z_3$ を接続し，共通の電圧 $V$ を印加したものを，インピーダンスの**並列接続**という．電源から流れ出す電流 $I$ は次のようになる．

$$I = I_1 + I_2 + I_3 = \frac{V}{Z_1} + \frac{V}{Z_2} + \frac{V}{Z_3} = \left( \frac{1}{Z_1} + \frac{1}{Z_2} + \frac{1}{Z_3} \right) V \tag{6.45}$$

よって，この回路の合成インピーダンス $Z$ は次のように表される．

$$\frac{1}{Z} = \frac{1}{Z_1} + \frac{1}{Z_2} + \frac{1}{Z_3} \tag{6.46}$$

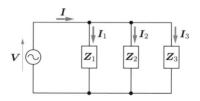

図 6.11　インピーダンスの並列接続

一般化して，$n$ 個のインピーダンス $Z_1, Z_2, \cdots, Z_n$ が並列接続されているとき，この合成インピーダンスは次式で与えられる．

$$\frac{1}{Z} = \frac{1}{Z_1} + \frac{1}{Z_2} + \cdots + \frac{1}{Z_n} = \sum_{k=1}^{n} \frac{1}{Z_k} \tag{6.47}$$

並列回路の合成インピーダンスの表式は，やや複雑である．ここで，式 (6.29) で定義されるアドミタンスを用いると，式 (6.45) は次のように簡潔に表現できる．

$$I = I_1 + I_2 + I_3 = \left( \frac{1}{Z_1} + \frac{1}{Z_2} + \frac{1}{Z_3} \right) V = (Y_1 + Y_2 + Y_3) V \tag{6.48}$$

すなわち，$n$ 個のアドミタンス $\boldsymbol{Y}_1, \boldsymbol{Y}_2, \cdots, \boldsymbol{Y}_n$ が並列接続されているとき，合成アドミタンスは，各素子のアドミタンスの和で与えられる．

$$\boldsymbol{Y} = \frac{\boldsymbol{I}}{\boldsymbol{V}} = \boldsymbol{Y}_1 + \boldsymbol{Y}_2 + \cdots + \boldsymbol{Y}_n = \sum_{k=1}^{n} \boldsymbol{Y}_k \tag{6.49}$$

アドミタンスは，並列回路の解析に対して有用である．

とくに，図 6.12 に示す，$R$, $L$, $C$ が並列に接続された回路を，**RLC 並列回路**という．この合成アドミタンス $\boldsymbol{Y}$ は，式 (6.32)〜(6.34) を用いて，次のようになる．

$$\boldsymbol{Y} = \boldsymbol{Y}_R + \boldsymbol{Y}_L + \boldsymbol{Y}_C = \frac{1}{R} + \frac{1}{j\omega L} + j\omega C = \frac{1}{R} - j\frac{1}{\omega L} + j\omega C$$

$$= \frac{1}{R} + j\left(\omega C - \frac{1}{\omega L}\right) \tag{6.50}$$

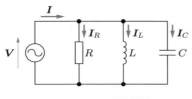

図 6.12 RLC 並列回路

## 6.4 複素数を用いた交流電力の計算

2 章で説明した交流電力も，回路解析の場合と同様に，複素数を用いることで三角関数や微分・積分を含む複雑な方程式が代数方程式になり，物理的な見通しよく簡潔に表現できる．複素数を用いて電力を計算してみよう．複素電圧を，その初期位相を $\phi$ とおいて，

$$\boldsymbol{V} = V e^{j\phi} \tag{6.51}$$

と表す．この電圧を，図 6.13 の回路に印加した結果，

$$\boldsymbol{I} = I e^{j(\phi - \theta)} \tag{6.52}$$

の複素電流が発生したとする．ここで，$V$ および $I$ は，電圧および電流の実効値である．式 (6.51) と (6.52) は，それぞれ式 (2.76) と (2.77) に対応する．ただし，ここでは，一般化して電圧の初期位相を $\phi$ とおいてある点に注意されたい．電流は，電圧に比べて $\theta$ だけ位相が遅れている．

ここで，$\boldsymbol{I}$ の共役複素数を導入する．

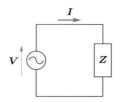

図 6.13　インピーダンス $\boldsymbol{Z}$ に正弦波交流を加えた回路

$$\overline{\boldsymbol{I}} = I e^{-j(\phi-\theta)} \tag{6.53}$$

この電流 $\boldsymbol{I}$ の共役複素数 $\overline{\boldsymbol{I}}$ と電圧 $\boldsymbol{V}$ との積をとる.

$$\boldsymbol{V}\overline{\boldsymbol{I}} = V e^{j\phi} \cdot I e^{-j(\phi-\theta)} = VI e^{j\theta} = VI \cos\theta + jVI \sin\theta \tag{6.54}$$

この結果を,式 (2.79) および (2.81) と比べてみよう.式 (6.54) の実部と虚部は,そ
れぞれ有効電力 $P$ と無効電力 $P_r$ になっていることがわかる.以上より,**複素電力 $\boldsymbol{P}$**
を,次のように定義することができる.

$$\boldsymbol{P} = \boldsymbol{V}\overline{\boldsymbol{I}} = P + jP_r \tag{6.55}$$

このように,複素数を用いると,交流電力の諸量が簡潔に表現できる.図 6.13 の
負荷インピーダンス $\boldsymbol{Z}$ を

$$\boldsymbol{Z} = R + jX \tag{6.56}$$

とおけば,

$$\boldsymbol{P} = \boldsymbol{V}\overline{\boldsymbol{I}} = \boldsymbol{Z}\boldsymbol{I}\overline{\boldsymbol{I}} = \boldsymbol{Z}|\boldsymbol{I}|^2 = (R+jX)|\boldsymbol{I}|^2 = R|\boldsymbol{I}|^2 + jX|\boldsymbol{I}|^2 \tag{6.57}$$

である.すなわち,

$$P = R|\boldsymbol{I}|^2 \tag{6.58}$$
$$P_r = X|\boldsymbol{I}|^2 \tag{6.59}$$

となる.よって,有効電力とは,複素電力 $\boldsymbol{P}$ の抵抗部分（実部）であり,また無効電
力とは,複素電力 $\boldsymbol{P}$ のリアクタンス部分（虚部）であることがわかる.すなわち,有
効電力は,回路に抵抗 $R$ が存在するときのみ発生する.回路が抵抗 $R$ をもたず,コ
イル $L$ やコンデンサ $C$ などのリアクタンス素子だけで構成されているとき,複素電
力は無効電力のみとなる.このとき力率 $\cos\theta = 0$ であり,位相差 $\theta$ の絶対値は $\pi/2$
となる.

**例題 6.3**　ある交流回路に複素電圧 $\boldsymbol{V} = 200 + j100$ [V] を加えたところ,複素電流
$\boldsymbol{I} = 8 + j6$ [A] が流れた.この回路のインピーダンス $\boldsymbol{Z}$ とアドミタンス $\boldsymbol{Y}$ を求めよ.次に,
複素電力 $\boldsymbol{P}$ を計算し,これから有効電力 $P$,無効電力 $P_r$ および皮相電力 $P_a$ を求めよ.

**解答** インピーダンス $\boldsymbol{Z}$ は,

$$\boldsymbol{Z} = \frac{\boldsymbol{V}}{\boldsymbol{I}} = \frac{200 + j100}{8 + j6} = \frac{(200 + j100)(8 - j6)}{(8 + j6)(8 - j6)} = \frac{2200 - j400}{100}$$
$$= 22 - j4 \ [\Omega]$$

で, アドミタンス $\boldsymbol{Y}$ は,

$$\boldsymbol{Y} = \frac{1}{\boldsymbol{Z}} = \frac{1}{22 - j4} = \frac{22 + j4}{(22 - j4)(22 + j4)} = \frac{22 + j4}{500} = 0.044 + j0.008 \ [S]$$

となる. これら $\boldsymbol{Z}$ や $\boldsymbol{Y}$ の計算で行ったように, 分母に複素数が現れる場合には, この共役複素数を分子と分母にかけて, 分母を実数化する必要がある. このようにしないと, 計算結果に対する物理的な解釈ができない. 複素電力 $\boldsymbol{P}$ は,

$$\boldsymbol{P} = \boldsymbol{V}\overline{\boldsymbol{I}} = (200 + j100)(8 - j6) = 2200 - j400 \ [VA]$$

となる. よって,

$$P = 2200 \ [W], \quad P_r = -400 \ [var]$$

となり, 皮相電力 $P_a$ は次のように計算できる.

$$P_a = \sqrt{P^2 + P_r{}^2} = \sqrt{2200^2 + (-400)^2} = 2236 \ [VA]$$

**例題 6.4** 抵抗値 $R = 8 \ [\Omega]$ の抵抗, 誘導性リアクタンス $X_L = 11 \ [\Omega]$ のコイル, 容量性リアクタンス $X_C = 5 \ [\Omega]$ のコンデンサが, 直列に接続された回路がある. この回路に, 複素電圧 $\boldsymbol{V} = 100\angle 0° \ [V]$ を加えた. 回路を流れる電流 $\boldsymbol{I}$, 力率 $\cos\theta$, 皮相電力 $P_a$, 有効電力 $P$, および無効電力 $P_r$ を求めよ.

**解答** 回路のインピーダンス $\boldsymbol{Z}$ は,

$$\boldsymbol{Z} = R + jX = R + jX_L - jX_C = 8 + j11 - j5 = 8 + j6 \ [\Omega]$$

$\boldsymbol{Z}$ の大きさは,

$$|\boldsymbol{Z}| = \sqrt{8^2 + 6^2} = \sqrt{100} = 10 \ [\Omega]$$

$\boldsymbol{Z}$ の偏角は,

$$\theta = \tan^{-1}\frac{6}{8} = 36.9°$$

となる. よって,

$$\boldsymbol{I} = \frac{\boldsymbol{V}}{\boldsymbol{Z}} = \frac{100\angle 0°}{10\angle 36.9°} = 10\angle(-36.9°) \ [A]$$

となる. このように, $\boldsymbol{Z}$ の偏角が電流と電圧の位相差を与える. よって, 力率は, 次のようになる.

$$\cos\theta = \cos 36.9° = 0.8$$

皮相電力 $P_a$, 有効電力 $P$, および無効電力 $P_r$ は, それぞれ次のようになる.

$$P_a = VI = 100 \times 10 = 1000 \ [VA]$$

$$P = R|\boldsymbol{I}|^2 = 8 \times 10^2 = 800 \ [\mathrm{W}]$$
$$P_r = X|\boldsymbol{I}|^2 = 6 \times 10^2 = 600 \ [\mathrm{var}]$$

---

◦ **演習問題** ◦

**6.1** 【抵抗の回路】図 6.1 の回路に，$v = 150\sqrt{2}\sin(120\pi t + \pi/6)$ [V] の交流電圧を加えた．ただし，$R = 30 [\Omega]$ とする．電圧および回路に流れる電流をフェーザ形式で表し，両者のフェーザ図を描け．

**6.2** 【インダクタンスの回路】図 6.2 の回路に，$v = 200\sqrt{2}\cos(200t - \pi/6)$ [V] の交流電圧を加えた．ただし，$L = 500$ [mH] とする．誘導性リアクタンス $X_L$ を求めよ．また，電圧および回路を流れる電流をフェーザ形式で求め，両者のフェーザ図を描け．

**6.3** 【キャパシタンスの回路】図 6.3 の回路に，$\boldsymbol{V} = 120\angle(-60°)$ [V] の交流電圧を加えた．ただし，$C = 50$ [μF]，また周波数は $f = 60$ [Hz] とする．容量性リアクタンス $X_C$ を求めよ．また，回路に流れる電流をフェーザ形式で求め，電圧と電流のフェーザ図を描け．

**6.4** 【インピーダンスと素子の特定】正弦波交流電流 $\boldsymbol{I} = 2.5\angle(-30°)$ [A] を，ある素子に加えたところ，この素子の両端に，次の瞬時値で与えられる交流電圧が発生した．それぞれのインピーダンスを求め，また，それぞれの素子が何であるかを特定せよ．

(1) $v = 100\sqrt{2}\sin\left(200\pi t + \dfrac{\pi}{3}\right)$ [V]

(2) $v = 100\sqrt{2}\sin\left(200\pi t - \dfrac{\pi}{6}\right)$ [V]

(3) $v = 100\sqrt{2}\sin\left(200\pi t - \dfrac{2\pi}{3}\right)$ [V]

**6.5** 【RL 直列回路・電流基準】抵抗 $R = 100$ [$\Omega$]，インダクタンス $L = 400$ [mH] の RL 直列回路がある．この回路に，実効値が 2 [A]，周波数が 50 [Hz] の交流電流 $\boldsymbol{I}$ が流れている．電流を基準にしたとき，抵抗の端子電圧 $\boldsymbol{V_R}$，コイルの端子電圧 $\boldsymbol{V_L}$，および回路に加わっている電圧 $\boldsymbol{V}$ を求めよ．また，この回路のインピーダンス $\boldsymbol{Z}$ と，$\boldsymbol{V_R}$，$\boldsymbol{V_L}$，$\boldsymbol{V}$，$\boldsymbol{I}$ の関係を表すフェーザ図を描け．

**6.6** 【RLC 直列回路・リアクタンス表記】問図 6.1 に示す RLC 直列回路がある．ここで，$R = 6$ [$\Omega$]，$X_L = 10$ [$\Omega$]，$X_C = 2$ [$\Omega$] である．この回路に，実効値 2.5 [A] の交流電流 $\boldsymbol{I}$ を

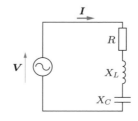

問図 6.1

流した．合成インピーダンス $Z$ を求めよ．また，各素子の端子電圧 $V_R$，$V_L$，$V_C$，および電源の電圧 $V$ の大きさと偏角を求めよ．さらに，電流 $I$ を基準にして，$Z$，$I$，$V_R$，$V_L$，$V_C$，$V$ の関係を表すフェーザ図を描け．

**6.7 【RC 並列回路】** 抵抗 $R=50$ [Ω]，キャパシタンス $C=100$ [μF] の RC 並列回路がある．この回路に，$v=100\sqrt{2}\sin 500t$ [V] の交流電圧を加えた．電圧を基準にしたとき，この回路に流れる電流 $I$ を求めよ．また，抵抗の両端を流れる電流 $I_R$，およびコンデンサの両端を流れる電流 $I_C$ を求めよ．さらに，この回路のアドミタンス $Y$ と，$I_R$，$I_C$，$I$，$V$ の関係を表すフェーザ図を描け．

**6.8 【RLC 直列回路の電力】** 抵抗値 $R=50$ [Ω] の抵抗，インダクタンス $L=200$ [mH] のコイル，キャパシタンス $C=100$ [μF] のコンデンサを接続した RLC 直列回路に，実効値 100 [V]，周波数 50 [Hz] の電圧を加えた．$R$，$L$，$C$ を共通に流れる電流 $I$ を求めよ．また，この回路の力率と，皮相電力，有効電力，無効電力を求めよ．

**6.9 【RLC 並列回路の電力】** 抵抗値 $R=25$[Ω] の抵抗，誘導性リアクタンス $X_L=40$ [Ω] のコイル，容量性リアクタンス $X_C=20$ [Ω] のコンデンサを接続した RLC 並列回路に，実効値 100 [V] の電圧を加えた．合成インピーダンス $Z$ を流れる電流 $I$ を求めよ．また，この回路の力率と，皮相電力，有効電力，無効電力を求めよ．

**6.10 【複素電力】** インピーダンス $Z=40-j30$ [Ω] をもつ回路に，複素電圧 $V=200+j100$ [V] を加えた．回路に流れる複素電流 $I$ と，複素電力，有効電力，無効電力，皮相電力を求めよ．

# 7章 行列と行列式

行列は，未知数の多い連立方程式を解く際に，とても役に立つ数学的な手段である．連立方程式を行列方程式に書き換え，これを一連の流れに従って，機械的に解いていくことができる．

本章では，まず行列の定義と，その基本的な演算法を学ぶ．次に，行列式を定義し，この値を求めるための，サラスの方法と余因子による展開法を理解する．行列式は，逆行列を求めるための重要なステップである．この逆行列を用いて，連立 1 次方程式を機械的に解くためのクラメールの公式を修得する．最後に，回路解析への応用として，回路網中の電流を求めるキルヒホッフの法則を確認し，枝電流法や閉路電流法に基づいた行列による解法を学ぶ．

## 7.1 行列の定義

**行列**とは，次式に示すように，$m \times n$ 個の数を，縦に $m$ 個，横に $n$ 個の長方形に並べて書いたものである．これを，**$m \times n$ 行列**（あるいは，$m$ 行 $n$ 列の行列，$m \times n$ 型行列，$(m, n)$ 行列など）という．縦方向には「**行**」，横方向には「**列**」と数える．$m \times n$ 個の要素を，この行列の**成分**という．本章では，行列を $A$, $B$ などのアルファベットの大文字で表す．

$$
A = \begin{bmatrix}
a_{11} & a_{12} & \cdots & a_{1j} & \cdots & a_{1n} \\
a_{21} & a_{22} & \cdots & a_{2j} & \cdots & a_{2n} \\
\vdots & \vdots & & \vdots & & \vdots \\
a_{i1} & a_{i2} & \cdots & a_{ij} & \cdots & a_{in} \\
\vdots & \vdots & & \vdots & & \vdots \\
a_{m1} & a_{m2} & \cdots & a_{mj} & \cdots & a_{mn}
\end{bmatrix}
\begin{array}{l}
\text{第 1 行} \\
\text{第 2 行} \\
\vdots \\
\textbf{第 } \boldsymbol{i} \textbf{ 行} \\
\vdots \\
\text{第 } m \text{ 行}
\end{array}
\tag{7.1}
$$

第 1 列　第 2 列　$\cdots$　**第 $\boldsymbol{j}$ 列**　$\cdots$　第 $n$ 列

これを $A = [a_{ij}]$ と略記することがある．この行列 $A$ の，上から第 $i$ 行目，左から第 $j$ 列目にある $a_{ij}$ を，行列 $A$ の $(i, j)$ 成分という．これは $(A)_{ij}$ と表すこともある．とくに，$m = n$ を満たす行列を，**正方行列**という．これに対しては，$m$ 次の正方行列，

あるいは $n$ 次の正方行列という表現が使われる.

式 (7.1) で与えられる行列 $A$ の,たとえば任意の $i$ 行目の,成分が横に $n$ 個並んだ $n$ 次元のベクトルを**行ベクトル**という.

$$\vec{a}_i = [a_{i1}, a_{i2}, \cdots, a_{ij}, \cdots, a_{in}] \tag{7.2}$$

また,この行列 $A$ の,たとえば任意の $j$ 列目の,成分が縦に $m$ 個並んだ $m$ 次元のベクトルを**列ベクトル**という.

$$\vec{a}_j = \begin{bmatrix} a_{1j} \\ a_{2j} \\ \vdots \\ a_{ij} \\ \vdots \\ a_{mj} \end{bmatrix} \tag{7.3}$$

**ベクトル**とは,大きさと方向をもった量である.式 (7.2) の $n$ 次元行ベクトルは,$n$ 個の成分を指定することにより,$n$ 次元空間の大きさと方向を規定している.

すべての成分が $0$ である行列を,**零行列**と定義し,$O$ で表す.

$$O = \begin{bmatrix} 0 & 0 & \cdots & 0 \\ 0 & 0 & \cdots & 0 \\ \vdots & \vdots & & \vdots \\ 0 & 0 & \cdots & 0 \end{bmatrix} \tag{7.4}$$

また,対角線上の成分のみが $1$ であり,それ以外の成分がすべて $0$ である正方行列を,**単位行列**といい,$U$ で表す†.

$$U = \begin{bmatrix} 1 & 0 & \cdots & 0 \\ 0 & 1 & \cdots & 0 \\ \vdots & \vdots & \ddots & \vdots \\ 0 & 0 & \cdots & 1 \end{bmatrix} \tag{7.5}$$

単位行列の次数を強調したい場合には,$U_m$ などと,次数 $m$ を表す下つきの添え字を付ける.

次の二つの行列を考えよう.

---

† 数学では,単位行列は $E$ や $I$ で表されることが多い.

$$
A = \begin{bmatrix} a_{11} & a_{12} & \cdots & a_{1n} \\ a_{21} & a_{22} & \cdots & a_{2n} \\ \vdots & \vdots & & \vdots \\ a_{m1} & a_{m2} & \cdots & a_{mn} \end{bmatrix}, \quad B = \begin{bmatrix} b_{11} & b_{12} & \cdots & b_{1q} \\ b_{21} & b_{22} & \cdots & b_{2q} \\ \vdots & \vdots & & \vdots \\ b_{p1} & b_{p2} & \cdots & b_{pq} \end{bmatrix} \tag{7.6}
$$

この二つの行列は**型が同じ**であると仮定する．型が同じとは，左の $m \times n$ 行列と，右の $p \times q$ 行列において，

$$
m = p, \quad n = q \tag{7.7}
$$

が成立することをいう．型が同じで，かつ対応する成分が等しいとき，このときに限って，この二つの**行列 $A$ と $B$ は等しい**といい，次のように表す．

$$
A = B \tag{7.8}
$$

これはまた，次のようにも表す．

$$
a_{ij} = b_{ij} \quad (i = 1, 2, \cdots, m, \quad j = 1, 2, \cdots, n) \tag{7.9}
$$

## 7.2　行列の演算

### 7.2.1　行列の和と差

型が同じ二つの行列 $A = [a_{ij}]$ と $B = [b_{ij}]$ に対して，次の和の演算が定義できる．

$$
A + B = \begin{bmatrix} a_{11} + b_{11} & a_{12} + b_{12} & \cdots & a_{1n} + b_{1n} \\ a_{21} + b_{21} & a_{22} + b_{22} & \cdots & a_{2n} + b_{2n} \\ \vdots & \vdots & & \vdots \\ a_{m1} + b_{m1} & a_{m2} + b_{m2} & \cdots & a_{mn} + b_{mn} \end{bmatrix} \tag{7.10}
$$

差 $A - B$ についても，同様に定義される．さらに，行列の和に関して，以下の法則が成り立つ．

> ▶ **行列の和に関する法則**
>
> 　　結合法則： $(A + B) + C = A + (B + C)$ $\qquad$ (7.11)
>
> 　　交換法則： $A + B = B + A$ $\qquad$ (7.12)
>
> 　　零行列との和： $A + O = O + A = A$ $\qquad$ (7.13)
>
> 　　符号の異なる行列の和： $A + (-A) = (-A) + A = O$ $\qquad$ (7.14)
>
> ただし，$A, B, C, O$ の型はすべて等しい．

## 7.2.2 行列のスカラー倍

$\lambda$ を任意の数とするとき，任意の行列 $A$ に対して，以下のスカラー倍の演算が定義できる．なお，**スカラー**とは，大きさだけで定まる量をいう．

$$
\lambda A = \begin{bmatrix} \lambda a_{11} & \lambda a_{12} & \cdots & \lambda a_{1n} \\ \lambda a_{21} & \lambda a_{22} & \cdots & \lambda a_{2n} \\ \vdots & \vdots & & \vdots \\ \lambda a_{m1} & \lambda a_{m2} & \cdots & \lambda a_{mn} \end{bmatrix} \tag{7.15}
$$

行列のスカラー倍に関して，以下の法則が成り立つ．ただし，$\mu$ は任意の数である．

▶ **行列のスカラー倍に関する法則**

行列に関する分配法則： $\lambda(A + B) = \lambda A + \lambda B$ (7.16)

スカラーに関する分配法則： $(\lambda + \mu)A = \lambda A + \mu A$ (7.17)

結合法則： $(\lambda\mu)A = \lambda(\mu A)$ (7.18)

## 7.2.3 行列の積

$l \times m$ 行列 $A$ と，$m \times n$ 行列 $B$ との積の演算を次のように定義する．なお，積の演算が可能であるためには，行列 $A$ の列ベクトルの次元と，行列 $B$ の行ベクトルの次元が，お互いに等しいことが必要である．

二つの行列 $A$ と $B$ の積で与えられる行列を $C$ とする．次式は，行列 $A$ と行列 $B$ との積の演算を模式的に示したものである．行列 $A$ の第 $i$ 行と，行列 $B$ の第 $j$ 列に着目しよう．

$C = AB$

$$
= \begin{bmatrix} a_{11} & a_{12} & \cdots & a_{1m} \\ \vdots & \vdots & & \vdots \\ a_{i1} & a_{i2} & \cdots & a_{im} \\ \vdots & \vdots & & \vdots \\ a_{l1} & a_{l2} & \cdots & a_{lm} \end{bmatrix} \begin{bmatrix} b_{11} & \cdots & b_{1j} & \cdots & b_{1n} \\ b_{21} & \cdots & b_{2j} & \cdots & b_{2n} \\ \vdots & & \vdots & & \vdots \\ b_{m1} & \cdots & b_{mj} & \cdots & b_{mn} \end{bmatrix} = \begin{bmatrix} c_{11} & \cdots & c_{1j} & \cdots & c_{1n} \\ \vdots & & \vdots & & \vdots \\ c_{i1} & \cdots & c_{ij} & \cdots & c_{in} \\ \vdots & & \vdots & & \vdots \\ c_{l1} & \cdots & c_{lj} & \cdots & c_{ln} \end{bmatrix} \tag{7.19}
$$

このとき，$C$ の $(i, j)$ 成分は次式で与えられる．

$$c_{ij} = a_{i1}b_{1j} + a_{i2}b_{2j} + a_{i3}b_{3j} + \cdots + a_{im}b_{mj} = \sum_{k=1}^{m} a_{ik}b_{kj} \tag{7.20}$$

$A$ の第 $i$ 行にある $m$ 個の成分と，$B$ の第 $j$ 列にある $m$ 個の成分を，順番に掛け合わせ，それを合計している，という演算であることを確認しよう．

行列 $C$ は，結局，次のように表される．

$$C = AB = \begin{bmatrix} \displaystyle\sum_{k=1}^{m} a_{1k}b_{k1} & \displaystyle\sum_{k=1}^{m} a_{1k}b_{k2} & \cdots & \displaystyle\sum_{k=1}^{m} a_{1k}b_{kn} \\ \displaystyle\sum_{k=1}^{m} a_{2k}b_{k1} & \displaystyle\sum_{k=1}^{m} a_{2k}b_{k2} & \cdots & \displaystyle\sum_{k=1}^{m} a_{2k}b_{kn} \\ \vdots & \vdots & & \vdots \\ \displaystyle\sum_{k=1}^{m} a_{lk}b_{k1} & \displaystyle\sum_{k=1}^{m} a_{lk}b_{k2} & \cdots & \displaystyle\sum_{k=1}^{m} a_{lk}b_{kn} \end{bmatrix} \tag{7.21}$$

このように，$l \times m$ 行列 $A$ と，$m \times n$ 行列 $B$ との積の演算の結果得られる行列 $C$ は，$l \times n$ 行列となる．

行列の積に関して，以下の法則が成り立つ．

▶ **行列の積に関する法則**

結合法則： $(AB)C = A(BC)$ (7.22)

分配法則： $A(B+C) = AB + AC$ (7.23)

分配法則： $(A+B)C = AC + BC$ (7.24)

正方行列 $A$ と単位行列との積： $AU = UA = A$ (7.25)

零行列との積： $AO = OA = O$ (7.26)

いままで説明したように，行列の演算は，通常の数の演算と同様の法則が成り立っている．しかし，いくつかの例外がある．

▶ **積に関する交換法則**

(1) $l \times m$ 行列 $A$ と，$m \times n$ 行列 $B$ に対して，行列の積 $AB$ が定義され，かつ $BA$ が定義できるためには，以下の条件を満たさなければならない．

$$l = n \tag{7.27}$$

(2) 一般に，行列の積の順序を入れ替えたものは等しくない．

$$AB \neq BA \tag{7.28}$$

すなわち，行列の積に関する交換法則は成立しない．

**例題 7.1** 以下の二つの行列 $A$ と $B$ に対して，行列の積に関する交換法則が成立しないことを確認せよ．

$$A = \begin{bmatrix} 2 & -1 \\ 0 & 3 \end{bmatrix}, \quad B = \begin{bmatrix} 3 & 1 \\ 2 & -1 \end{bmatrix}$$

**解答** 以下のように確かめられる．

$$\begin{aligned}
AB &= \begin{bmatrix} 2 & -1 \\ 0 & 3 \end{bmatrix} \begin{bmatrix} 3 & 1 \\ 2 & -1 \end{bmatrix} \\
&= \begin{bmatrix} 2 \times 3 + (-1) \times 2 & 2 \times 1 + (-1) \times (-1) \\ 0 \times 3 + 3 \times 2 & 0 \times 1 + 3 \times (-1) \end{bmatrix} = \begin{bmatrix} 4 & 3 \\ 6 & -3 \end{bmatrix} \\
BA &= \begin{bmatrix} 3 & 1 \\ 2 & -1 \end{bmatrix} \begin{bmatrix} 2 & -1 \\ 0 & 3 \end{bmatrix} \\
&= \begin{bmatrix} 3 \times 2 + 1 \times 0 & 3 \times (-1) + 1 \times 3 \\ 2 \times 2 + (-1) \times 0 & 2 \times (-1) + (-1) \times 3 \end{bmatrix} = \begin{bmatrix} 6 & 0 \\ 4 & -5 \end{bmatrix}
\end{aligned}$$

### 7.2.4 転置行列

$m \times n$ 行列 $A$ に対して，行と列を入れ替えた $n \times m$ 行列を，$A$ の**転置行列**という．これを ${}^t A$ で表す．

$$A = \begin{bmatrix} a_{11} & a_{12} & \cdots & a_{1n} \\ a_{21} & a_{22} & \cdots & a_{2n} \\ \vdots & \vdots & & \vdots \\ a_{m1} & a_{m2} & \cdots & a_{mn} \end{bmatrix}, \quad {}^t A = \begin{bmatrix} a_{11} & a_{21} & \cdots & a_{m1} \\ a_{12} & a_{22} & \cdots & a_{m2} \\ \vdots & \vdots & & \vdots \\ a_{1n} & a_{2n} & \cdots & a_{mn} \end{bmatrix} \tag{7.29}$$

転置行列に関する大切な法則を以下にまとめる．

> ▶ **転置行列に関する法則**
>
> $$ {}^t({}^t A) = A \tag{7.30}$$
> $$ {}^t(A + B) = {}^t A + {}^t B \tag{7.31}$$
> $$ {}^t(\lambda A) = \lambda \, {}^t A \tag{7.32}$$
> $$ {}^t(AB) = {}^t B \, {}^t A \tag{7.33}$$

とくに，式 (7.33) は，自明ではないので注意してほしい．この式を証明しよう．$A = [a_{ij}]$ を $l \times m$ 行列，$B = [b_{ij}]$ を $m \times n$ 行列とする．

$$\left\{{}^{t}(AB)\right\}_{ij} = (AB)_{ji} = \sum_{k=1}^{m} a_{jk}b_{ki} = \sum_{k=1}^{m}({}^{t}A)_{kj}({}^{t}B)_{ik} = \sum_{k=1}^{m}({}^{t}B)_{ik}({}^{t}A)_{kj}$$

$$= ({}^{t}B\,{}^{t}A)_{ij} \tag{7.34}$$

正方行列 $A$ に対して，次の条件を満たす行列 $A^{-1}$ を，$A$ の**逆行列**という．

$$A^{-1}A = AA^{-1} = U \tag{7.35}$$

ただし，任意の正方行列 $A$ に対して，つねにその逆行列が存在するわけではない．逆行列については，7.5 節で説明する．

## 7.3 行列式

### 7.3.1 行列式の定義

$n$ 次の正方行列 $A$ を考える．

$$A = \begin{bmatrix} a_{11} & a_{12} & \cdots & a_{1n} \\ a_{21} & a_{22} & \cdots & a_{2n} \\ \vdots & \vdots & \ddots & \vdots \\ a_{n1} & a_{n2} & \cdots & a_{nn} \end{bmatrix} \tag{7.36}$$

この正方行列 $A$ に対して，ある決まりに従って計算を行い，ある数値を決定する．これを，以下のように $|A|$ あるいは $\det A$ で表現する．

$$|A| = \det A = \begin{vmatrix} a_{11} & a_{12} & \cdots & a_{1n} \\ a_{21} & a_{22} & \cdots & a_{2n} \\ \vdots & \vdots & \ddots & \vdots \\ a_{n1} & a_{n2} & \cdots & a_{nn} \end{vmatrix} \tag{7.37}$$

この計算で得られる数値を**行列式**という．

　行列式は，式 (7.35) で説明した逆行列を求める際に必要になる．また，連立 1 次方程式を解く際の重要な鍵となる．逆行列が存在するためには，$|A| \neq 0$ であることが必要である．

　逆行列 $A^{-1}$ が存在し，$|A| \neq 0$ を満たす正方行列を**正則行列**という．あるいは，この条件を満たす正方行列は**正則**である，という．一方，$|A| = 0$ である正方行列を**正則ではない行列**という．

▶ **行列式の定義**

$n$ 次の正方行列 $A$ の行列式 $|A|$ は，次式で与えられる．

$$|A| = \sum \text{sgn} \begin{pmatrix} 1 & 2 & 3 & \cdots & n \\ i_1 & i_2 & i_3 & \cdots & i_n \end{pmatrix} a_{1i_1} a_{2i_2} a_{3i_3} \cdots a_{ni_n} \tag{7.38}$$

ここで，$i_1, i_2, i_3, \cdots, i_n$ は，1 から $n$ までのお互いに異なる自然数で，sgn は以下で説明する置換の符号を表す．

$$\sigma = \begin{pmatrix} 1 & 2 & 3 & \cdots & n \\ i_1 & i_2 & i_3 & \cdots & i_n \end{pmatrix} \tag{7.39}$$

は，**置換**とよばれ，上段の数列を下段の数列にする変換である．すなわち，上式は数列 $1, 2, 3, \cdots, n$ を，数列 $i_1, i_2, i_3, \cdots, i_n$ に並び替える変換を表す．式 (7.38) は，この置換における下段のあらゆる並び方について和をとるから，その項数は $n!$ 個ある．

式 (7.39) で与えられる置換において，上段の数値を，そのまま下段の数値に変換する置換を，**恒等置換** $\sigma_\text{e}$ という．

$$\sigma_\text{e} = \begin{pmatrix} 1 & 2 & 3 & \cdots & n \\ 1 & 2 & 3 & \cdots & n \end{pmatrix} \tag{7.40}$$

ある与えられた置換に対して，下段の数値の任意の二つの数値を入れ替える交換を，**互換**という．どのような置換も，恒等置換を出発点として，互換を何度か繰り返すことによって作り出すことができる．このとき，行った互換の回数が偶数回であるものを，**偶置換**という．一方，行った互換の回数が奇数回であるものを，**奇置換**という．置換の符号は，偶置換のときは $+1$，奇置換のときは $-1$ とする．

**例題 7.2** 次の置換の符号を答えよ．

$$\sigma = \begin{pmatrix} 1 & 2 & 3 & 4 & 5 \\ 2 & 5 & 3 & 1 & 4 \end{pmatrix}$$

**解答** 恒等置換を出発点として，下段の数値の順序が題意と一致するように，互換を順に繰り返していく．

$$\begin{pmatrix} 1 & 2 & 3 & 4 & 5 \\ 1 & 2 & 3 & 4 & 5 \end{pmatrix} \xrightarrow{(1 \leftrightarrow 2)} \begin{pmatrix} 1 & 2 & 3 & 4 & 5 \\ 2 & 1 & 3 & 4 & 5 \end{pmatrix} \xrightarrow{(1 \leftrightarrow 5)} \begin{pmatrix} 1 & 2 & 3 & 4 & 5 \\ 2 & 5 & 3 & 4 & 1 \end{pmatrix}$$

$$\xrightarrow{(4 \leftrightarrow 1)} \begin{pmatrix} 1 & 2 & 3 & 4 & 5 \\ 2 & 5 & 3 & 1 & 4 \end{pmatrix}$$

結局，3 回の互換を行ったので，この置換 $\sigma$ は奇置換であり，その符号は $-1$ である．すなわち，$\text{sgn}\, \sigma = -1$ となる．

### 7.3.2 2次および3次の正方行列の行列式

式 (7.38) の定義式に従って，2次の正方行列の行列式を求めよう．行列式の項数は $2! = 2$ 個である．

$$|A| = \det A = \begin{vmatrix} a_{11} & a_{12} \\ a_{21} & a_{22} \end{vmatrix} = \sum \mathrm{sgn} \begin{pmatrix} 1 & 2 \\ i_1 & i_2 \end{pmatrix} a_{1i_1} a_{2i_2}$$

$$= \mathrm{sgn} \begin{pmatrix} 1 & 2 \\ 1 & 2 \end{pmatrix} a_{11} a_{22} + \mathrm{sgn} \begin{pmatrix} 1 & 2 \\ 2 & 1 \end{pmatrix} a_{12} a_{21}$$

$$= (+1) \times a_{11} a_{22} + (-1) \times a_{12} a_{21} = a_{11} a_{22} - a_{12} a_{21} \tag{7.41}$$

ここで，第1項の置換は互換0回の偶置換であるので，その符号は $+1$，また，第2項の置換は互換1回の奇置換であるので，その符号は $-1$ であることを用いた．

式 (7.38) の定義式に従って，3次の正方行列の行列式を求めよう．項数は $3! = 6$ 個である．

$$|A| = \det A = \begin{vmatrix} a_{11} & a_{12} & a_{13} \\ a_{21} & a_{22} & a_{23} \\ a_{31} & a_{32} & a_{33} \end{vmatrix} = \sum \mathrm{sgn} \begin{pmatrix} 1 & 2 & 3 \\ i_1 & i_2 & i_3 \end{pmatrix} a_{1i_1} a_{2i_2} a_{3i_3}$$

$$= \mathrm{sgn} \begin{pmatrix} 1 & 2 & 3 \\ 1 & 2 & 3 \end{pmatrix} a_{11} a_{22} a_{33} + \mathrm{sgn} \begin{pmatrix} 1 & 2 & 3 \\ 1 & 3 & 2 \end{pmatrix} a_{11} a_{23} a_{32}$$

$$+ \mathrm{sgn} \begin{pmatrix} 1 & 2 & 3 \\ 2 & 1 & 3 \end{pmatrix} a_{12} a_{21} a_{33} + \mathrm{sgn} \begin{pmatrix} 1 & 2 & 3 \\ 2 & 3 & 1 \end{pmatrix} a_{12} a_{23} a_{31}$$

$$+ \mathrm{sgn} \begin{pmatrix} 1 & 2 & 3 \\ 3 & 1 & 2 \end{pmatrix} a_{13} a_{21} a_{32} + \mathrm{sgn} \begin{pmatrix} 1 & 2 & 3 \\ 3 & 2 & 1 \end{pmatrix} a_{13} a_{22} a_{31}$$

$$= (+1) \times a_{11} a_{22} a_{33} + (-1) \times a_{11} a_{23} a_{32} + (-1) \times a_{12} a_{21} a_{33}$$

$$+ (+1) \times a_{12} a_{23} a_{31} + (+1) \times a_{13} a_{21} a_{32} + (-1) \times a_{13} a_{22} a_{31}$$

$$= a_{11} a_{22} a_{33} - a_{11} a_{23} a_{32} - a_{12} a_{21} a_{33} + a_{12} a_{23} a_{31} + a_{13} a_{21} a_{32} - a_{13} a_{22} a_{31}$$

$$= a_{11} a_{22} a_{33} + a_{12} a_{23} a_{31} + a_{13} a_{21} a_{32} - a_{11} a_{23} a_{32} - a_{12} a_{21} a_{33} - a_{13} a_{22} a_{31}$$

$$\tag{7.42}$$

ここで，第1〜6項の置換に対する互換の回数は，それぞれ，0回，1回，1回，2回，2回，1回であることを確認してほしい．

なお，2次および3次の正方行列の行列式は，図 7.1 に示す**サラスの方法**に従って，形式的に求めることができる．すなわち，2次の正方行列の行列式は，実線に沿った二つの成分の積に正の符号を付けたものと，破線に沿った二つの成分の積に負の符号を付けたものとを足し合わせる．同様にして，3次の正方行列の行列式は，実線に

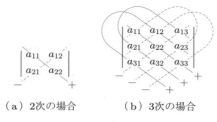

図 7.1　サラスの方法

沿った三つの成分の積に正の符号を付けたものと，破線に沿った三つの成分の積に負の符号を付けたものとを足し合わせる．

　式 (7.38) の定義式に従えば，さらに高次の正方行列の行列式を求めることもできる．しかし，たとえば，4 次の正方行列の行列式を求めようとすると，項数 4! = 24 個の計算が必要になり，手計算で実行しようとすると大変である．実際には，後に説明するように，いくつかの工夫を行うことにより，この負担を著しく軽減することができる．

**例題 7.3**　以下の行列の行列式の値を，サラスの方法を用いて求めよ．

$$A = \begin{bmatrix} 3 & -2 \\ 2 & 1 \end{bmatrix}, \quad B = \begin{bmatrix} 1 & 0 & 3 \\ 2 & 1 & 0 \\ -1 & 3 & 2 \end{bmatrix}$$

**解答**　それぞれ，以下のようになる．

$$|A| = 3 \times 1 - (-2) \times 2 = 3 + 4 = 7$$
$$|B| = 1 \times 1 \times 2 + 0 \times 0 \times (-1) + 3 \times 2 \times 3 - 1 \times 0 \times 3 - 0 \times 2 \times 2 - 3 \times 1 \times (-1)$$
$$= 2 + 0 + 18 - 0 - 0 + 3 = 23$$

### 7.3.3　行列式の展開

　高次の正方行列の行列式を求めるには，**余因子による展開法**を用いる．まず，余因子を定義する．

　$n$ 次の正方行列を考え，この正方行列から，第 $i$ 行と第 $j$ 列を削除した $n-1$ 次の正方行列の行列式を作る．これに $(-1)^{i+j}$ を掛けたものを $A$ の**余因子**といい，次式で与えられる．

$$A_{ij} = (-1)^{i+j} \begin{vmatrix} a_{11} & \cdots & a_{1,j-1} & a_{1,j+1} & \cdots & a_{1n} \\ \vdots & & \vdots & \vdots & & \vdots \\ a_{i-1,1} & \cdots & a_{i-1,j-1} & a_{i-1,j+1} & \cdots & a_{i-1,n} \\ a_{i+1,1} & \cdots & a_{i+1,j-1} & a_{i+1,j+1} & \cdots & a_{i+1,n} \\ \vdots & & \vdots & \vdots & & \vdots \\ a_{n1} & \cdots & a_{n,j-1} & a_{n,j+1} & \cdots & a_{nn} \end{vmatrix} \quad (7.43)$$

このとき，$n$ 次の行列式は，$n-1$ 次の行列式を使って，次のように余因子展開できる．

▶ **余因子による展開**

$n$ 次の正方行列の行列式は，余因子による展開法により，次のように表される．

第 $i$ 行に関する展開：
$$|A| = a_{i1}A_{i1} + a_{i2}A_{i2} + \cdots + a_{in}A_{in} \quad (i = 1, 2, \cdots, n) \quad (7.44)$$
第 $j$ 列に関する展開：
$$|A| = a_{1j}A_{1j} + a_{2j}A_{2j} + \cdots + a_{nj}A_{nj} \quad (j = 1, 2, \cdots, n) \quad (7.45)$$

3 次の正方行列の行列式を，第 1 行に関する余因子による展開法を用いて求めてみよう．

$$|A| = \det A = \begin{vmatrix} a_{11} & a_{12} & a_{13} \\ a_{21} & a_{22} & a_{23} \\ a_{31} & a_{32} & a_{33} \end{vmatrix} = a_{11}A_{11} + a_{12}A_{12} + a_{13}A_{13}$$

$$= a_{11}(-1)^{1+1}\begin{vmatrix} a_{22} & a_{23} \\ a_{32} & a_{33} \end{vmatrix} + a_{12}(-1)^{1+2}\begin{vmatrix} a_{21} & a_{23} \\ a_{31} & a_{33} \end{vmatrix}$$

$$+ a_{13}(-1)^{1+3}\begin{vmatrix} a_{21} & a_{22} \\ a_{31} & a_{32} \end{vmatrix}$$

$$= a_{11}\begin{vmatrix} a_{22} & a_{23} \\ a_{32} & a_{33} \end{vmatrix} - a_{12}\begin{vmatrix} a_{21} & a_{23} \\ a_{31} & a_{33} \end{vmatrix} + a_{13}\begin{vmatrix} a_{21} & a_{22} \\ a_{31} & a_{32} \end{vmatrix}$$

$$= a_{11}(a_{22}a_{33} - a_{23}a_{32}) - a_{12}(a_{21}a_{33} - a_{23}a_{31}) + a_{13}(a_{21}a_{32} - a_{22}a_{31})$$

$$= a_{11}a_{22}a_{33} + a_{12}a_{23}a_{31} + a_{13}a_{21}a_{32} - a_{11}a_{23}a_{32} - a_{12}a_{21}a_{33} - a_{13}a_{22}a_{31}$$

$$(7.46)$$

この結果は，式 (7.42) の結果と一致している．

**例題 7.4** 次の行列の行列式を，余因子による展開法を用いて求めよ．

$$A = \begin{bmatrix} 0 & 1 & 0 & 0 \\ 3 & 2 & 4 & 1 \\ 2 & 5 & 2 & 3 \\ 4 & 1 & 2 & 3 \end{bmatrix}$$

**解答** 第 1 行は，$(1,2)$ 成分のみが 1 で，ほかは 0 であるので，第 1 行について展開する．網かけした部分は，削除する部分を表す．

$$|A| = \begin{vmatrix} 0 & 1 & 0 & 0 \\ 3 & 2 & 4 & 1 \\ 2 & 5 & 2 & 3 \\ 4 & 1 & 2 & 3 \end{vmatrix}$$

$$= a_{11}(-1)^{1+1} \begin{vmatrix} 0 & 1 & 0 & 0 \\ 3 & 2 & 4 & 1 \\ 2 & 5 & 2 & 3 \\ 4 & 1 & 2 & 3 \end{vmatrix} + a_{12}(-1)^{1+2} \begin{vmatrix} 0 & 1 & 0 & 0 \\ 3 & 2 & 4 & 1 \\ 2 & 5 & 2 & 3 \\ 4 & 1 & 2 & 3 \end{vmatrix}$$

$$+ a_{13}(-1)^{1+3} \begin{vmatrix} 0 & 1 & 0 & 0 \\ 3 & 2 & 4 & 1 \\ 2 & 5 & 2 & 3 \\ 4 & 1 & 2 & 3 \end{vmatrix} + a_{14}(-1)^{1+4} \begin{vmatrix} 0 & 1 & 0 & 0 \\ 3 & 2 & 4 & 1 \\ 2 & 5 & 2 & 3 \\ 4 & 1 & 2 & 3 \end{vmatrix}$$

$$= 0 \times (-1)^{1+1} \begin{vmatrix} 2 & 4 & 1 \\ 5 & 2 & 3 \\ 1 & 2 & 3 \end{vmatrix} + 1 \times (-1)^{1+2} \begin{vmatrix} 3 & 4 & 1 \\ 2 & 2 & 3 \\ 4 & 2 & 3 \end{vmatrix}$$

$$+ 0 \times (-1)^{1+3} \begin{vmatrix} 3 & 2 & 1 \\ 2 & 5 & 3 \\ 4 & 1 & 3 \end{vmatrix} + 0 \times (-1)^{1+4} \begin{vmatrix} 3 & 2 & 4 \\ 2 & 5 & 2 \\ 4 & 1 & 2 \end{vmatrix}$$

$$= 1 \times (-1)^{1+2} \begin{vmatrix} 3 & 4 & 1 \\ 2 & 2 & 3 \\ 4 & 2 & 3 \end{vmatrix} = - \begin{vmatrix} 3 & 4 & 1 \\ 2 & 2 & 3 \\ 4 & 2 & 3 \end{vmatrix}$$

$$= -(3 \times 2 \times 3 + 4 \times 3 \times 4 + 1 \times 2 \times 2 - 3 \times 3 \times 2 - 4 \times 2 \times 3 - 1 \times 2 \times 4)$$

$$= -(18 + 48 + 4 - 18 - 24 - 8) = -20$$

## **7.4** 行列式の性質

### **7.4.1** 行列式の積

行列式の積に関して，次の法則が成り立つ．

$$|AB| = |A||B| \tag{7.47}$$

すなわち，行列の積の行列式は，各行列の行列式の積に等しい．

### **7.4.2** 転置行列の行列式

転置行列の行列式について，考えてみよう．転置行列 $^tA$ とは，式 (7.29) で説明したように，$A$ の行と列を入れ替えた行列のことであった．よって，式 (7.38) より，$n$ 次の正方行列 $A$ の転置行列 $^tA$ の行列式は，次式で与えられる．

$$|^tA| = \sum \mathrm{sgn} \begin{pmatrix} 1 & 2 & 3 & \cdots & n \\ i_1 & i_2 & i_3 & \cdots & i_n \end{pmatrix} a_{i_1 1} a_{i_2 2} a_{i_3 3} \cdots a_{i_n n} \tag{7.48}$$

この式を式 (7.38) の $|A|$ と比べてみよう．行列の成分 $a_{ij}$ の行と列を表す添え字が入れ替わっている．ここで，置換に現れている上下の数字のペアは，置換の後に現れている成分 $a_{ij}$ がどの行と列に属するものかを指定しているだけである．

式 (7.48) の $|^tA|$ に現れる置換と，その上段の数と下段の数を入れ替えた逆置換について，次の関係が成り立つ．

$$\mathrm{sgn} \begin{pmatrix} 1 & 2 & 3 & \cdots & n \\ i_1 & i_2 & i_3 & \cdots & i_n \end{pmatrix} = \mathrm{sgn} \begin{pmatrix} i_1 & i_2 & i_3 & \cdots & i_n \\ 1 & 2 & 3 & \cdots & n \end{pmatrix} \tag{7.49}$$

すなわち，上式において，左辺と右辺は，単に数字を上下入れ替えただけである．よって，互換の回数，すなわち偶数回か奇数回かは一致するので，置換の符号も一致する．

式 (7.49) を式 (7.48) に代入すると，次のようになる．

$$|^tA| = \sum \mathrm{sgn} \begin{pmatrix} i_1 & i_2 & i_3 & \cdots & i_n \\ 1 & 2 & 3 & \cdots & n \end{pmatrix} a_{i_1 1} a_{i_2 2} a_{i_3 3} \cdots a_{i_n n} \tag{7.50}$$

$|^tA|$ の演算は，$(i_1, i_2, i_3, \cdots, i_n)$ のすべての順列に対しての和をとることになるので，式 (7.38) の $|A|$ の場合と比べて，その足し合わせる順番が異なるだけで，結局，$|A|$ と $|^tA|$ の演算結果はお互いに一致する．

> ▶ **転置行列の行列式** ─────────
>
> 正方行列 $A$ の行列式と，その転置行列 $^tA$ の行列式は等しい．
>
> $$|A| = |^tA| \tag{7.51}$$

### 7.4.3 行についての法則

　行列式の各要素が特徴的な配列をしている場合の行列式の値について，確認していこう．

(1) 第 $k$ 行が，二つの行ベクトルの和であるような行列の行列式の値は，おのおのを行ベクトルとする行列式の和となる．

$$
|A| = \begin{vmatrix}
a_{11} & a_{12} & \cdots & a_{1n} \\
\vdots & \vdots & & \vdots \\
a_{k1}+b_{k1} & a_{k2}+b_{k2} & \cdots & a_{kn}+b_{kn} \\
\vdots & \vdots & & \vdots \\
a_{n1} & a_{n2} & \cdots & a_{nn}
\end{vmatrix}
$$

$$
= \begin{vmatrix}
a_{11} & a_{12} & \cdots & a_{1n} \\
\vdots & \vdots & & \vdots \\
a_{k1} & a_{k2} & \cdots & a_{kn} \\
\vdots & \vdots & & \vdots \\
a_{n1} & a_{n2} & \cdots & a_{nn}
\end{vmatrix}
+ \begin{vmatrix}
a_{11} & a_{12} & \cdots & a_{1n} \\
\vdots & \vdots & & \vdots \\
b_{k1} & b_{k2} & \cdots & b_{kn} \\
\vdots & \vdots & & \vdots \\
a_{n1} & a_{n2} & \cdots & a_{nn}
\end{vmatrix}
\tag{7.52}
$$

(2) 行列の一つの行を $c$ 倍すると，その行列の行列式の値は $c$ 倍となる．

$$
|A| = \begin{vmatrix}
a_{11} & a_{12} & \cdots & a_{1n} \\
\vdots & \vdots & & \vdots \\
ca_{k1} & ca_{k2} & \cdots & ca_{kn} \\
\vdots & \vdots & & \vdots \\
a_{n1} & a_{n2} & \cdots & a_{nn}
\end{vmatrix}
= c \begin{vmatrix}
a_{11} & a_{12} & \cdots & a_{1n} \\
\vdots & \vdots & & \vdots \\
a_{k1} & a_{k2} & \cdots & a_{kn} \\
\vdots & \vdots & & \vdots \\
a_{n1} & a_{n2} & \cdots & a_{nn}
\end{vmatrix}
\tag{7.53}
$$

(3) 二つの行ベクトルを入れ替えると，その行列の行列式の値は $-1$ 倍となる．

$$
|A| = \begin{vmatrix}
a_{11} & a_{12} & \cdots & a_{1n} \\
\vdots & \vdots & & \vdots \\
a_{k1} & a_{k2} & \cdots & a_{kn} \\
\vdots & \vdots & & \vdots \\
a_{l1} & a_{l2} & \cdots & a_{ln} \\
\vdots & \vdots & & \vdots \\
a_{n1} & a_{n2} & \cdots & a_{nn}
\end{vmatrix}
= - \begin{vmatrix}
a_{11} & a_{12} & \cdots & a_{1n} \\
\vdots & \vdots & & \vdots \\
a_{l1} & a_{l2} & \cdots & a_{ln} \\
\vdots & \vdots & & \vdots \\
a_{k1} & a_{k2} & \cdots & a_{kn} \\
\vdots & \vdots & & \vdots \\
a_{n1} & a_{n2} & \cdots & a_{nn}
\end{vmatrix}
\tag{7.54}
$$

(4) 二つの行ベクトルが等しい行列の行列式の値は 0 となる.

$$|A| = \begin{vmatrix} a_{11} & a_{12} & \cdots & a_{1n} \\ \vdots & \vdots & & \vdots \\ a_{k1} & a_{k2} & \cdots & a_{kn} \\ \vdots & \vdots & & \vdots \\ a_{k1} & a_{k2} & \cdots & a_{kn} \\ \vdots & \vdots & & \vdots \\ a_{n1} & a_{n2} & \cdots & a_{nn} \end{vmatrix} = 0 \tag{7.55}$$

(5) 行列の一つの行を $c$ 倍し,この行ベクトルをほかの行に加えても,行列式の値は変わらない.

$$|A| = \begin{vmatrix} a_{11} & a_{12} & \cdots & a_{1n} \\ \vdots & \vdots & & \vdots \\ a_{k1} & a_{k2} & \cdots & a_{kn} \\ \vdots & \vdots & & \vdots \\ a_{l1} & a_{l2} & \cdots & a_{ln} \\ \vdots & \vdots & & \vdots \\ a_{n1} & a_{n2} & \cdots & a_{nn} \end{vmatrix} = \begin{vmatrix} a_{11} & a_{12} & \cdots & a_{1n} \\ \vdots & \vdots & & \vdots \\ a_{k1} & a_{k2} & \cdots & a_{kn} \\ \vdots & \vdots & & \vdots \\ a_{l1}+ca_{k1} & a_{l2}+ca_{k2} & \cdots & a_{ln}+ca_{kn} \\ \vdots & \vdots & & \vdots \\ a_{n1} & a_{n2} & \cdots & a_{nn} \end{vmatrix}$$
$$\tag{7.56}$$

　ここでは説明しないが,行列式の行について成立していた以上の法則は,行列式の列についても成り立つ.

## 7.5 逆行列

　この節では,正則な正方行列の逆行列の求め方について説明する.逆行列は,連立1次方程式を解く際などに大切になってくる.

　$n$ 次の正方行列 $A$ に対して,$a_{ij}$ の余因子 $A_{ij}$ を成分とする行列を考え,さらに,この行列の転置行列を作る.

$$\tilde{A} = {}^t\!\begin{bmatrix} A_{11} & A_{12} & \cdots & A_{1n} \\ A_{21} & A_{22} & \cdots & A_{2n} \\ \vdots & \vdots & \ddots & \vdots \\ A_{n1} & A_{n2} & \cdots & A_{nn} \end{bmatrix} = \begin{bmatrix} A_{11} & A_{21} & \cdots & A_{n1} \\ A_{12} & A_{22} & \cdots & A_{n2} \\ \vdots & \vdots & \ddots & \vdots \\ A_{1n} & A_{2n} & \cdots & A_{nn} \end{bmatrix} \tag{7.57}$$

このように定義される行列 $\tilde{A}$ を**余因子行列**という.

次に, 正方行列 $A$ と余因子行列 $\tilde{A}$ の積 $C$ を考えてみよう.

$$C = A\tilde{A}$$

$$= \begin{bmatrix} a_{11} & a_{12} & \cdots & a_{1j} & \cdots & a_{1n} \\ a_{21} & a_{22} & \cdots & a_{2j} & \cdots & a_{2n} \\ \vdots & \vdots & & \vdots & & \vdots \\ a_{i1} & a_{i2} & \cdots & a_{ij} & \cdots & a_{in} \\ \vdots & \vdots & & \vdots & & \vdots \\ a_{n1} & a_{n2} & \cdots & a_{nj} & \cdots & a_{nn} \end{bmatrix} \begin{bmatrix} A_{11} & A_{21} & \cdots & A_{j1} & \cdots & A_{n1} \\ A_{12} & A_{22} & \cdots & A_{j2} & \cdots & A_{n2} \\ \vdots & \vdots & & \vdots & & \vdots \\ A_{1i} & A_{2i} & \cdots & A_{ji} & \cdots & A_{ni} \\ \vdots & \vdots & & \vdots & & \vdots \\ A_{1n} & A_{2n} & \cdots & A_{jn} & \cdots & A_{nn} \end{bmatrix} \tag{7.58}$$

積行列 $C$ の $(i,j)$ 成分 $c_{ij}$ は次のようになる.

$$c_{ij} = a_{i1}A_{j1} + a_{i2}A_{j2} + \cdots + a_{in}A_{jn} \quad (i = 1, 2, \cdots, n, \quad j = 1, 2, \cdots, n) \tag{7.59}$$

ここで,

(1) $i = j$ のとき, これは, 式 (7.44) で説明した, 行列式 $|A|$ の第 $i$ 行に関する余因子による展開と一致する.

$$c_{ii} = a_{i1}A_{i1} + a_{i2}A_{i2} + \cdots + a_{in}A_{in} = |A| \tag{7.60}$$

(2) $i \neq j$ のとき,

$$c_{ij} = a_{i1}A_{j1} + a_{i2}A_{j2} + \cdots + a_{in}A_{jn} \tag{7.61}$$

となり, これは, 行列式 $|A|$ の第 $j$ 行に関する余因子による展開になっている. ただし, 正方行列 $A$ の第 $j$ 行の成分が, 第 $i$ 行の成分に等しくなっている. すなわち, 次のように第 $i$ 行の成分と第 $j$ 行の成分が等しいので, 式 (7.55) より 0 となる.

$$c_{ij} = \begin{vmatrix} a_{11} & a_{12} & \cdots & a_{1n} \\ \vdots & \vdots & & \vdots \\ a_{i1} & a_{i2} & \cdots & a_{in} \\ \vdots & \vdots & & \vdots \\ a_{i1} & a_{i2} & \cdots & a_{in} \\ \vdots & \vdots & & \vdots \\ a_{n1} & a_{n2} & \cdots & a_{nn} \end{vmatrix} \begin{matrix} \\ \\ 第\,i\,行 \\ \\ 第\,j\,行 \\ \\ \\ \end{matrix} = 0 \tag{7.62}$$

式 (7.60), (7.62) の結果を, 式 (7.58) に代入すると次のようになる.

$$C = A\tilde{A} = \begin{bmatrix} |A| & & & O \\ & |A| & & \\ & & \ddots & \\ O & & & |A| \end{bmatrix} = |A| \begin{bmatrix} 1 & & & O \\ & 1 & & \\ & & \ddots & \\ O & & & 1 \end{bmatrix} = |A|U$$

(7.63)

上式に対して，左から求めるべき逆行列 $A^{-1}$ を掛け，逆行列の定義式 (7.35) を用いると，次のようになる．

$$A^{-1}A\tilde{A} = \tilde{A} = A^{-1}|A|U = |A|A^{-1}U = |A|A^{-1}$$

(7.64)

よって，逆行列は次のように与えられる．

---

▶ **逆行列**

　正方行列 $A$ が $|A| \neq 0$ を満たす正則行列であるならば，この行列 $A$ の逆行列は，余因子行列 $\tilde{A}$ を用いて次のように表される．

$$A^{-1} = \frac{1}{|A|}\tilde{A} = \frac{1}{|A|}\begin{bmatrix} A_{11} & A_{21} & \cdots & A_{n1} \\ A_{12} & A_{22} & \cdots & A_{n2} \\ \vdots & \vdots & \ddots & \vdots \\ A_{1n} & A_{2n} & \cdots & A_{nn} \end{bmatrix}$$

(7.65)

---

また，逆行列に関して，以下の性質が成り立つ．

---

▶ **逆行列の性質**

　正方行列 $A$, $B$ は正則行列とする．このとき，次の関係が成り立つ．

$$|A^{-1}| = |A|^{-1}$$

(7.66)

$$(AB)^{-1} = B^{-1}A^{-1}$$

(7.67)

$$(A^{-1})^{-1} = A$$

(7.68)

---

## 7.6 逆行列を用いた連立1次方程式の解法

　連立1次方程式を解く方法には，逆行列を用いる方法と，掃き出し法を用いる方法がある．まず，逆行列を使って求める方法について説明する．

次のような $x_1, x_2, x_3, \cdots, x_n$ を未知数とする連立 1 次方程式を考えよう.

$$
\begin{cases}
a_{11}x_1 + a_{12}x_2 + \cdots + a_{1n}x_n = b_1 \\
a_{21}x_1 + a_{22}x_2 + \cdots + a_{2n}x_n = b_2 \\
\qquad\qquad\vdots \\
a_{n1}x_1 + a_{n2}x_2 + \cdots + a_{nn}x_n = b_n
\end{cases}
\tag{7.69}
$$

上式は,

$$
A = \begin{bmatrix}
a_{11} & a_{12} & \cdots & a_{1n} \\
a_{21} & a_{22} & \cdots & a_{2n} \\
\vdots & \vdots & \ddots & \vdots \\
a_{n1} & a_{n2} & \cdots & a_{nn}
\end{bmatrix}, \quad
\vec{x} = \begin{bmatrix} x_1 \\ x_2 \\ \vdots \\ x_n \end{bmatrix}, \quad
\vec{b} = \begin{bmatrix} b_1 \\ b_2 \\ \vdots \\ b_n \end{bmatrix}
\tag{7.70}
$$

とおくことにより, 次のように整理して表される.

$$
A\vec{x} = \vec{b}
\tag{7.71}
$$

ここで, $A$ を**係数行列**という. この方程式の解は, 次のようにして求められる.

$$
\vec{x} = A^{-1}\vec{b} = \frac{1}{|A|}\tilde{A}\vec{b}
\tag{7.72}
$$

すなわち, 次のようになる.

$$
\begin{bmatrix} x_1 \\ \vdots \\ x_i \\ \vdots \\ x_n \end{bmatrix}
= \frac{1}{|A|}
\begin{bmatrix}
A_{11} & A_{21} & \cdots & A_{n1} \\
\vdots & \vdots & & \vdots \\
A_{1i} & A_{2i} & \cdots & A_{ni} \\
\vdots & \vdots & & \vdots \\
A_{1n} & A_{2n} & \cdots & A_{nn}
\end{bmatrix}
\begin{bmatrix} b_1 \\ b_2 \\ \vdots \\ b_n \end{bmatrix}
\tag{7.73}
$$

この式より,

$$
x_i = \frac{1}{|A|}\left(b_1 A_{1i} + b_2 A_{2i} + \cdots + b_n A_{ni}\right) \quad (i = 1, 2, \cdots, n)
\tag{7.74}
$$

となる. ところが, この式の括弧の中は, 行列 $A$ の第 $i$ 列の成分を

$$
\vec{a}_i = \begin{bmatrix} a_{1i} \\ a_{2i} \\ \vdots \\ a_{ni} \end{bmatrix} = \begin{bmatrix} b_1 \\ b_2 \\ \vdots \\ b_n \end{bmatrix}
\tag{7.75}
$$

としたときの, 第 $i$ 列に関する余因子による展開にほかならない. 以上の説明より, 連立 1 次方程式の解 $x_i$ は, 次の**クラメールの公式**を用いて求められる.

## ▶ クラメールの公式

正方行列 $A$ が $|A| \neq 0$ を満たす正則行列であるならば，$A$ を係数行列とする $n$ 元の連立 1 次方程式の解 $x_i$ は次式で与えられる．

$$
x_i = \frac{\Delta_i}{|A|} = \frac{1}{|A|}
\begin{vmatrix}
a_{11} & a_{12} & \cdots & b_1 & \cdots & a_{1n} \\
a_{21} & a_{22} & \cdots & b_2 & \cdots & a_{2n} \\
\vdots & \vdots & & \vdots & & \vdots \\
a_{n1} & a_{n2} & \cdots & b_n & \cdots & a_{nn}
\end{vmatrix}
\tag{7.76}
$$

第 $i$ 列

ここで，$\Delta_i$ は，行列 $A$ の第 $i$ 列を，ベクトル $\overrightarrow{b}$ で置き換えた行列の行列式である．

**例題 7.5**　次の連立 1 次方程式を，クラメールの公式を用いて解け．

$$
\begin{cases}
3x_1 + x_2 + 2x_3 = 4 \\
2x_1 + 2x_2 + 3x_3 = 2 \\
x_1 + 3x_2 + x_3 = -6
\end{cases}
$$

**解答**　与えられた連立 1 次方程式は，行列を用いると次のように表される．

$$
\begin{bmatrix}
3 & 1 & 2 \\
2 & 2 & 3 \\
1 & 3 & 1
\end{bmatrix}
\begin{bmatrix}
x_1 \\
x_2 \\
x_3
\end{bmatrix}
=
\begin{bmatrix}
4 \\
2 \\
-6
\end{bmatrix}
\tag{1}
$$

式 (1) の左辺の係数行列を $A$ とすると，この行列式の値は，サラスの方法を用いて次のように求められる．

$$
\begin{aligned}
|A| &= 3 \times 2 \times 1 + 1 \times 3 \times 1 + 2 \times 2 \times 3 - 3 \times 3 \times 3 - 1 \times 2 \times 1 - 2 \times 2 \times 1 \\
&= 6 + 3 + 12 - 27 - 2 - 4 = -12
\end{aligned}
$$

$\Delta_i$ を，行列 $A$ の第 $i$ 列を右辺のベクトルで置き換えた行列の行列式とすると，

$$
\begin{aligned}
\Delta_1 &=
\begin{vmatrix}
4 & 1 & 2 \\
2 & 2 & 3 \\
-6 & 3 & 1
\end{vmatrix}
= 4 \times 2 \times 1 + 1 \times 3 \times (-6) + 2 \times 2 \times 3 \\
&\qquad - 4 \times 3 \times 3 - 1 \times 2 \times 1 - 2 \times 2 \times (-6) \\
&= 8 - 18 + 12 - 36 - 2 + 24 = -12
\end{aligned}
$$

$$
\begin{aligned}
\Delta_2 &=
\begin{vmatrix}
3 & 4 & 2 \\
2 & 2 & 3 \\
1 & -6 & 1
\end{vmatrix}
= 3 \times 2 \times 1 + 4 \times 3 \times 1 + 2 \times 2 \times (-6) \\
&\qquad - 3 \times 3 \times (-6) - 4 \times 2 \times 1 - 2 \times 2 \times 1
\end{aligned}
$$

$$= 6 + 12 - 24 + 54 - 8 - 4 = 36$$

$$\Delta_3 = \begin{vmatrix} 3 & 1 & 4 \\ 2 & 2 & 2 \\ 1 & 3 & -6 \end{vmatrix} = 3 \times 2 \times (-6) + 1 \times 2 \times 1 + 4 \times 2 \times 3$$

$$\qquad -3 \times 2 \times 3 - 1 \times 2 \times (-6) - 4 \times 2 \times 1$$

$$= -36 + 2 + 24 - 18 + 12 - 8 = -24$$

となる. よって, $x_1$, $x_2$, $x_3$ は, 次式で与えられる.

$$x_1 = \frac{\Delta_1}{|A|} = \frac{-12}{-12} = 1, \quad x_2 = \frac{\Delta_2}{|A|} = \frac{36}{-12} = -3, \quad x_3 = \frac{\Delta_3}{|A|} = \frac{-24}{-12} = 2$$

## 7.7 掃き出し法を用いた連立 1 次方程式の解法

クラメールの公式による方法は, 行列の次数 $n$ が大きくなると多くの計算が必要になり, あまり実用的ではない. ここでは, 掃き出し法を用いて連立 1 次方程式の解を求める方法について説明する. これは, 次の三つの操作を繰り返して, 方程式が次第に簡単となるように変形し, 解を求めていく確実な方法である. この一連の操作を, 連立 1 次方程式の**基本変形**という.

操作 I ：二つの式を入れ替える.

操作 II ：一つの式にある数を掛ける. すなわち, スカラー倍する.

操作 III ：一つの式にある数を掛けて, ほかの式に加える.

具体的に, 次の 3 元の連立 1 次方程式を取り上げて考えてみよう.

$$\begin{cases} 3x_1 + 2x_2 + x_3 = 7 & \cdots ① \\ x_1 + x_2 + 2x_3 = 7 & \cdots ② \\ 2x_1 + x_2 + 3x_3 = 12 & \cdots ③ \end{cases} \tag{7.77}$$

操作 I を適用：① と ② を入れ替える.

$$\begin{cases} x_1 + x_2 + 2x_3 = 7 & \cdots ①' \\ 3x_1 + 2x_2 + x_3 = 7 & \cdots ②' \\ 2x_1 + x_2 + 3x_3 = 12 & \cdots ③ \end{cases}$$

操作 III を適用：$②' - 3 \times ①'$, $③ - 2 \times ①'$

$$\begin{cases} x_1 + x_2 + 2x_3 = 7 & \cdots ①' \\ -x_2 - 5x_3 = -14 & \cdots ②'' \\ -x_2 - x_3 = -2 & \cdots ③' \end{cases}$$

操作Ⅲを適用：③′ − ②″，①′ + ②″

$$\begin{cases} x_1 \quad\quad - 3x_3 = \; -7 \quad \cdots \text{①}'' \\ \quad - x_2 - 5x_3 = -14 \quad \cdots \text{②}'' \\ \quad\quad\quad\quad 4x_3 = \;\; 12 \quad \cdots \text{③}'' \end{cases}$$

操作Ⅱを適用：$(1/4) \times$ ③″，$(-1) \times$ ②″

$$\begin{cases} x_1 \quad - 3x_3 = -7 \quad \cdots \text{①}'' \\ \quad x_2 + 5x_3 = \; 14 \quad \cdots \text{②}''' \\ \quad\quad\quad x_3 = \;\; 3 \quad \cdots \text{③}''' \end{cases}$$

操作Ⅲを適用：①″ + 3 × ③‴，②‴ − 5 × ③‴

$$\begin{cases} x_1 \quad\quad = \;\; 2 \\ \quad x_2 \quad = -1 \\ \quad\quad x_3 = \;\; 3 \end{cases}$$

以上の操作より，解が次のように求められる．

$$x_1 = 2, \quad x_2 = -1, \quad x_3 = 3 \tag{7.78}$$

与えられた連立1次方程式 $A\vec{x} = \vec{b}$ の，係数行列 $A$ と定数ベクトル $\vec{b}$ を並べてできる行列 $[A \; \vec{b}]$ を，**拡大係数行列**という．先ほど説明した連立1次方程式の基本変形は，この拡大係数行列に適用しても同じ効果がある．

さて，式 (7.77) の拡大係数行列は次のようになる．

$$\left[ A \; \vdots \; \vec{b} \right] = \begin{bmatrix} 3 & 2 & 1 & \vdots & 7 \\ 1 & 1 & 2 & \vdots & 7 \\ 2 & 1 & 3 & \vdots & 12 \end{bmatrix} \tag{7.79}$$

---

▶ **行基本変形**

連立1次方程式の基本変形に対応して，以下の三つの操作を，行列の**行基本変形**という．

操作Ⅰ ：二つの行を入れ替える．

操作Ⅱ ：一つの行にある数を掛ける．すなわち，スカラー倍する．

操作Ⅲ ：一つの行にある数を掛けて，ほかの行に加える．

---

先ほど説明した連立1次方程式の基本変形と同じ操作を，この拡大係数行列に適用してみよう．なお，各行の順番を，丸で囲った数字で表す．

$$\begin{bmatrix} 3 & 2 & 1 & \vdots & 7 \\ 1 & 1 & 2 & \vdots & 7 \\ 2 & 1 & 3 & \vdots & 12 \end{bmatrix} \quad \underset{①\Leftrightarrow②}{\overset{\mathrm{I}}{\rightarrow}} \quad \begin{bmatrix} 1 & 1 & 2 & \vdots & 7 \\ 3 & 2 & 1 & \vdots & 7 \\ 2 & 1 & 3 & \vdots & 12 \end{bmatrix}$$

$$\underset{\substack{②-3\times① \\ ③-2\times①}}{\overset{\mathrm{III}}{\rightarrow}} \begin{bmatrix} 1 & 1 & 2 & \vdots & 7 \\ 0 & -1 & -5 & \vdots & -14 \\ 0 & -1 & -1 & \vdots & -2 \end{bmatrix} \quad \underset{\substack{③-② \\ ①+②}}{\overset{\mathrm{III}}{\rightarrow}} \begin{bmatrix} 1 & 0 & -3 & \vdots & -7 \\ 0 & -1 & -5 & \vdots & -14 \\ 0 & 0 & 4 & \vdots & 12 \end{bmatrix}$$

$$\underset{\substack{(1/4)\times③ \\ (-1)\times②}}{\overset{\mathrm{II}}{\rightarrow}} \begin{bmatrix} 1 & 0 & -3 & \vdots & -7 \\ 0 & 1 & 5 & \vdots & 14 \\ 0 & 0 & 1 & \vdots & 3 \end{bmatrix} \quad \underset{\substack{①+3\times③ \\ ②-5\times③}}{\overset{\mathrm{III}}{\rightarrow}} \begin{bmatrix} 1 & 0 & 0 & \vdots & 2 \\ 0 & 1 & 0 & \vdots & -1 \\ 0 & 0 & 1 & \vdots & 3 \end{bmatrix} \qquad (7.80)$$

上式の最後の拡大係数行列を見ると，一番右の列は次のように解ベクトルになっている.

$$\vec{x} = \begin{bmatrix} x_1 \\ x_2 \\ x_3 \end{bmatrix} = \begin{bmatrix} 2 \\ -1 \\ 3 \end{bmatrix} \qquad (7.81)$$

すなわち，拡大係数行列 $[A \ \vec{b}]$ は，行基本変形を行うことで，単位行列 $U$ と解ベクトル $\vec{x}$ を並べてできる行列 $[U \ \vec{x}]$ になることがわかる.

$$\begin{bmatrix} A & \vdots & \vec{b} \end{bmatrix} \Rightarrow \begin{bmatrix} U & \vdots & \vec{x} \end{bmatrix} \qquad (7.82)$$

このように，係数行列の対角成分を使って，ほかの行の成分を $0$ に掃き出していくので，**掃き出し法**という名前が付いている．なお，式 (7.80) の各行基本変形において，変形する前と後で，方程式は同値であることに注意しよう.

## 7.8　行列の階数

与えられた連立方程式に対して，行基本変形を行いながら解く際に，行列の成分が，行番号が増えるにつれて，左側から連続に並ぶ $0$ の個数が増えるように変形していくことが大切である．このように，左側から連続に並ぶ $0$ の個数が増えるような行列を**階段行列**という.

ここでは，解が $1$ 組には決まらないこともあり得る，一般的な連立方程式を考えることにしよう．一般の $m \times n$ 行列に対して，行基本変形を行うことにより，次のような階段行列を作ることができる.

$$
A = \begin{bmatrix}
a'_{11} & a'_{12} & a'_{13} & a'_{14} & \cdots & a'_{1n} \\
 & a'_{22} & a'_{23} & a'_{24} & \cdots & a'_{2n} \\
 & & & a'_{34} & \cdots & a'_{3n} \\
 & & & & & a'_{4n} \\
 & & & & & \vdots \\
 & O & & & & a'_{rn}
\end{bmatrix} \Bigg\} r \tag{7.83}
$$

このとき，少なくとも一つは 0 でない成分をもつ行の個数 $r$ が決まる．なお，行基本変形のやり方によって，いろいろな階段行列ができあがるが，0 でない成分をもつ行の個数 $r$ は変わらない．この $r$ 個の行ベクトルは 1 次独立である．

> ▶ **行列の階数（ランク）**
>
> $m \times n$ 行列に対して行基本変形を行ったとき，少なくとも一つは 0 でない成分をもつ行の個数が $r$ になったとき，$r$ をこの行列の**階数（ランク）**といい，
>
> $$\operatorname{rank} A = r \quad (0 \leqq r \leqq m) \tag{7.84}$$
>
> と表す．

行列 $A$ の階数は，$A$ の行ベクトル，あるいは列ベクトルの中から選び得る 1 次独立なベクトルの最大個数と一致する．

階数について，以下の関係が成立する．

$$\operatorname{rank} A = \operatorname{rank} {}^t A \tag{7.85}$$

$n$ 次の正方行列 $A$ に対して，以下が成り立つ．

$$\operatorname{rank} A = n \quad ならば，\quad |A| \neq 0 \tag{7.86}$$

$$\operatorname{rank} A < n \quad ならば，\quad |A| = 0 \tag{7.87}$$

すなわち，正方行列 $A$ はその階数と次数が一致するとき正則であり，よって逆行列 $A^{-1}$ をもつ．また，そうでないとき $A$ は正則ではなく，よって逆行列 $A^{-1}$ をもたない．

**例題 7.6**  次の各行列の階数を求めよ．また，正則な行列はどれか．

$$A = \begin{bmatrix} 1 & 3 & 2 \\ 2 & 3 & 3 \\ -1 & -6 & 4 \end{bmatrix}, \quad B = \begin{bmatrix} 2 & -2 & 3 \\ 4 & -4 & 6 \\ -6 & 6 & -9 \end{bmatrix}, \quad C = \begin{bmatrix} 2 & 3 & -1 \\ 4 & 4 & 0 \\ 6 & 7 & -1 \end{bmatrix}$$

**解答**  各行列に対して，行基本変形を行っていく．なお，各行の順番を，丸で囲った数字で表す．

$$A = \begin{bmatrix} 1 & 3 & 2 \\ 2 & 3 & 3 \\ -1 & -6 & 4 \end{bmatrix} \begin{array}{c} \text{III} \\ \to \\ ②-2×① \\ ③+① \end{array} \begin{bmatrix} 1 & 3 & 2 \\ 0 & -3 & -1 \\ 0 & -3 & 6 \end{bmatrix} \begin{array}{c} \text{III} \\ \to \\ ③-② \end{array} \begin{bmatrix} 1 & 3 & 2 \\ 0 & -3 & -1 \\ 0 & 0 & 7 \end{bmatrix}$$

$$B = \begin{bmatrix} 2 & -2 & 3 \\ 4 & -4 & 6 \\ -6 & 6 & -9 \end{bmatrix} \begin{array}{c} \text{III} \\ \to \\ ②-2×① \\ ③+3×① \end{array} \begin{bmatrix} 2 & -2 & 3 \\ 0 & 0 & 0 \\ 0 & 0 & 0 \end{bmatrix}$$

$$C = \begin{bmatrix} 2 & 3 & -1 \\ 4 & 4 & 0 \\ 6 & 7 & -1 \end{bmatrix} \begin{array}{c} \text{III} \\ \to \\ ②-2×① \\ ③-3×① \end{array} \begin{bmatrix} 2 & 3 & -1 \\ 0 & -2 & 2 \\ 0 & -2 & 2 \end{bmatrix} \begin{array}{c} \text{III} \\ \to \\ ③-② \end{array} \begin{bmatrix} 2 & 3 & -1 \\ 0 & -2 & 2 \\ 0 & 0 & 0 \end{bmatrix}$$

以上より，行列 $A$, $B$, $C$ の階数は，それぞれ以下のように求められる．

$$\text{rank } A = 3, \quad \text{rank } B = 1, \quad \text{rank } C = 2$$

したがって，行列 $A$ が正則である．

## 7.9 キルヒホッフの法則

　行列および行列式の応用例として，交流回路解析を取り上げる．すなわち，キルヒホッフの法則に基づいて，複数の複素電流を未知数とする連立 1 次方程式を作り，これをクラメールの公式や掃き出し法を用いて解いていく．

　さて，実際の電気電子機器には，6 章で説明した単純な電気回路とは異なり，網の目のように枝分かれした複雑な回路が使われていることが多い．これを**回路網**とよぶ．また，回路網を構成する 1 本 1 本の線のことを**枝路**という．**キルヒホッフの法則**は，このような複雑な回路における電流や電圧の関係式を与える法則であり，電流の保存を表す第一法則と，電圧のつり合いを表す第二法則から成り立っている．

　$n$ 本（$n \geqq 2$）の枝路が交わる**節点**を考える．枝路を流れる交流複素電流を $I_1$, $I_2, \cdots, I_n$ とする．節点に流入する電流の向きを正，節点から流出する電流の向きを負とすると，キルヒホッフの第一法則は，次のようになる．

▶ **キルヒホッフの第一法則**

回路網の任意の節点において，流出入する交流電流の総和は，つねに 0 となる．

$$\sum_{k=1}^{n} \boldsymbol{I}_k = 0 \tag{7.88}$$

また，$n$ 個のインピーダンスと $m$ 個の起電力を含む**閉回路**を考える．インピーダンス $\boldsymbol{Z}_1, \boldsymbol{Z}_2, \cdots, \boldsymbol{Z}_n$ に流れる交流電流をそれぞれ $\boldsymbol{I}_1, \boldsymbol{I}_2, \cdots, \boldsymbol{I}_n$ とし，起電力を $\boldsymbol{E}_1, \boldsymbol{E}_2, \cdots, \boldsymbol{E}_m$ とすると，キルヒホッフの第二法則は，次のようになる．

▶ **キルヒホッフの第二法則**

回路網中の任意の閉回路に沿って 1 周したとき，電圧降下の総和と，起電力の総和は等しい．

$$\underset{\text{電圧降下の総和}}{\sum_{k=1}^{n} \boldsymbol{Z}_k \boldsymbol{I}_k} = \underset{\text{起電力の総和}}{\sum_{i=1}^{m} \boldsymbol{E}_i} \tag{7.89}$$

回路網中の電流を仮定し，ここで述べたキルヒホッフの二つの法則を組み合わせることで，これらの電流を求めるための回路方程式を導くことができる．キルヒホッフの法則は，交流解析を行うための道具である．この道具を，以下に述べるいくつかの方法に適用することによって，電流を求めていく．

# 7.10 　回路方程式

## 7.10.1 　枝電流法

図 7.2 の回路において，各素子を流れる枝電流 $\boldsymbol{I}_1$，$\boldsymbol{I}_2$，$\boldsymbol{I}_3$ を仮定する．このように，各枝路に電流を仮定して解くことから，この方法を**枝電流法**とよぶ．求めるべき未知変数は三つであるので，これから三つの方程式を作っていく．まず，一つ目の方

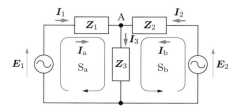

図 7.2　交流回路（枝電流法と閉路電流法）

程式として，節点 A に対しキルヒホッフの第一法則を適用する．

$$I_1 + I_2 - I_3 = 0 \tag{7.90}$$

次に，これらの枝電流を用いて，二つの独立な閉回路 $S_a$ および $S_b$ に沿ってキルヒホッフの第二法則を適用する．これにより，次の残り二つの方程式が作られる．

$$Z_1 I_1 + Z_3 I_3 = E_1 \tag{7.91}$$

$$Z_2 I_2 + Z_3 I_3 = E_2 \tag{7.92}$$

方程式は式 (7.90)〜(7.92) の合計三つあり，未知数は三つの枝電流 $I_1$, $I_2$, $I_3$ であるので，この方程式から 1 次独立な解を得ることができる．式 (7.76) に基づいて，行列を用いた**クラメールの公式**を用いて解こう．

これらの方程式を行列で表現すると，

$$\begin{bmatrix} 1 & 1 & -1 \\ Z_1 & 0 & Z_3 \\ 0 & Z_2 & Z_3 \end{bmatrix} \begin{bmatrix} I_1 \\ I_2 \\ I_3 \end{bmatrix} = \begin{bmatrix} 0 \\ E_1 \\ E_2 \end{bmatrix} \tag{7.93}$$

となる．左辺の係数行列の行列式 $\Delta$ は，サラスの方法を用いて，

$$\Delta = \begin{vmatrix} 1 & 1 & -1 \\ Z_1 & 0 & Z_3 \\ 0 & Z_2 & Z_3 \end{vmatrix} = -(Z_1 Z_2 + Z_2 Z_3 + Z_3 Z_1) \tag{7.94}$$

と計算できる．これを用いて，枝電流 $I_1$, $I_2$, $I_3$ は，次のように求められる．

$$I_1 = \frac{1}{\Delta} \begin{vmatrix} 0 & 1 & -1 \\ E_1 & 0 & Z_3 \\ E_2 & Z_2 & Z_3 \end{vmatrix} = \frac{(Z_2 + Z_3)E_1 - Z_3 E_2}{Z_1 Z_2 + Z_2 Z_3 + Z_3 Z_1} \tag{7.95}$$

$$I_2 = \frac{1}{\Delta} \begin{vmatrix} 1 & 0 & -1 \\ Z_1 & E_1 & Z_3 \\ 0 & E_2 & Z_3 \end{vmatrix} = \frac{(Z_1 + Z_3)E_2 - Z_3 E_1}{Z_1 Z_2 + Z_2 Z_3 + Z_3 Z_1} \tag{7.96}$$

$$I_3 = \frac{1}{\Delta} \begin{vmatrix} 1 & 1 & 0 \\ Z_1 & 0 & E_1 \\ 0 & Z_2 & E_2 \end{vmatrix} = \frac{Z_2 E_1 + Z_1 E_2}{Z_1 Z_2 + Z_2 Z_3 + Z_3 Z_1} \tag{7.97}$$

**例題 7.7** 図 7.3 に示す交流回路がある．ここで，$L = 100$ [mH]，$R = 100$ [Ω]，$C = 25$ [μF] である．この回路に，角周波数 $\omega = 800$ [rad/s] の電圧 $E_1 = 200\angle 90°$ [V] および $E_2 = 200\angle 0°$ [V] を印加した．この回路に流れる枝電流 $I_1$, $I_2$, $I_3$ を，枝電流法を用いて求めよ．

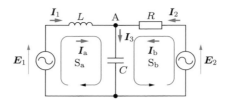

図 7.3 交流回路 (例題 7.7，例題 7.8)

**解答** 図 7.2 と図 7.3 を対応させて各素子のインピーダンスを求めると，次のようになる．

$$\boldsymbol{Z}_1 = j\omega L = j800 \times 0.1 = j80 \ [\Omega], \quad \boldsymbol{Z}_2 = R = 100 \ [\Omega]$$

$$\boldsymbol{Z}_3 = \frac{1}{j\omega C} = \frac{1}{j800 \times 2.5 \times 10^{-5}} = \frac{1}{j0.02} = -j50 \ [\Omega]$$

節点 A に対しキルヒホッフの第一法則を適用することにより，

$$\boldsymbol{I}_1 + \boldsymbol{I}_2 - \boldsymbol{I}_3 = 0 \tag{1}$$

が得られる．次に，二つの独立な閉回路 $S_a$ および $S_b$ に沿ってキルヒホッフの第二法則を適用する．

$$j80\boldsymbol{I}_1 - j50\boldsymbol{I}_3 = 200\angle 90^\circ = j200 \tag{2}$$

$$100\boldsymbol{I}_2 - j50\boldsymbol{I}_3 = 200\angle 0^\circ = 200 \tag{3}$$

式 (1)〜(3) の連立方程式を行列を用いて表すと，

$$\begin{bmatrix} 1 & 1 & -1 \\ j80 & 0 & -j50 \\ 0 & 100 & -j50 \end{bmatrix} \begin{bmatrix} \boldsymbol{I}_1 \\ \boldsymbol{I}_2 \\ \boldsymbol{I}_3 \end{bmatrix} = \begin{bmatrix} 0 \\ j200 \\ 200 \end{bmatrix}$$

となる．この行列方程式を，クラメールの公式を用いて解く．左辺の係数行列の行列式 $\Delta$ は，サラスの方法を用いて，

$$\Delta = \begin{vmatrix} 1 & 1 & -1 \\ j80 & 0 & -j50 \\ 0 & 100 & -j50 \end{vmatrix}$$

$$= (-1) \times j80 \times 100 - 1 \times (-j50) \times 100 - 1 \times j80 \times (-j50)$$

$$= -j8000 + j5000 - 4000 = -4000 - j3000$$

であるので，

$$\boldsymbol{I}_1 = \frac{1}{\Delta} \begin{vmatrix} 0 & 1 & -1 \\ j200 & 0 & -j50 \\ 200 & 100 & -j50 \end{vmatrix}$$

$$= \frac{1 \times (-j50) \times 200 + (-1) \times j200 \times 100 - 1 \times j200 \times (-j50)}{-4000 - j3000}$$

$$= \frac{-10000 - j30000}{-4000 - j3000} = \frac{10 + j30}{4 + j3} = \frac{(10 + j30)(4 - j3)}{(4 + j3)(4 - j3)}$$

$$= \frac{40 - j30 + j120 + 90}{4^2 + 3^2} = \frac{130 + j90}{25} = 5.2 + j3.6 \ [\text{A}] \tag{4}$$

$$\boldsymbol{I}_2 = \frac{1}{\Delta} \begin{vmatrix} 1 & 0 & -1 \\ j80 & j200 & -j50 \\ 0 & 200 & -j50 \end{vmatrix} = \frac{10000 - j6000}{-4000 - j3000} = \frac{-10 + j6}{4 + j3}$$

$$= -0.88 + j2.16 \ [\text{A}] \tag{5}$$

$$\boldsymbol{I}_3 = \frac{1}{\Delta} \begin{vmatrix} 1 & 1 & 0 \\ j80 & 0 & j200 \\ 0 & 100 & 200 \end{vmatrix} = \frac{-j36000}{-4000 - j3000} = \frac{j36}{4 + j3} = 4.32 + j5.76 \ [\text{A}]$$

$$\tag{6}$$

となる.

式 (4)〜(6) より, $\boldsymbol{I}_1 + \boldsymbol{I}_2$ の実部と虚部が, $\boldsymbol{I}_3$ のそれらと等しく, 式 (1) を満たしていることが確認できる.

## 7.10.2 閉路電流法

図 7.2 において, 閉回路に沿って流れる**閉路電流**を仮定し, 閉路方程式を立てて解く方法を**閉路電流法**という. 閉回路 $S_a$ を流れる閉路電流を $\boldsymbol{I}_a$, 閉回路 $S_b$ を流れる閉路電流を $\boldsymbol{I}_b$ として, それぞれの閉回路にキルヒホッフの第二法則を適用する.

$$(\boldsymbol{Z}_1 + \boldsymbol{Z}_3)\boldsymbol{I}_a + \boldsymbol{Z}_3\boldsymbol{I}_b = \boldsymbol{E}_1 \tag{7.98}$$

$$\boldsymbol{Z}_3\boldsymbol{I}_a + (\boldsymbol{Z}_2 + \boldsymbol{Z}_3)\boldsymbol{I}_b = \boldsymbol{E}_2 \tag{7.99}$$

なお, $\boldsymbol{Z}_3$ には $\boldsymbol{I}_a$ および $\boldsymbol{I}_b$ の電流が流れ, これら両者による電圧降下が発生することに注意してほしい.

未知数が閉路電流 $\boldsymbol{I}_a$ と $\boldsymbol{I}_b$ の二つであり, 方程式が二つあるから, 確実に解くことができる. これらの方程式を, 式 (7.76) に基づいて, 行列を用いたクラメールの公式を使って解いていこう. 式 (7.98) および式 (7.99) を行列を用いて表現すると,

$$\begin{bmatrix} \boldsymbol{Z}_1 + \boldsymbol{Z}_3 & \boldsymbol{Z}_3 \\ \boldsymbol{Z}_3 & \boldsymbol{Z}_2 + \boldsymbol{Z}_3 \end{bmatrix} \begin{bmatrix} \boldsymbol{I}_a \\ \boldsymbol{I}_b \end{bmatrix} = \begin{bmatrix} \boldsymbol{E}_1 \\ \boldsymbol{E}_2 \end{bmatrix} \tag{7.100}$$

となる. 左辺の係数行列の行列式 $\Delta$ は, サラスの方法を用いて,

$$\Delta = \begin{vmatrix} \boldsymbol{Z}_1 + \boldsymbol{Z}_3 & \boldsymbol{Z}_3 \\ \boldsymbol{Z}_3 & \boldsymbol{Z}_2 + \boldsymbol{Z}_3 \end{vmatrix} = (\boldsymbol{Z}_1 + \boldsymbol{Z}_3)(\boldsymbol{Z}_2 + \boldsymbol{Z}_3) - \boldsymbol{Z}_3\boldsymbol{Z}_3$$

$$= \boldsymbol{Z}_1\boldsymbol{Z}_2 + \boldsymbol{Z}_2\boldsymbol{Z}_3 + \boldsymbol{Z}_3\boldsymbol{Z}_1 \tag{7.101}$$

となるので, $\boldsymbol{I}_a$ および $\boldsymbol{I}_b$ は以下のように計算できる.

$$I_a = \frac{1}{\Delta} \begin{vmatrix} E_1 & Z_3 \\ E_2 & Z_2 + Z_3 \end{vmatrix} = \frac{(Z_2 + Z_3)E_1 - Z_3 E_2}{Z_1 Z_2 + Z_2 Z_3 + Z_3 Z_1} \tag{7.102}$$

$$I_b = \frac{1}{\Delta} \begin{vmatrix} Z_1 + Z_3 & E_1 \\ Z_3 & E_2 \end{vmatrix} = \frac{(Z_1 + Z_3)E_2 - Z_3 E_1}{Z_1 Z_2 + Z_2 Z_3 + Z_3 Z_1} \tag{7.103}$$

ここまで計算できたら，枝電流 $I_1$, $I_2$, $I_3$ は次のようにして求められる．

$$I_1 = I_a \tag{7.104}$$

$$I_2 = I_b \tag{7.105}$$

$$I_3 = I_1 + I_2 \tag{7.106}$$

このように，閉路電流法を用いると，見かけ上，キルヒホッフの第一法則が不要となる．実際には，式 (7.106) において，この第一法則を使っている．

**例題 7.8** 例題 7.7 で用いたものと同じ図 7.3 の交流回路において，この回路に流れる閉路電流 $I_a$, $I_b$, および枝電流 $I_1$, $I_2$, $I_3$ を，閉路電流法を用いて求めよ．各素子および起電力の値は，例題 7.7 の場合と同じである．

**解答** 各素子のインピーダンスは，例題 7.7 より次のようになる．

$$Z_1 = j\omega L = j80 \ [\Omega], \quad Z_2 = R = 100 \ [\Omega], \quad Z_3 = \frac{1}{j\omega C} = -j50 \ [\Omega]$$

また，起電力は次のようになる．

$$E_1 = j200 \ [\text{V}], \quad E_2 = 200 \ [\text{V}]$$

閉回路 $S_a$ を流れる閉路電流を $I_a$，閉回路 $S_b$ を流れる閉路電流を $I_b$ として，式 (7.98) および式 (7.99) に従い，それぞれの閉回路にキルヒホッフの第二法則を適用する．

$$(j80 - j50)I_a - j50 I_b = j200$$

$$-j50 I_a + (100 - j50)I_b = 200$$

整理して，

$$3I_a - 5I_b = 20$$

$$-j5 I_a + (10 - j5)I_b = 20$$

となり，これらを行列を用いて表すと，

$$\begin{bmatrix} 3 & -5 \\ -j5 & 10 - j5 \end{bmatrix} \begin{bmatrix} I_a \\ I_b \end{bmatrix} = \begin{bmatrix} 20 \\ 20 \end{bmatrix}$$

となる．この行列方程式をクラメールの公式を用いて解く．左辺の係数行列の行列式 $\Delta$ は，サラスの方法を用いて，

$$\Delta = \begin{vmatrix} 3 & -5 \\ -j5 & 10 - j5 \end{vmatrix} = 3 \times (10 - j5) - (-5) \times (-j5) = 30 - j15 - j25 = 30 - j40$$

であるので，求める閉路電流 $I_a$ および $I_b$ は，次のように計算できる．

$$I_a = \frac{1}{\Delta} \begin{vmatrix} 20 & -5 \\ 20 & 10-j5 \end{vmatrix} = \frac{20 \times (10-j5) - (-5) \times 20}{30-j40} = \frac{200 - j100 + 100}{30-j40}$$

$$= \frac{30-j10}{3-j4} = \frac{(30-j10)(3+j4)}{(3-j4)(3+j4)} = \frac{90+j120-j30+40}{3^2+4^2} = \frac{130+j90}{25}$$

$$= 5.2 + j3.6$$

$$I_b = \frac{1}{\Delta} \begin{vmatrix} 3 & 20 \\ -j5 & 20 \end{vmatrix} = \frac{60+j100}{30-j40} = -0.88 + j2.16$$

よって，$I_1$，$I_2$，$I_3$ は次のようにして求められる．

$$I_1 = I_a = 5.2 + j3.6 \text{ [A]}$$
$$I_2 = I_b = -0.88 + j2.16 \text{ [A]}$$
$$I_3 = I_a + I_b = 4.32 + j5.76 \text{ [A]}$$

この計算結果は，例題 7.7 の結果と一致している．

◦─── **演習問題** ───◦

**7.1** 【行列の積・転置行列】以下の行列 $A$，$B$ が与えられている．

$$A = \begin{bmatrix} 1 & 2 & 1 \\ 2 & 0 & 5 \\ 1 & 3 & 2 \end{bmatrix}, \quad B = \begin{bmatrix} 3 & 0 & 2 \\ 1 & 2 & 2 \\ 2 & 4 & 1 \end{bmatrix}$$

このとき，$^t(AB) = {}^tB\,{}^tA$ の関係が成り立つことを確かめよ．

**7.2** 【置換】以下に与えられる置換は，偶置換か奇置換か．

$$\sigma_a = \begin{pmatrix} 1 & 2 & 3 & 4 & 5 \\ 3 & 1 & 4 & 5 & 2 \end{pmatrix}, \quad \sigma_b = \begin{pmatrix} 1 & 2 & 3 & 4 & 5 \\ 5 & 2 & 4 & 1 & 3 \end{pmatrix}$$

**7.3** 【行列式・サラスの方法】以下の行列 $A$，$B$ の行列式を，サラスの方法を用いて求めよ．

$$A = \begin{bmatrix} 2 & 1 & 0 \\ 1 & 3 & 1 \\ -1 & 2 & 1 \end{bmatrix}, \quad B = \begin{bmatrix} 1 & 5 & 2 \\ 0 & 1 & 3 \\ 2 & -1 & 0 \end{bmatrix}$$

**7.4** 【行列式・余因子による展開】次の行列 $A$ の行列式を，余因子による展開法を用いて求めよ．

$$A = \begin{bmatrix} -2 & 1 & -1 & 2 \\ 0 & 2 & 1 & 3 \\ -2 & 3 & 4 & 2 \\ 0 & 6 & 2 & 6 \end{bmatrix}$$

**7.5** 【逆行列】次の行列 $A$ の逆行列 $A^{-1}$ を求め，さらに，$A^{-1}A = U$ の関係が成り立つことを確認せよ．ここで，$U$ は単位行列である．

$$A = \begin{bmatrix} 1 & 0 & 1 \\ 2 & 2 & 3 \\ 1 & -1 & 1 \end{bmatrix}$$

**7.6** 【クラメールの公式】次の連立 1 次方程式を，クラメールの公式を用いて解け．

$$\begin{cases} 2x_1 + x_2 + 3x_3 = 13 \\ x_1 + 3x_2 + x_3 = 8 \\ 3x_1 + 2x_2 + 2x_3 = 15 \end{cases}$$

**7.7** 【掃き出し法】以下の連立 1 次方程式を，拡大係数行列を作成し，行基本変形を行って，掃き出し法により解け．

$$\begin{cases} x_1 + x_2 - 2x_3 = -1 \\ 3x_1 + 2x_2 - x_3 = -1 \\ -x_1 + 3x_2 + 3x_3 = 14 \end{cases}$$

**7.8** 【枝電流法】問図 7.1 の交流回路において，各素子に流れる枝電流 $I_1$, $I_2$, $I_3$ を，枝電流法を用いて求めよ．ただし，$E = 100\angle 0°$ [V]，$Z_1 = 40$ [Ω]，$Z_2 = -j10$ [Ω]，$Z_3 = j20$ [Ω]，$Z_4 = 10$ [Ω] とする．

**7.9** 【閉路電流法】問図 7.1 の交流回路において，閉路電流 $I_a$, $I_b$ および各素子に流れる枝電流 $I_1$, $I_2$, $I_3$ を，閉路電流法を用いて求めよ．各素子の値は問題 7.8 と同じとする．

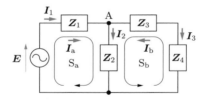

問図 7.1

# 8章 フーリエ級数解析

この章では，一般的な周期関数を，複数の異なる周波数の三角関数の和として表現するフーリエ級数展開法について学ぶ．ここまで本書では，単一の正弦波で表される交流電圧・電流を取り扱ってきた．すなわち，その回路における交流の周波数は1種類だけであった．しかし実用的には，たとえば三角形や矩形状の波形をもつような，正弦波とは異なる交流も用いられる．フーリエ級数展開法を使うと，このような**ひずみ波交流**あるいは**非正弦波交流**を表現できる．

最初に，具体的なひずみ波交流を取り上げて，それが異なる周波数をもつ複数の三角関数の重ね合わせによって作り出されることを確認しよう．その後，フーリエ級数展開を定義し，展開関数の係数を決定するための具体的な計算方法について説明する．最後に，RLC直列回路を対象とした，ひずみ波交流の回路解析について述べる．

## 8.1 ひずみ波交流（非正弦波交流）

図8.1は，横軸を時間 $t$ にとって，ある交流電圧波形の時間変化を示したものである．この電圧波形は，いままで勉強してきた正弦波交流電圧の波形とは明らかに異なる．しかし，この波形も，時間 $t$ について，$T$ ごとに同じ波形が繰り返されている．すなわち，周期 $T$ の周期関数である．このように，正弦波交流とはその波形が違うが，

$$v(t) = v(t + T) \tag{8.1}$$

という周期条件が満たされている交流電圧を，ひずみ波交流電圧という．図8.1のような奇妙な波形をもつもののみをひずみ波交流というわけではなく，たとえば，図8.2の矩形波や三角波も，りっぱなひずみ波交流である．

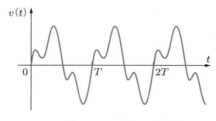

図 8.1　周期的なひずみ波交流電圧

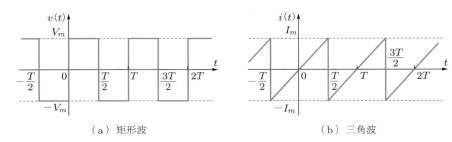

（a）矩形波 （b）三角波

図 8.2 ひずみ波交流波形の例

じつは，これらひずみ波交流波形は，**周波数の異なった正弦波や余弦波を重ね合わせることによって作り出せる**ことが数学的に証明されている．図（a）で示した矩形波を取り上げて，このことを確認してみることにしよう．

次の三つの正弦波交流電圧を考える．

$$v_1(t) = V_0 \sin \omega t, \quad v_3(t) = \frac{V_0}{3} \sin 3\omega t, \quad v_5(t) = \frac{V_0}{5} \sin 5\omega t \tag{8.2}$$

第1式は，いままで何度も取り上げた，基本的な正弦波交流電圧の波形である．これらの波形の周期を $T_1$, $T_3$, $T_5$ とおくと，$\omega T_1 = 3\omega T_3 = 5\omega T_5 = 2\pi$ であるから，

$$T_1 = \frac{2\pi}{\omega}, \quad T_3 = \frac{2\pi}{3\omega} = \frac{1}{3}T_1, \quad T_5 = \frac{2\pi}{5\omega} = \frac{1}{5}T_1 \tag{8.3}$$

が成り立つ．ここで，$V_0$ は，周期が $T_1$ の正弦波交流電圧の最大値で，$V_0 = 4V_m/\pi$ である（$4/\pi$ という定数倍の係数の理由は，例題 8.1 参照）．図 8.3 に，これら三つの正弦波交流電圧の波形を比較しながら示す．なお，横軸は，時間 $t$ に比例する位相 $\omega t$ になっていることに注意してほしい．

さて，今度は，これら三つの正弦波交流電圧を順番に重ね合わせてみよう．図 8.4（a）に $v_1(t)$ と $v_3(t)$ を重ね合わせた様子を，図（b）に $v_1(t)$, $v_3(t)$ に加えて $v_5(t)$ を重ね合わせた様子を示す．$v_1(t)$ のみの場合に比べて，$v_3(t)$ さらに $v_5(t)$ を重ね合わせていくに従い，破線で示した矩形波に徐々に近づいていることがわかる．

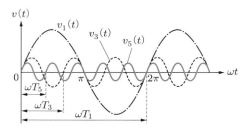

図 8.3 異なった 3 種類の周期をもつ波形の比較

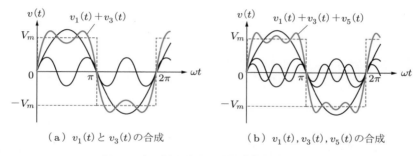

（a）$v_1(t)$ と $v_3(t)$ の合成 　　　（b）$v_1(t)$, $v_3(t)$, $v_5(t)$ の合成

図 8.4　矩形波を表現するための正弦波の合成

ここで，以下の点は注意しておくべきである．一つ目として，余弦関数はこの矩形波を表現するための重ね合わせ関数としては適さないことである．なぜならば，いま扱っている矩形波は，時間軸を負の方向に拡張して考えるとわかりやすいが，$t = 0$ の原点に対して点対称，すなわち奇関数になっている．一方，余弦関数は $t = 0$ の軸に関して対称，すなわち偶関数である．二つ目として，$\omega$ の偶数倍の角周波数をもつ正弦関数は，重ね合わせ関数としては適さないことである．たとえば，最低次の $\sin 2\omega t$ という関数は，とくに，$\pi/2 \leqq \omega t \leqq 3\pi/2$ の領域で，矩形波の骨格から大きくかけ離れてくる．

以上のように，周波数の異なる適切な正弦波を次々重ね合わせていくと，合成波はだんだんと矩形波に近づいていく．矩形波に限らず，すべての周期的な波形は，正弦波および余弦波を一定のルールに従って無限に重ね合わせていくことで作ることができる．それでは，目的のひずみ波交流を表現するために重ね合わせるべき関数系は，どのようにして体系的に決定できるのだろうか．これについて，次節で説明する．

# 8.2 フーリエ級数展開法

時間 $t$ について，$T$ ごとに同じ波形が繰り返される周期 $T$ の周期関数 $f(t)$ は，三角関数の無限個の和で表される．これを**フーリエ級数展開**という．

▶ **フーリエ級数展開**

$$f(t) = a_0 + a_1 \cos \omega t + a_2 \cos 2\omega t + \cdots$$
$$+ b_1 \sin \omega t + b_2 \sin 2\omega t + \cdots \tag{8.4}$$

総和記号を用いると，次のように表される．

$$f(t) = a_0 + \sum_{n=1}^{\infty} (a_n \cos n\omega t + b_n \sin n\omega t) \tag{8.5}$$

ここで,

$$\omega = 2\pi f = \frac{2\pi}{T} \tag{8.6}$$

である. 係数 $a_0$, $a_n$, $b_n$ は**フーリエ係数**とよばれる.

---

正弦波交流とは異なる任意の波形をもつ周期関数を, ひずみ波交流とよぶことを述べた. これは, 式 (8.5) で表されるように, 基本となる周波数（角周波数）をもつ正弦波または余弦波と, この周波数の整数倍の周波数をもつ正弦波または余弦波の重ね合わせで表現できる. $\omega$ を基本角周波数, $f$ を基本周波数, $T$ を基本周期といい. $k = 1, 2, 3, \cdots$ として, 基本周波数の $k$ 倍の周波数をもつ正弦波または余弦波を第 $k$ 次高調波という. $k = 1$ の場合, すなわち基本周波数をもつものは**基本波**とよばれる. なお, 式 (8.4), (8.5) において, $a_0$ は**直流バイアス成分**（偏り成分）を表す.

## 8.3 展開関数の直交性

区間 $a \leqq t \leqq b$ において, 異なる二つの関数 $g(t)$ と $h(t)$ が,

$$\int_a^b g(t)h(t)\,\mathrm{d}t = 0 \tag{8.7}$$

の条件を満たすとき, 区間 $a \leqq t \leqq b$ で関数 $g(t)$ と $h(t)$ は**直交する**といい. このような関数の集まりを**直交関数系**という. 前節において, ひずみ波交流を表すために用いた三角関数系は, この直交関数系を形作っている. これを確認することにしよう.

$0$ から基本周期 $T$ までを積分区間にとり, $\cos n\omega t$, $\sin n\omega t$ からなる関数系の定積分を考える. ここで, $n = 1, 2, 3, \cdots$ である. 図 8.5 のように, 正弦関数および余弦関数は, それぞれの周期 $T/n$ について積分すると, 正負が相殺して 0 になる. よって, その整数倍の区間 $0 \leqq t \leqq T$ についての定積分も 0 になる.

$$\int_0^T \sin n\omega t\,\mathrm{d}t = 0, \quad \int_0^T \cos n\omega t\,\mathrm{d}t = 0 \tag{8.8}$$

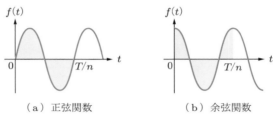

（a）正弦関数　　　　　（b）余弦関数

図 8.5　三角関数の 1 周期についての定積分

正弦関数と余弦関数の積についての定積分は，$m, n = 1, 2, 3, \cdots$ として，次のように 0 となる．ここで，三角関数の積を和に直す公式を用いている．

$$\int_0^T \sin m\omega t \cos n\omega t \, dt = \int_0^T \frac{1}{2}\{\sin(m+n)\omega t + \sin(m-n)\omega t\} \, dt = 0 \quad (8.9)$$

また，$m \neq n$ のとき，正弦関数どうし，余弦関数どうしの積の定積分も 0 となる．

$$\int_0^T \sin m\omega t \sin n\omega t \, dt$$

$$= \int_0^T \left[-\frac{1}{2}\{\cos(m+n)\omega t - \cos(m-n)\omega t\}\right] dt = 0 \quad (8.10)$$

$$\int_0^T \cos m\omega t \cos n\omega t \, dt$$

$$= \int_0^T \frac{1}{2}\{\cos(m+n)\omega t + \cos(m-n)\omega t\} \, dt = 0 \quad (8.11)$$

したがって，$\cos n\omega t$，$\sin n\omega t$ は，$m$ と $n$ が異なるものどうしの積の定積分がすべて 0 となるので，三角関数系は確かに直交関数系となる．

一方，$m = n$ の場合には，正弦関数，あるいは余弦関数どうしの積の定積分は，次のように有限の値となる．

$$\int_0^T \sin m\omega t \sin n\omega t \, dt = \int_0^T \sin^2 n\omega t \, dt$$

$$= \int_0^T \frac{1}{2}(1 - \cos 2n\omega t) \, dt = \frac{T}{2} \quad (8.12)$$

$$\int_0^T \cos m\omega t \cos n\omega t \, dt = \int_0^T \cos^2 n\omega t \, dt$$

$$= \int_0^T \frac{1}{2}(1 + \cos 2n\omega t) \, dt = \frac{T}{2} \quad (8.13)$$

以上より，三角関数の 1 周期についての積分公式が，以下のようにまとめられる．

▶ **直交関数系である三角関数の積分公式**

$$\int_0^T \sin n\omega t \, dt = 0, \quad \int_0^T \cos n\omega t \, dt = 0 \quad (8.14)$$

$$\int_0^T \sin m\omega t \cos n\omega t \, dt = 0 \quad (8.15)$$

$$\int_0^T \sin m\omega t \sin n\omega t \, dt = \begin{cases} \dfrac{T}{2} & (m = n) \\ 0 & (m \neq n) \end{cases} \quad (8.16)$$

$$\int_0^T \cos m\omega t \cos n\omega t \, \mathrm{d}t = \begin{cases} \dfrac{T}{2} & (m = n) \\ 0 & (m \neq n) \end{cases} \tag{8.17}$$

ただし，$m, n = 1, 2, 3, \cdots$ である.

## 8.4　フーリエ係数の決定

三角関数系の直交性を用いて，式 (8.4)，(8.5) で定義したフーリエ係数を求めていこう．まず，式 (8.5) の両辺を 1 周期について積分する．

$$\int_0^T f(t) \, \mathrm{d}t = \int_0^T a_0 \, \mathrm{d}t + \int_0^T \sum_{n=1}^{\infty} (a_n \cos n\omega t + b_n \sin n\omega t) \, \mathrm{d}t = a_0 T \tag{8.18}$$

次に，式 (8.5) の両辺に $\cos m\omega t$ を掛けて，1 周期について積分する．

$$\begin{aligned} &\int_0^T f(t) \cos m\omega t \, \mathrm{d}t \\ &= \int_0^T a_0 \cos m\omega t \, \mathrm{d}t + \int_0^T \sum_{n=1}^{\infty} (a_n \cos n\omega t + b_n \sin n\omega t) \cos m\omega t \, \mathrm{d}t \\ &= \int_0^T a_m \cos m\omega t \cos m\omega t \, \mathrm{d}t = \frac{T}{2} a_m \end{aligned} \tag{8.19}$$

最後に，式 (8.5) の両辺に $\sin m\omega t$ を掛けて，1 周期について積分する．

$$\begin{aligned} &\int_0^T f(t) \sin m\omega t \, \mathrm{d}t \\ &= \int_0^T a_0 \sin m\omega t \, \mathrm{d}t + \int_0^T \sum_{n=1}^{\infty} (a_n \cos n\omega t + b_n \sin n\omega t) \sin m\omega t \, \mathrm{d}t \\ &= \int_0^T b_m \sin m\omega t \sin m\omega t \, \mathrm{d}t = \frac{T}{2} b_m \end{aligned} \tag{8.20}$$

式 (8.18)〜(8.20) の結果を，それぞれ $a_0$, $a_m$, $b_m$ について解き，整理すると，次のようになる.

### ▶ フーリエ係数

フーリエ級数展開とそのフーリエ係数は，以下の 1 組の式で与えられる．

$$f(t) = a_0 + \sum_{n=1}^{\infty} (a_n \cos n\omega t + b_n \sin n\omega t) \tag{8.21}$$

$$a_0 = \frac{1}{T} \int_0^T f(t) \, \mathrm{d}t \tag{8.22}$$

$$a_n = \frac{2}{T} \int_0^T f(t) \cos n\omega t \, dt \tag{8.23}$$

$$b_n = \frac{2}{T} \int_0^T f(t) \sin n\omega t \, dt \tag{8.24}$$

図 8.1 や図 8.2 では，横軸を時間 $t$ で表していたが，しばしば，図 8.3 や図 8.4 のように，横軸を位相 $\theta = \omega t$ で表す場合がある．このようにすると，1 周期が $2\pi$ になるので，位相の変化に伴った波形の変化の様子が理解しやすい．位相 $\theta$ で表現したフーリエ級数展開は，$\omega t = \theta$, $dt = d\theta/\omega$ の変数変換を施して，$t$ についての積分範囲 $0 \sim T$ を $\theta$ についての積分範囲 $0 \sim 2\pi$ に置き換え，また，$\omega T = 2\pi$ の関係を用いると，次のようになる．

#### ▶ 位相で表現したフーリエ係数

位相 $\theta$ で表現したフーリエ級数展開とそのフーリエ係数は，以下の 1 組の式で与えられる．

$$h(\theta) = a_0 + \sum_{n=1}^{\infty} (a_n \cos n\theta + b_n \sin n\theta) \tag{8.25}$$

$$a_0 = \frac{1}{2\pi} \int_0^{2\pi} h(\theta) \, d\theta \tag{8.26}$$

$$a_n = \frac{1}{\pi} \int_0^{2\pi} h(\theta) \cos n\theta \, d\theta \tag{8.27}$$

$$b_n = \frac{1}{\pi} \int_0^{2\pi} h(\theta) \sin n\theta \, d\theta \tag{8.28}$$

変数を時間 $t$ から位相 $\theta$ に変えると，その関数形も変わる．この点を注意してもらうために，式 (8.21)〜(8.24) では $f(t)$ と表していたが，式 (8.25)〜(8.28) では，$h(\theta)$ と関数名を変えて表現している．

**例題 8.1** 図 8.2 (a) の矩形波交流電圧をフーリエ級数に展開せよ．

**解答** この波形は，

$$v(t) = \begin{cases} V_m & (0 \le t \le T/2) \\ -V_m & (T/2 \le t \le T) \end{cases}$$

で与えられる．式 (8.22)〜(8.24) より，次のようになる．

$$a_0 = \frac{1}{T} \int_0^T v(t) \, dt = \frac{1}{T} \left\{ \int_0^{T/2} V_m \, dt + \int_{T/2}^T (-V_m) \, dt \right\} = 0 \tag{1}$$

$$a_n = \frac{2}{T}\left\{ \int_0^{T/2} V_m \cos n\omega t \, \mathrm{d}t + \int_{T/2}^T (-V_m) \cos n\omega t \, \mathrm{d}t \right\}$$

$$= \frac{2V_m}{T}\left[\frac{\sin n\omega t}{n\omega}\right]_0^{T/2} - \frac{2V_m}{T}\left[\frac{\sin n\omega t}{n\omega}\right]_{T/2}^{T}$$

$$= \frac{V_m}{n\pi}(\sin n\pi - \sin 0) - \frac{V_m}{n\pi}(\sin 2n\pi - \sin n\pi) = 0 \tag{2}$$

計算の過程で，式 (8.6) から導かれる $\omega T = 2\pi$ の関係を用いている．同様にして，$b_n$ を計算する．

$$b_n = \frac{2}{T}\left\{ \int_0^{T/2} V_m \sin n\omega t \, \mathrm{d}t + \int_{T/2}^T (-V_m) \sin n\omega t \, \mathrm{d}t \right\}$$

$$= \frac{2V_m}{T}\left[-\frac{\cos n\omega t}{n\omega}\right]_0^{T/2} - \frac{2V_m}{T}\left[-\frac{\cos n\omega t}{n\omega}\right]_{T/2}^{T}$$

$$= -\frac{V_m}{n\pi}(\cos n\pi - \cos 0) + \frac{V_m}{n\pi}(\cos 2n\pi - \cos n\pi) \tag{3}$$

式 (3) において，

$$\cos 0 = \cos 2n\pi = 1, \quad \cos n\pi = (-1)^n$$

であることを考慮して，$b_n$ は次のようになる．

$$b_n = -\frac{V_m}{n\pi}\left\{(-1)^n - 1\right\} + \frac{V_m}{n\pi}\left\{1 - (-1)^n\right\} = \frac{2V_m}{n\pi}\left\{1 - (-1)^n\right\} \tag{4}$$

式 (1)，(2)，(4) を式 (8.21) に代入して，$v(t)$ は次のようにフーリエ級数展開できる．

$$v(t) = \frac{2V_m}{\pi} \times 2 \times \sin \omega t + \frac{2V_m}{2\pi} \times 0 \times \sin 2\omega t + \frac{2V_m}{3\pi} \times 2 \times \sin 3\omega t$$

$$+ \frac{2V_m}{4\pi} \times 0 \times \sin 4\omega t + \frac{2V_m}{5\pi} \times 2 \times \sin 5\omega t + \cdots$$

$$= \frac{4V_m}{\pi}\left(\sin \omega t + \frac{1}{3}\sin 3\omega t + \frac{1}{5}\sin 5\omega t + \cdots \right)$$

この結果は，8.1 節で説明した式 (8.2) の内容と一致する．

# 8.5　フーリエスペクトル

　式 (8.4) あるいは式 (8.5) では，ひずみ波交流を正弦関数と余弦関数の無限級数で表した．しかし，同一周波数の正弦関数と余弦関数の項を，一つにまとめた表現方法もしばしば大切になる．

　図 8.6 を参考にしながら，新しい変数 $A_n$ と $\phi_n$ を導入することにより，フーリエ係数 $a_n$ および $b_n$ を次のように置き換える．

$$A_n = \sqrt{a_n{}^2 + b_n{}^2}, \quad \tan \phi_n = \frac{a_n}{b_n} \tag{8.29}$$

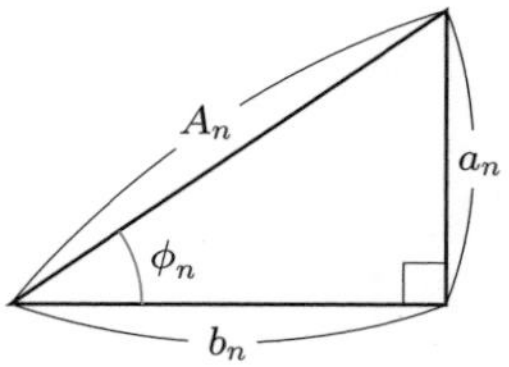

図 8.6 **フーリエ係数の置き換え**

すなわち，図の直角三角形から，$a_n$，$b_n$ は次のように表される．

$$a_n = A_n \sin \phi_n, \quad b_n = A_n \cos \phi_n \tag{8.30}$$

よって，

$$
\begin{aligned}
a_n &\cos n\omega t + b_n \sin n\omega t \\
&= \sqrt{a_n{}^2 + b_n{}^2} \left( \frac{a_n}{\sqrt{a_n{}^2 + b_n{}^2}} \cos n\omega t + \frac{b_n}{\sqrt{a_n{}^2 + b_n{}^2}} \sin n\omega t \right) \\
&= A_n \sin \phi_n \cos n\omega t + A_n \cos \phi_n \sin n\omega t \\
&= A_n \sin(n\omega t + \phi_n) \tag{8.31}
\end{aligned}
$$

となる．さらに，$A_0 = a_0$ とおいて，これらを式 (8.5) に代入すると，

$$f(t) = A_0 + \sum_{n=1}^{\infty} A_n \sin(n\omega t + \phi_n) \tag{8.32}$$

となる．ここで，$A_0$ は直流成分，また $A_1$ は基本波の振幅を表す．また，$A_n$ は第 $n$ 次高調波の振幅を表す．$A_1 \sim A_n$ を**フーリエスペクトル**という．フーリエスペクトルは，各高調波の成分がどのような重みで入っているかを表す．本書では，フーリエスペクトルを，必要に応じて $A_0$ をも含めて考える．

式 (8.32) の表現を用いて，前節の例題 8.1 で求めた図 8.2 ( a ) に示す矩形波交流電圧 $v(t)$ のフーリエスペクトル解析を行ってみよう．例題 8.1 の結果を，式 (8.29) に代入する．

$$A_n = \sqrt{a_n{}^2 + b_n{}^2} = \frac{2V_m}{n\pi} \left\{ 1 - (-1)^n \right\} \tag{8.33}$$

各高調波の振幅 $A_n$ を，基本波の振幅 $A_1$ で割って，すなわち規格化して表現することが多い．

$$A_1 = \frac{4V_m}{\pi} \tag{8.34}$$

$$G_n = \frac{A_n}{A_1} = \frac{1}{2n} \left\{ 1 - (-1)^n \right\} \tag{8.35}$$

本書では，$G_n$ を**規格化振幅**とよぶことにする．図 8.7 に，フーリエスペクトルの解析結果をグラフで示す．

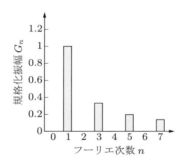

図 8.7　矩形波のフーリエスペクトル

## 8.6　特徴的な波形のフーリエ級数展開

　フーリエ係数を決定するためには，一般的に，煩雑な三角関数の積分計算が必要になる．しかし，波形の特徴をうまく利用することにより，この計算をある程度軽減することができる．この節では，このための有用ないくつかのテクニックを学ぶことにする．

### 8.6.1　積分範囲の平行移動

　式 (8.22)〜(8.24) で与えられるフーリエ係数の計算において，その積分範囲は，連続する 1 周期をとるのであれば，どの部分であってもよい．$t_0$ を任意の時間として，次のように一般化することができる．

$$a_0 = \frac{1}{T} \int_{t_0}^{t_0+T} f(t)\,\mathrm{d}t \tag{8.36}$$

$$a_n = \frac{2}{T} \int_{t_0}^{t_0+T} f(t) \cos n\omega t\,\mathrm{d}t \tag{8.37}$$

$$b_n = \frac{2}{T} \int_{t_0}^{t_0+T} f(t) \sin n\omega t\,\mathrm{d}t \tag{8.38}$$

式 (8.22)〜(8.24) は $t_0 = 0$ の場合であるが，しばしば，$t_0 = -T/2$ にとることがある．

### 8.6.2　偶関数と奇関数のフーリエ級数展開

　すでに 2 章で説明したように，**偶関数**は，

$$f(t) = f(-t) \tag{8.39}$$

の条件を満たし，図 8.8 ( a ) に示すような，$t = 0$ の軸に対して左右対称な波形をとる．一方，**奇関数**は，

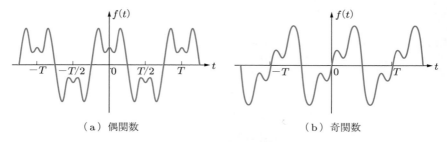

（a）偶関数　　　　　　　　　　（b）奇関数

図 8.8 **偶関数と奇関数**

$$f(t) = -f(-t) \tag{8.40}$$

の条件を満たし，図（b）に示すような，原点に対して点対称な波形，すなわち座標の原点を中心として 180° 回転させたとき，もとの波形と一致する波形をとる.

　偶関数をフーリエ級数に展開するためには，使われる展開関数系は，必ず $t = 0$ の軸に対して左右対称な偶関数でなければならない．同様に，奇関数をフーリエ級数に展開するためには，使われる展開関数系は，必ず原点に対して点対称な奇関数でなければならない．余弦関数は偶関数であり，正弦関数は奇関数である.

　したがって，偶関数のフーリエ級数展開では，正弦関数成分のフーリエ係数 $b_n$ がすべて 0 となり，奇関数のフーリエ級数展開では，余弦関数成分のフーリエ係数 $a_n$ がすべて 0 となる.

　また，偶関数と偶関数の積，および奇関数と奇関数の積は，どちらも偶関数となり，$t = 0$ の軸に対して左右対称となる．よって，偶関数と余弦関数の積，および奇関数と正弦関数の積を積分するときは，積分区間を $0 \leqq t \leqq T/2$ として，計算結果を 2 倍すればよい.

　以上より，偶関数の場合のフーリエ係数は，次式で与えられる.

$$a_0 = \frac{2}{T} \int_0^{T/2} f(t)\,\mathrm{d}t \tag{8.41}$$

$$a_n = \frac{4}{T} \int_0^{T/2} f(t) \cos n\omega t\,\mathrm{d}t \tag{8.42}$$

$$b_n = 0 \tag{8.43}$$

同様に考えて，奇関数の場合のフーリエ係数は，次式で与えられる.

$$a_0 = 0 \tag{8.44}$$

$$a_n = 0 \tag{8.45}$$

$$b_n = \frac{4}{T} \int_0^{T/2} f(t) \sin n\omega t\,\mathrm{d}t \tag{8.46}$$

奇関数では $f(t) = -f(-t)$ となるので，$a_0 = 0$ となることに注意してほしい．

**例題 8.2**　図 8.2（ b ）の三角波交流電流のフーリエ級数展開を求めよ．

**解答**　半周期区間 $0 \leqq t \leqq T/2$ における $i(t)$ の波形は，次式で与えられる．

$$i(t) = \frac{2I_m}{T} t$$

与えられた波形は，原点に対して点対称な奇関数である．よって，式 (8.44)～(8.46) に代入して，次のようになる．なお，ここでは部分積分法を用いている．

$$a_0 = a_n = 0$$

$$b_n = \frac{4}{T} \int_0^{T/2} \frac{2I_m}{T} t \sin n\omega t \, \mathrm{d}t = \frac{8I_m}{T^2} \int_0^{T/2} t \sin n\omega t \, \mathrm{d}t$$

$$= \frac{8I_m}{T^2} \left( \left[ -t \frac{\cos n\omega t}{n\omega} \right]_0^{T/2} + \int_0^{T/2} \frac{\cos n\omega t}{n\omega} \, \mathrm{d}t \right)$$

$$= \frac{8I_m}{T^2} \left( -\frac{T}{2n\omega} \cos \frac{n\omega T}{2} + \left[ \frac{\sin n\omega t}{n^2\omega^2} \right]_0^{T/2} \right)$$

$$= \frac{8I_m}{T^2} \left( -\frac{T}{2n\omega} \cos n\pi + \frac{1}{n^2\omega^2} \sin n\pi \right) = \frac{4I_m}{n\omega T} (-1)^{n+1} = \frac{2I_m}{n\pi} (-1)^{n+1}$$

以上の結果を式 (8.21) に代入すると，$i(t)$ は次のようにフーリエ級数展開できる．

$$i(t) = \frac{2I_m}{\pi} \left( \sin \omega t - \frac{1}{2} \sin 2\omega t + \frac{1}{3} \sin 3\omega t - \frac{1}{4} \sin 4\omega t + \frac{1}{5} \sin 5\omega t \right.$$
$$\left. - \frac{1}{6} \sin 6\omega t + \frac{1}{7} \sin 7\omega t - \cdots \right)$$

# 8.7　ひずみ波交流の回路解析

図 8.9 の RLC 直列回路に，

$$v(t) = V_0 + \sum_{k=1}^{\infty} V_{mk} \sin(k\omega t + \phi_k) \tag{8.47}$$

で与えられるひずみ波交流電圧を加えた場合に，この回路を流れる電流 $i(t)$ を求めよう．求める電流は，直流成分，基本波および各高調波の電圧が独立に加えられた場合に流れる各成分の電流を求め，これらの結果を重ね合わせればよい．回路解析におけるこの原理を，**重ね合わせの理**という．この定理が成り立つのは，本書で扱う交流回路が，線形素子のみで構成されていることに基づいている．すなわち，交流回路は，抵抗 $R$，コイル $L$，およびコンデンサ $C$ という 3 種類の素子で構成されており，これらの素子の端子電圧と端子電流の間には，線形の関係が成り立つ．このことを**回路の線形性**という．

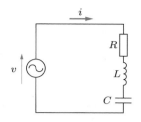

図 8.9　**RLC 直列回路**

　図 8.9 の回路解析を行う際の注意点がある．それは，各高調波ごとに，すなわち，角周波数が異なるごとに，インピーダンスが異なることである．第 $k$ 次高調波に対する，この回路のインピーダンス $\boldsymbol{Z}_k$ の大きさと偏角は，次式で与えられる．

$$|\boldsymbol{Z}_k| = \sqrt{R^2 + \left(k\omega L - \frac{1}{k\omega C}\right)^2} \tag{8.48}$$

$$\theta_k = \tan^{-1}\frac{k\omega L - \dfrac{1}{k\omega C}}{R} \tag{8.49}$$

よって，第 $k$ 次高調波の電流 $i_k$ は，

$$i_k = \frac{1}{|\boldsymbol{Z}_k|}V_{mk}\sin(k\omega t + \phi_k - \theta_k) \tag{8.50}$$

で与えられる．ここで，$\theta_k$ は，電圧に対する電流の位相の遅れを表している．

　図のように，コンデンサが直列に接続されている場合には，電圧の直流成分 $V_0$ に対する電流は流れない．よって，この回路に流れる電流は，次式のようになる．

$$i(t) = \sum_{k=1}^{\infty}\frac{V_{mk}}{\sqrt{R^2 + \left(k\omega L - \dfrac{1}{k\omega C}\right)^2}}\sin(k\omega t + \phi_k - \theta_k) \tag{8.51}$$

コンデンサを含まない $R$ のみの回路，あるいは RL 直列回路に対しては，直流成分も現れることに注意してほしい．

━━━━━━━━━━━━━━━◦　**演習問題**　◦━━━━━━━━━━━━━━━

**8.1**　【矩形波】問図 8.1 で与えられる矩形波交流電圧波形 $v(t)$ をフーリエ級数展開せよ．

**8.2**　【直流バイアスのある矩形波】問図 8.2 で与えられる矩形波電流波形 $i(t)$ をフーリエ級数展開せよ．また，そのフーリエスペクトルを求め，次に横軸をフーリエ次数 $n$ にとり，$n = 7$ までについて，そのグラフを示せ．

**8.3**　【半波整流波形】問図 8.3 は，正弦波交流電流波形のうち，正値となる部分のみを選択的に取り出した波形で，**半波整流波形**という．この波形のフーリエ級数展開を求めよ．

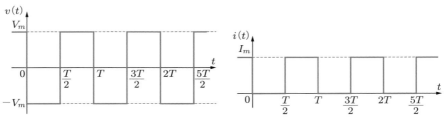

問図 8.1　　　　　　　　　　　　　問図 8.2

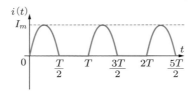

問図 8.3

**8.4** 【全波整流波形・位相での積分】問図 8.4 で与えられる電流波形 $i(\theta)$ は，正弦波の負値の部分を正値側に反転したもので，このような波形を**全波整流波形**という．この波形のフーリエ級数展開を求めよ．

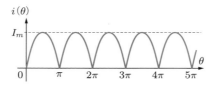

問図 8.4

# 9章 微分方程式

　微分項が含まれる方程式，つまり未知関数の導関数を含む方程式を，微分方程式という．微分方程式と自然科学とのつながりは深く，多くの自然現象が微分方程式に基づいて記述され，その解を求めることで振る舞いが予測できる．一般に微分方程式の解を求めることは難しい場合が多いが，試行錯誤を伴う歴史的な研究の積み重ねにより，いくつかの基本的な微分方程式については，その解法が調べられてきている．

　本章では，線形微分方程式を中心に，厳密な理論には深入りせず，解き方のコツを理解することに主眼を置いて，微分方程式を説明する．微分方程式の応用例として，コイルやコンデンサを含む電気回路の過渡現象を取り上げ，その特徴的な振る舞いについて学んでいく．

## 9.1 微分方程式とは

　$x$ を独立変数とする未知関数 $y = f(x)$ と，その 1 階あるいは高階の導関数を含む方程式を，**微分方程式**という．微分方程式に含まれる導関数のうち，最大の階数が $n$ であるとき，この微分方程式を **$n$ 階微分方程式**という．たとえば，

$$\frac{\mathrm{d}^3 y}{\mathrm{d}x^3} + 2\left(\frac{\mathrm{d}y}{\mathrm{d}x}\right)^2 - \frac{\mathrm{d}y}{\mathrm{d}x} - y = \sin x$$

は 3 階微分方程式である．一般に，$n$ 階微分方程式は次のように表される．

$$F\left(x, y, \frac{\mathrm{d}y}{\mathrm{d}x}, \frac{\mathrm{d}^2 y}{\mathrm{d}x^2}, \cdots, \frac{\mathrm{d}^n y}{\mathrm{d}x^n}\right) = 0 \tag{9.1}$$

　与えられた微分方程式を満足する関数 $y = f(x)$ を，この微分方程式の**解**といい，この解を求めることを，**微分方程式を解く**という．

　具体例として，まず次の微分方程式を取り上げてみよう．

$$\frac{\mathrm{d}y}{\mathrm{d}x} = -x \tag{9.2}$$

この微分方程式の解は，

$$y = \int (-x)\,\mathrm{d}x = -\frac{x^2}{2} + C \tag{9.3}$$

で求められる．すなわち，**微分方程式を解くことは，積分を実行すること**になる．さて，式 (9.3) には未定の積分定数すなわち**任意定数** $C$ が含まれるが，このような解を

**一般解**という．また，右辺の各項を左辺へ移項して，

$$F(x, y) = y + \frac{x^2}{2} - C = 0 \tag{9.4}$$

とすると，これは $xy$ 平面上の曲線を表す．これを**解曲線**といい，グラフにすると図 9.1 のようになる．任意定数 $C$ の値により，さまざまな解曲線が得られ，一般解はこのような解曲線群を与える．ここで，たとえば $x = 2$ のとき $y = -3$ という条件を与えると，$C = -1$ と決定され，解曲線はただ一つに定まる．このように，条件を与えて一般解の任意定数を特定の値に定めた解を，**特殊解**（**特解**）という．また，この条件のことを，**初期条件**あるいは**境界条件**という．

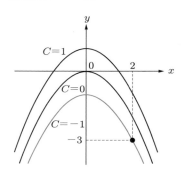

図 9.1　解曲線群と特殊解

## 9.2　変数分離形微分方程式

次式で与えられる 1 階の微分方程式を考えてみよう．

$$y' = \frac{\mathrm{d}y}{\mathrm{d}x} = \frac{f(x)}{g(y)} \tag{9.5}$$

ここで，$f(x)$ は $x$ のみの関数，また $g(y)$ は $y$ のみの関数である．この形式の微分方程式を，**変数分離形**という．この微分方程式は，

$$g(y) \frac{\mathrm{d}y}{\mathrm{d}x} = f(x) \tag{9.6}$$

と書き直すことができるので，両辺を $x$ について積分すると，

$$\int g(y) \frac{\mathrm{d}y}{\mathrm{d}x} \, \mathrm{d}x = \int g(y) \, \mathrm{d}y = \int f(x) \, \mathrm{d}x \tag{9.7}$$

となる．ここで，置換積分法を用いた．よって，$f(x)$，$g(y)$ の原始関数をそれぞれ $F(x)$，$G(y)$ として，

$$G(y) = F(x) + C \tag{9.8}$$

となる．これが求める一般解となる．

ここまでの内容を振り返ってみると，形式的には，式 (9.6) の微分方程式を

$$g(y)\,\mathrm{d}y = f(x)\,\mathrm{d}x \tag{9.9}$$

と変形し，この式の両辺に積分記号を付けて積分して，一般解を求めたことになる．式 (9.9) において，左辺は変数 $y$ のみの関数 $g(y)$ とその変化分 $\mathrm{d}y$ だけを含み，また右辺は変数 $x$ のみの関数 $f(x)$ とその変化分 $\mathrm{d}x$ だけを含む．このような操作を施して，式 (9.9) のような形式にすることを，左辺と右辺に**変数を分離する**という．その後，左辺は $y$ について積分し，右辺は $x$ について積分することで，一般解が容易に求められる．

この**変数分離法**を用いて解く方法は，1 階の微分方程式を解くための基本的な手法である．

**例題 9.1**  次の微分方程式を解け．

$$x(x-1)y' + y = 0$$

**解答**  次のように変数を分離する．ただし，$y = 0$（恒等的に 0）ではないとする．

$$x(x-1)\frac{\mathrm{d}y}{\mathrm{d}x} + y = 0, \quad \therefore \ \frac{\mathrm{d}y}{y} = -\frac{\mathrm{d}x}{x(x-1)}$$

右辺を部分分数に分解して積分を実行すると，次のようになる．

$$\int \frac{\mathrm{d}y}{y} = -\int \left( \frac{1}{x-1} - \frac{1}{x} \right)\mathrm{d}x$$

$$\therefore \ \log_e |y| = -\log_e |x-1| + \log_e |x| + C_1 = \log_e \left| \frac{x}{x-1} \right| + C_1$$

したがって，

$$\log_e \left| \frac{x-1}{x}\,y \right| = C_1, \quad \therefore \ \frac{x-1}{x}\,y = \pm e^{C_1}$$

となる．対数の真数条件より，真数は絶対値をとる必要があることに注意してほしい．$\pm e^{C_1} = C$ とおいて，次のように一般解が求められる．

$$y = C\,\frac{x}{x-1}$$

ここで，任意定数は $C = \pm e^{C_1} \neq 0$ であるが，$y = 0$ も与えられた微分方程式を満たし，これは $C = 0$ の場合になっている．このように，$y$ が定数の場合など，変数分離できない場合の解が存在することがあるが，最終的には，それらも変数分離法で求めた一般解に含まれることが多い．

## 9.3 同次形微分方程式

次式で与えられる1階の微分方程式を考えてみよう.

$$y' = \frac{\mathrm{d}y}{\mathrm{d}x} = f\left(\frac{y}{x}\right) \tag{9.10}$$

右辺は, $y/x$ のみの関数になっている. この形式の微分方程式を, **同次形**という. この微分方程式を解くためには,

$$u = \frac{y}{x} \quad \text{すなわち} \quad y = xu \tag{9.11}$$

とおく. これより,

$$\frac{\mathrm{d}y}{\mathrm{d}x} = \frac{\mathrm{d}(xu)}{\mathrm{d}x} = u + x\frac{\mathrm{d}u}{\mathrm{d}x} \tag{9.12}$$

となる. 式 (9.11) および (9.12) を式 (9.10) に代入すると,

$$u + x\frac{\mathrm{d}u}{\mathrm{d}x} = f(u) \tag{9.13}$$

となる. これより,

$$x\frac{\mathrm{d}u}{\mathrm{d}x} = f(u) - u, \quad \therefore \quad \frac{\mathrm{d}u}{f(u) - u} = \frac{\mathrm{d}x}{x} \tag{9.14}$$

となるので, これは変数分離形微分方程式である. ただし, $f(u) \neq u$ とする. このとき一般解は, 両辺を積分して,

$$\int \frac{\mathrm{d}u}{f(u) - u} = \int \frac{\mathrm{d}x}{x} = \log_e |x| + C \tag{9.15}$$

となる. また, $f(u) = u$ のときは, 式 (9.10) より

$$y' = \frac{\mathrm{d}y}{\mathrm{d}x} = f(u) = u = \frac{y}{x} \tag{9.16}$$

であるから, これも変数分離形であり, 一般解は

$$\int \frac{\mathrm{d}y}{y} = \int \frac{\mathrm{d}x}{x}, \quad \therefore \quad \log_e |y| = \log_e |x| + C_1 \tag{9.17}$$

より, 次のようになる.

$$\log_e \left|\frac{y}{x}\right| = C_1, \quad \therefore \quad \frac{y}{x} = \pm e^{C_1}, \quad \therefore \quad y = \pm e^{C_1} x = Cx \quad (C \neq 0) \tag{9.18}$$

この解は, 最終的には式 (9.15) の一般解に含まれることが多い.

**例題 9.2** 次の微分方程式を解け.

$$y + 2x + xy' = 0$$

**解答** 両辺を $x$ で割ると, 次のように同次形になる.

$$\frac{y}{x} + 2 + y' = 0$$

ここで $u = y/x$ とおき，上式に代入すると，

$$u + 2 + (xu)' = u + 2 + u + xu' = 0, \quad \therefore x\frac{\mathrm{d}u}{\mathrm{d}x} = -2u - 2$$

となる．$u \neq -1$ のとき，変数分離により積分できて，

$$\int \frac{\mathrm{d}u}{u+1} = -\int 2\frac{\mathrm{d}x}{x}, \quad \therefore \log_e |u+1| = -2\log_e |x| + C_1$$

となる．よって，次のようになる．

$$\log_e |u+1| - \log_e |x|^{-2} = \log_e \left|(u+1)x^2\right| = C_1$$

$$\therefore (u+1)x^2 = \pm e^{C_1} = C \quad (C \neq 0)$$

$$\therefore u+1 = \frac{y}{x} + 1 = Cx^{-2}$$

$$\therefore y = x(Cx^{-2} - 1) = \frac{C}{x} - x$$

$u = -1$ のときは，$u = y/x = -1$ より $y = -x$ となり，これは上式で $C = 0$ の場合である．

## 9.4 1 階線形微分方程式

次式で与えられる 1 階の微分方程式を考えてみよう．

$$\frac{\mathrm{d}y}{\mathrm{d}x} + P(x)y = r(x) \tag{9.19}$$

この形式の微分方程式を，**1 階線形微分方程式**という．未知関数 $y(x)$ とその 1 階の導関数についての 1 次式になっているので，このように名づけられている．とくに，右辺が $r(x) = 0$ のとき，この微分方程式は，**斉次微分方程式**あるいは**同次微分方程式**とよばれる．一方，右辺が $r(x) \neq 0$ のとき，この方程式は**非斉次微分方程式**あるいは**非同次微分方程式**とよばれる．

$r(x) = 0$ の場合の斉次微分方程式の解を求めよう．

$$\frac{\mathrm{d}y}{\mathrm{d}x} + P(x)y = 0 \tag{9.20}$$

$y = 0$ は自明な解である．$y \neq 0$ のとき，

$$\frac{\mathrm{d}y}{y} = -P(x)\,\mathrm{d}x \tag{9.21}$$

となるので，これは変数分離形の微分方程式である．積分を実行して，

$$\int \frac{\mathrm{d}y}{y} = -\int P(x)\,\mathrm{d}x + C_1 \tag{9.22}$$

すなわち，

$$\log_e |y| = -\int P(x)\,\mathrm{d}x + C_1 \tag{9.23}$$

となるので，$y$ は次式で与えられる．

$$y = \pm \exp\left\{-\int P(x)\,\mathrm{d}x + C_1\right\} = \pm e^{C_1}\exp\left\{-\int P(x)\,\mathrm{d}x\right\}$$

$$= C\exp\left\{-\int P(x)\,\mathrm{d}x\right\} \tag{9.24}$$

ただし，$C$ は任意定数である（$C = 0$ として自明な解を含む）．式 (9.24) で与えられる解が，斉次微分方程式 (9.20) の一般解になる．

次に，式 (9.19) の，$r(x) \neq 0$ の場合の非斉次微分方程式に対する解を求めよう．式 (9.24) の $y$ の中に現れる任意定数 $C$ を，$x$ の関数 $C(x)$ に置き換える．

$$y = C(x)\exp\left\{-\int P(x)\,\mathrm{d}x\right\} \tag{9.25}$$

この式を，式 (9.19) の左辺に代入すると，

$$\frac{\mathrm{d}y}{\mathrm{d}x} + P(x)y$$

$$= \frac{\mathrm{d}}{\mathrm{d}x}\left[C(x)\exp\left\{-\int P(x)\,\mathrm{d}x\right\}\right] + P(x)C(x)\exp\left\{-\int P(x)\,\mathrm{d}x\right\}$$

$$= C'(x)\exp\left\{-\int P(x)\,\mathrm{d}x\right\}$$

$$\quad + C(x)\left[-P(x)\exp\left\{-\int P(x)\,\mathrm{d}x\right\} + P(x)\exp\left\{-\int P(x)\,\mathrm{d}x\right\}\right]$$

$$= C'(x)\exp\left\{-\int P(x)\,\mathrm{d}x\right\} \tag{9.26}$$

となる．よって，式 (9.19) は，

$$C'(x)\exp\left\{-\int P(x)\,\mathrm{d}x\right\} = r(x) \tag{9.27}$$

すなわち，

$$C'(x) = r(x)\exp\left\{\int P(x)\,\mathrm{d}x\right\} \tag{9.28}$$

であるので，

$$C(x) = \int r(x)\exp\left\{\int P(x)\,\mathrm{d}x\right\}\mathrm{d}x + A \tag{9.29}$$

と $C(x)$ が決定される．$A$ は任意定数である．式 (9.25) のように，任意定数 $C$ を $x$ の未知関数 $C(x)$ に置き換えて解を求める方法を，ラグランジュの**定数変化法**という．この方法は，1 階の微分方程式に限らず，高階の微分方程式を解く際にも広く用いられる．

式 (9.29) を式 (9.25) に代入すると，この非斉次微分方程式の一般解 $y(x)$ は次のようになる．

▶ **1 階線形微分方程式**

次式で与えられる非斉次微分方程式

$$\frac{\mathrm{d}y}{\mathrm{d}x} + P(x)y = r(x) \tag{9.30}$$

の一般解は，$A$ を任意定数として，

$$
\begin{aligned}
y(x) &= \exp\left\{-\int P(x)\,\mathrm{d}x\right\}\left[\int r(x)\exp\left\{\int P(x)\,\mathrm{d}x\right\}\mathrm{d}x + A\right] \\
&= A\exp\left\{-\int P(x)\,\mathrm{d}x\right\} \\
&\quad + \exp\left\{-\int P(x)\,\mathrm{d}x\right\}\int r(x)\exp\left\{\int P(x)\,\mathrm{d}x\right\}\mathrm{d}x \\
&= y_h(x) + y_p(x)
\end{aligned} \tag{9.31}
$$

となる．この式の第 1 項の $y_h(x)$ は，式 (9.24) と一致し，対応する斉次微分方程式 (9.20) の一般解である．また，第 2 項の $y_p(x)$ は非斉次微分方程式に固有の特殊解である．

すなわち，**非斉次微分方程式の一般解は，対応する斉次微分方程式の一般解 $y_h(x)$ と，非斉次微分方程式の特殊解 $y_p(x)$ を足し合わせて求められる．**

とくに，$P(x)$ と $r(x)$ が，それぞれ定数 $P$，$r$ の場合には，式 (9.19) の非斉次微分方程式は

$$\frac{\mathrm{d}y}{\mathrm{d}x} + Py = r \tag{9.32}$$

となる．これを**定数係数の 1 階線形微分方程式**という．この場合には，式 (9.31) の解は，次のように簡略化される．

$$
\begin{aligned}
y(x) &= Ae^{-Px} + e^{-Px}\int re^{Px}\,\mathrm{d}x = Ae^{-Px} + e^{-Px}\frac{r}{P}e^{Px} \\
&= Ae^{-Px} + \frac{r}{P}
\end{aligned} \tag{9.33}
$$

▶ **定数係数の 1 階線形微分方程式**

次式で与えられる定数 $P$，$r$ を係数にもつ非斉次微分方程式

$$\frac{\mathrm{d}y}{\mathrm{d}x} + Py = r \tag{9.34}$$

の一般解は，$A$ を任意定数として

$$y(x) = Ae^{-Px} + \frac{r}{P} = y_h(x) + y_p \tag{9.35}$$

となる．この式の第 1 項 $y_h(x)$ は一般解であり，また第 2 項 $y_p$ は特殊解である．

## **9.5** RL 直列回路の過渡現象

1 階線形微分方程式の応用例を取り上げる．図 9.2 に示す，直流電圧源 $E$ とスイッチ S をもつ RL 直列回路を考える．時間 $t < 0$ では，スイッチ S は開放されている．$t = 0$ のとき，スイッチ S を閉じる．$t \geqq 0$ における電流 $i$ の時間変化を調べてみよう．

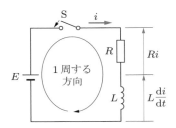

図 9.2　スイッチ S をもつ RL 直列回路

$t = 0$ でスイッチ S を閉じると，電流 $i(t)$ が，図の矢印の向きに流れ始める．抵抗 $R$ の端子間の電圧降下，およびコイル $L$ の端子間の逆起電力は，それぞれ $Ri$ および $L(di/dt)$ であり，これら二つを足し合わせたものが直流電圧源の電圧 $E$ に等しい．図の閉回路に沿って，キルヒホッフの第二法則を適用すると，次式が成り立つ．

$$L\frac{di(t)}{dt} + Ri(t) = E \quad \text{すなわち} \quad \frac{di(t)}{dt} + \frac{R}{L}i(t) = \frac{E}{L} \tag{9.36}$$

$L$ および $R$ は定数であるので，この式は定数係数の 1 階線形微分方程式である．上式を式 (9.34) と比較すると，$x \to t$, $y(x) \to i(t)$, $P \to R/L$, $r \to E/L$ の対応関係がある．これらを式 (9.35) に代入すると，式 (9.36) に対する次の一般解が得られる．

$$i(t) = Ae^{-(R/L)t} + \frac{E}{R} \tag{9.37}$$

ここで，$t = 0$ のとき $i(t) = 0$ という初期条件を代入すると，次のようになる．

$$0 = A + \frac{E}{R}, \quad \therefore \ A = -\frac{E}{R} \tag{9.38}$$

よって，電流 $i(t)$ は次のようになる．

$$i(t) = \frac{E}{R}\left\{1 - e^{-(R/L)t}\right\} \tag{9.39}$$

すなわち，$t = 0$ でスイッチを閉じても，すぐには定常値にならず，指数関数に従って時間変化する．$R$, $L$ の端子間の電圧 $v_R(t)$, $v_L(t)$ は，それぞれ次のようになる．

$$v_R(t) = Ri(t) = E\left\{1 - e^{-(R/L)t}\right\} \tag{9.40}$$

$$v_L(t) = L\frac{di(t)}{dt} = L\frac{E}{R}\frac{R}{L}e^{-(R/L)t} = Ee^{-(R/L)t} \tag{9.41}$$

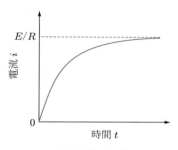

図 9.3　電圧印加後の電流 $i$ の
変化（RL 直列回路）

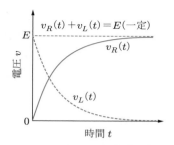

図 9.4　電圧印加後の各端子電圧の
変化（RL 直列回路）

　図 9.3 に，電流 $i(t)$ の時間変化の様子を示す．$t=0$ で $i=0$ であり，$t\to\infty$ で定常値 $E/R$ に近づいていく．図 9.4 に，電圧 $v_R(t)$ および $v_L(t)$ の時間変化の様子を示す．$v_R(t)$ は $i(t)$ に比例することから，$i(t)$ と同様の変化を示す．$v_L(t)$ は $t=0$ で $E$ であり，$t\to\infty$ で定常値 0 に近づいていく．なお，式 (9.40) と式 (9.41) から，$v_R(t)$ と $v_L(t)$ の和は，つねに，加えた電源電圧 $E$ に等しい一定値となる．式 (9.39)〜(9.41) の指数部において $L/R=\tau$ とおくと，$\tau$ はこの時間変化の速さを表している．この $\tau$ を**時定数**という．RL 直列回路の時定数は，上述のように $\tau=L/R$ である．

# 9.6　2階線形微分方程式

### 9.6.1　2階斉次微分方程式

　$r(x)$ を $x$ の関数とし，$P$，$Q$ を定数とするとき，

$$\frac{\mathrm{d}^2 y}{\mathrm{d}x^2} + P\frac{\mathrm{d}y}{\mathrm{d}x} + Qy = r(x) \tag{9.42}$$

を，**定数係数の 2 階線形微分方程式**という．この方程式は，未知関数 $y(x)$ とその導関数についての 1 次式になっており，含まれる導関数の最高階は 2 階である．上式において，$r(x)=0$ とした方程式

$$\frac{\mathrm{d}^2 y}{\mathrm{d}x^2} + P\frac{\mathrm{d}y}{\mathrm{d}x} + Qy = 0 \tag{9.43}$$

を**斉次微分方程式**あるいは**同次微分方程式**という．また，$r(x)\neq 0$ である式 (9.42) の方程式を，**非斉次微分方程式**あるいは**非同次微分方程式**という．

　まず，式 (9.43) で与えられる斉次微分方程式を考えていこう．この方程式には，1 次独立な二つの解が存在し，これを**基本解**という．二つの基本解を $y_1(x)$，$y_2(x)$ とすると，一般解は

$$y(x) = C_1 y_1(x) + C_2 y_2(x) \tag{9.44}$$

のように，二つの基本解の 1 次結合で与えられる．ここで，二つの任意定数 $C_1$, $C_2$ は，二つの初期条件あるいは境界条件から決定される．

9.4 節の 1 階線形微分方程式の説明において，解が指数関数で与えられたことを思い出そう．そこで，2 階線形微分方程式に対しても，次の指数関数を基本解として仮定する．

$$y(x) = e^{\lambda x} \tag{9.45}$$

ただし，$\lambda$ は定数である．上式を式 (9.43) に代入する．

$$\frac{\mathrm{d}^2}{\mathrm{d}x^2} e^{\lambda x} + P \frac{\mathrm{d}}{\mathrm{d}x} e^{\lambda x} + Q e^{\lambda x} = \lambda^2 e^{\lambda x} + P\lambda e^{\lambda x} + Q e^{\lambda x}$$
$$= (\lambda^2 + P\lambda + Q) e^{\lambda x} = 0 \tag{9.46}$$

$e^{\lambda x} \neq 0$ であるので，上式がつねに成立するためには，括弧内が 0 であることが必要である．すなわち，

$$\lambda^2 + P\lambda + Q = 0 \tag{9.47}$$

となる．これを**特性方程式**とよぶ．この特性方程式は，$\lambda$ についての 2 次方程式である．この解は，判別式を用いて三つの場合に分けられる．

---

▶ **特性方程式の判別式** ────────────────────

定数係数の 2 階線形斉次微分方程式の一般解は，次式で与えられる**判別式** $D$ の値によって，三つの場合に分けられる．

$$D = P^2 - 4Q \tag{9.48}$$

---

**(1) $D > 0$ の場合**

この場合には，特性方程式は次の二つの実数解をもつ．

$$\lambda_1 = \frac{-P + \sqrt{D}}{2} = -\alpha + \beta, \quad \lambda_2 = \frac{-P - \sqrt{D}}{2} = -\alpha - \beta \tag{9.49}$$

ここで，$\alpha$ および $\beta$ は次式で与えられる．

$$\alpha = \frac{P}{2}, \quad \beta = \frac{\sqrt{D}}{2} \tag{9.50}$$

よって，二つの基本解は，

$$y_1(x) = e^{\lambda_1 x} = e^{(-\alpha+\beta)x}, \quad y_2(x) = e^{\lambda_2 x} = e^{(-\alpha-\beta)x} \tag{9.51}$$

となり，一般解は次のように表される．

$$y(x) = C_1 y_1(x) + C_2 y_2(x) = C_1 e^{(-\alpha+\beta)x} + C_2 e^{(-\alpha-\beta)x} \tag{9.52}$$

## （2）　$D < 0$ の場合

この場合には，特性方程式は次の二つの互いに共役な複素解をもつ．

$$\lambda_1 = \frac{-P + j\sqrt{4Q - P^2}}{2} = -\alpha + j\gamma \tag{9.53a}$$

$$\lambda_2 = \frac{-P - j\sqrt{4Q - P^2}}{2} = -\alpha - j\gamma \tag{9.53b}$$

ここで，$\alpha$ および $\gamma$ は次式で与えられる．

$$\alpha = \frac{P}{2}, \quad \gamma = \frac{\sqrt{4Q - P^2}}{2} = \frac{\sqrt{-D}}{2} \tag{9.54}$$

よって，二つの基本解を $y_a(x)$，$y_b(x)$ とすると，これらはオイラーの公式を用いて，次のように表される．

$$y_a(x) = e^{\lambda_1 x} = e^{(-\alpha + j\gamma)x} = e^{-\alpha x}e^{j\gamma x} = e^{-\alpha x}(\cos\gamma x + j\sin\gamma x) \tag{9.55a}$$

$$y_b(x) = e^{\lambda_2 x} = e^{(-\alpha - j\gamma)x} = e^{-\alpha x}e^{-j\gamma x} = e^{-\alpha x}(\cos\gamma x - j\sin\gamma x) \tag{9.55b}$$

さらに，これら二つの基本解を組み合わせることにより，改めて，次の二つの基本解を作ることができる．

$$y_1(x) = \frac{1}{2}\{y_a(x) + y_b(x)\} = e^{-\alpha x}\cos\gamma x \tag{9.56a}$$

$$y_2(x) = \frac{1}{2j}\{y_a(x) - y_b(x)\} = e^{-\alpha x}\sin\gamma x \tag{9.56b}$$

以上より，一般解は次のようになる．

$$y(x) = C_1 y_1(x) + C_2 y_2(x) = e^{-\alpha x}(C_1\cos\gamma x + C_2\sin\gamma x) \tag{9.57}$$

## （3）　$D = 0$ の場合

この場合には，特性方程式の解は重解となる．すなわち，

$$\lambda_1 = \lambda_2 = \lambda_0 = -\frac{P}{2} = -\alpha \tag{9.58}$$

となる．よって，

$$y_1(x) = e^{\lambda_0 x} = e^{-\alpha x} \tag{9.59}$$

は，式 (9.43) の一つの基本解である．基本解はもう一つ必要であるので，**定数変化法**を用いて求めよう．すなわち，もう一つの基本解を，

$$y_2(x) = C(x)e^{\lambda_0 x} \tag{9.60}$$

とする．よって，

$$\frac{\mathrm{d}y_2(x)}{\mathrm{d}x} = C'(x)e^{\lambda_0 x} + \lambda_0 C(x)e^{\lambda_0 x} = \{C'(x) + \lambda_0 C(x)\}e^{\lambda_0 x} \tag{9.61}$$

$$\frac{\mathrm{d}^2 y_2(x)}{\mathrm{d}x^2} = C''(x)e^{\lambda_0 x} + \lambda_0 C'(x)e^{\lambda_0 x} + \lambda_0 C'(x)e^{\lambda_0 x} + \lambda_0{}^2 C(x)e^{\lambda_0 x}$$

$$= \left\{ C''(x) + 2\lambda_0 C'(x) + \lambda_0{}^2 C(x) \right\} e^{\lambda_0 x} \tag{9.62}$$

であるので，式 (9.60)〜(9.62) を式 (9.43) に代入すると，

$$\frac{\mathrm{d}^2 y}{\mathrm{d}x^2} + P\frac{\mathrm{d}y}{\mathrm{d}x} + Qy$$

$$= \left\{ C''(x) + 2\lambda_0 C'(x) + \lambda_0{}^2 C(x) \right\} e^{\lambda_0 x} + P\left\{ C'(x) + \lambda_0 C(x) \right\} e^{\lambda_0 x}$$

$$+ QC(x)e^{\lambda_0 x}$$

$$= \left\{ C''(x) + (2\lambda_0 + P)C'(x) + \left( \lambda_0{}^2 + P\lambda_0 + Q \right) C(x) \right\} e^{\lambda_0 x} = 0 \tag{9.63}$$

となる．$e^{\lambda_0 x} \neq 0$ であるので，

$$C''(x) + (2\lambda_0 + P)C'(x) + \left( \lambda_0{}^2 + P\lambda_0 + Q \right)C(x) = 0 \tag{9.64}$$

となる．ここで，$C'(x)$ の係数は，式 (9.58) より 0 となる．また，$C(x)$ の係数は特性方程式そのものであるので，式 (9.47) より 0 となる．よって，式 (9.64) より，

$$C''(x) = 0 \tag{9.65}$$

であることが必要となる．この解は，$a$, $b$ を任意定数として，$C(x) = ax + b$ となるが，定数項 $b$ から作られる解は式 (9.59) の基本解と同じである．よって，$ax$ の項のみを採用し，もう一つの基本解として，

$$y_2(x) = xe^{\lambda_0 x} = xe^{-\alpha x} \tag{9.66}$$

が得られる．したがって，一般解は次のように求められる．

$$y(x) = C_1 y_1(x) + C_2 y_2(x) = C_1 e^{-\alpha x} + C_2 x e^{-\alpha x} \tag{9.67}$$

以上 (1)〜(3) をまとめると，次のようになる．

---

### ▶ 斉次微分方程式の一般解

定数係数の 2 階線形斉次微分方程式

$$\frac{\mathrm{d}^2 y}{\mathrm{d}x^2} + P\frac{\mathrm{d}y}{\mathrm{d}x} + Qy = 0 \tag{9.68}$$

の一般解は，**判別式** $D$ の値によって三つの場合に分けられる．

(1) $D = P^2 - 4Q > 0$ の場合：

$$y(x) = C_1 e^{(-\alpha + \beta)x} + C_2 e^{(-\alpha - \beta)x} \tag{9.69}$$

(2) $D = P^2 - 4Q < 0$ の場合：

$$y(x) = e^{-\alpha x}(C_1 \cos \gamma x + C_2 \sin \gamma x) \tag{9.70}$$

(3) $D = P^2 - 4Q = 0$ の場合：

$$y(x) = C_1 e^{-\alpha x} + C_2 x e^{-\alpha x} \tag{9.71}$$

ただし，

$$\alpha = \frac{P}{2}, \quad \beta = \frac{\sqrt{D}}{2}, \quad \gamma = \frac{\sqrt{-D}}{2} \tag{9.72}$$

である．また，二つの任意定数 $C_1$ および $C_2$ は，二つの初期条件あるいは境界条件から決定される．

## 9.6.2　2階非斉次微分方程式

$r(x) \neq 0$ である2階の非斉次微分方程式

$$\frac{\mathrm{d}^2 y}{\mathrm{d}x^2} + P \frac{\mathrm{d}y}{\mathrm{d}x} + Qy = r(x) \tag{9.73}$$

の一般解は，9.4節で説明した1階の非斉次微分方程式と同様に，この2階非斉次微分方程式の特殊解に，対応する斉次微分方程式の一般解を加えたもので与えられる．

　この非斉次微分方程式の特殊解は，式 (9.73) の右辺の関数 $r(x)$ の形に応じて，未定の係数を含む特殊解の関数形を仮定し，求めていくことができる．$r(x)$ が $x$ の多項式，指数関数，および三角関数の場合について，具体例を解きながら調べてみよう．

### （1）　右辺が $x$ の多項式の場合

　右辺の関数 $r(x)$ が $x$ の多項式になっている，次の非斉次微分方程式の特殊解を求めよう．

$$y'' - 5y' + 6y = 12x + 2 \tag{9.74}$$

左辺で $x$ の多項式が最大の次数をとりうる項と，右辺の次数を比べて，特殊解の次数を予想する．ここでは，左辺で最大の次数となるのは $y$ の項で，右辺が1次の多項式であるから，この特殊解は，

$$y_p(x) = ax + b \tag{9.75}$$

と仮定できる．ただし，$a$, $b$ は未定の係数である．上式を式 (9.74) に代入して，

$$(ax+b)'' - 5(ax+b)' + 6(ax+b) = 12x + 2$$
$$\therefore \ -5a + 6(ax+b) = 12x + 2 \tag{9.76}$$

となる．両辺の $x$ および定数項の係数を比較して，

$$6a = 12, \quad -5a + 6b = 2$$
$$\therefore \ a = 2, \quad b = 2 \tag{9.77}$$

となるので，特殊解は次のようになる．

$$y_p(x) = 2x + 2 \tag{9.78}$$

**（2） 右辺が指数関数の場合**

右辺の関数 $r(x)$ が $e$ を底とする指数関数になっている，次の非斉次微分方程式の特殊解を求めよう．

$$y'' - 5y' + 6y = 8e^{-5x} \tag{9.79}$$

$e$ を底とする指数関数は，微分しても，その関数形が変わらないので，特殊解は，

$$y_p(x) = Ae^{-5x} \tag{9.80}$$

と仮定できる．ただし，$A$ は未定の係数である．上式を式 (9.79) に代入して，

$$(Ae^{-5x})'' - 5(Ae^{-5x})' + 6(Ae^{-5x}) = 8e^{-5x}$$

$$\therefore (25A + 25A + 6A)e^{-5x} = 56Ae^{-5x} = 8e^{-5x} \tag{9.81}$$

となる．よって，$A = 1/7$ となるので，特殊解は次のようになる．

$$y = \frac{1}{7}e^{-5x} \tag{9.82}$$

**（3） 右辺が三角関数の場合**

最後に，右辺の関数 $r(x)$ が三角関数になっている，次の非斉次微分方程式の特殊解を求めよう．

$$y'' - 5y' + 6y = 2\cos x \tag{9.83}$$

2 階までの微分が $\cos x$ になるのは，$\cos x$ または $\sin x$ であるから，特殊解は，

$$y_p(x) = A\cos x + B\sin x \tag{9.84}$$

と仮定できる．ただし，$A$，$B$ は未定の係数である．上式を式 (9.83) に代入すると，

$$(A\cos x + B\sin x)'' - 5(A\cos x + B\sin x)' + 6(A\cos x + B\sin x) = 2\cos x$$

$$\therefore (5A - 5B)\cos x + (5A + 5B)\sin x = 2\cos x \tag{9.85}$$

となる．よって，両辺の各項の係数を比較して，

$$A = \frac{1}{5}, \quad B = -\frac{1}{5} \tag{9.86}$$

となるので，特殊解は次のようになる．

$$y_p(x) = \frac{1}{5}\cos x - \frac{1}{5}\sin x \tag{9.87}$$

## 9.7 RLC 直列回路の過渡現象

2 階線形微分方程式の応用例を取り上げる. 図 9.5 は, 直流電圧源 $E$ とスイッチ S をもつ RLC 直列回路である. 時間 $t < 0$ では, スイッチ S は開放されている. $t = 0$ のとき, スイッチ S を閉じる. $t \geqq 0$ における電流 $i$ とコンデンサに蓄えられた電荷 $q$ の時間変化を調べてみよう. 初期条件は, $t = 0$ において, $q = 0$, $i = 0$ で与えられる.

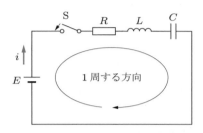

図 9.5 スイッチ S をもつ RLC 直列回路

$t = 0$ でスイッチ S を閉じると, 図の向きに電流 $i(t)$ が流れ始め, コンデンサの両端に正負の電荷が充電される. 図の閉回路に沿って, キルヒホッフの第二法則を適用すると, 次式が成り立つ.

$$Ri(t) + L \frac{\mathrm{d}i(t)}{\mathrm{d}t} + \frac{q(t)}{C} = E \tag{9.88}$$

この式が, この回路で生じている現象を記述している支配方程式である. ここで,

$$i(t) = \frac{\mathrm{d}q(t)}{\mathrm{d}t} \tag{9.89}$$

を式 (9.88) に代入すると, 次のようになる.

$$L \frac{\mathrm{d}^2q(t)}{\mathrm{d}t^2} + R \frac{\mathrm{d}q(t)}{\mathrm{d}t} + \frac{1}{C} q(t) = E \tag{9.90}$$

すなわち,

$$\frac{\mathrm{d}^2q(t)}{\mathrm{d}t^2} + \frac{R}{L} \frac{\mathrm{d}q(t)}{\mathrm{d}t} + \frac{1}{LC} q(t) = \frac{E}{L} \tag{9.91}$$

となる. $L$, $R$, $C$ は定数であるので, この式は定数係数の 2 階線形非斉次微分方程式である.

特殊解 $q_p(t)$ は, 式 (9.91) の右辺が定数であることから,

$$q_p(t) = A \tag{9.92}$$

とおける. ただし, $A$ は未定の係数である. これを, 式 (9.91) に代入して,

$$\frac{A}{LC} = \frac{E}{L}, \quad \therefore \ A = CE \tag{9.93}$$

が得られる．よって，特殊解は次のようになる．

$$q_p(t) = CE \tag{9.94}$$

式 (9.91) を式 (9.68) と比べると，$x \to t$, $y(x) \to q(t)$, $P \to R/L$, $Q \to 1/LC$ の対応関係がある．これを踏まえて，式 (9.91) に対応する斉次微分方程式の一般解は，判別式

$$D = P^2 - 4Q = \left(\frac{R}{L}\right)^2 - \frac{4}{LC} \tag{9.95}$$

の値に応じて，式 (9.69)〜(9.71) の三つの場合に分けて求められる．

### (1) $D > 0$ の場合

式 (9.91) の非斉次微分方程式の一般解は，式 (9.69) の斉次微分方程式の一般解に，式 (9.94) の特殊解を加えることにより，次のようになる．

$$q(t) = K_1 e^{(-\alpha + \beta)t} + K_2 e^{(-\alpha - \beta)t} + CE \tag{9.96}$$

ただし，

$$\alpha = \frac{R}{2L}, \quad \beta = \frac{\sqrt{D}}{2} = \sqrt{\alpha^2 - \frac{1}{LC}} < \alpha \tag{9.97}$$

である．任意定数 $K_1$, $K_2$ は，$t = 0$ で $q(t) = 0$, $i(t) = 0$ という二つの初期条件から決定される[†]．

$$q(0) = K_1 + K_2 + CE = 0 \tag{9.98}$$

$$i(0) = \frac{\mathrm{d}q(t)}{\mathrm{d}t}\Big|_{t=0} = (-\alpha + \beta)K_1 e^{(-\alpha+\beta)t} + (-\alpha - \beta)K_2 e^{(-\alpha-\beta)t}\Big|_{t=0}$$

$$= (-\alpha + \beta)K_1 + (-\alpha - \beta)K_2 = 0 \tag{9.99}$$

この 2 式を $K_1$, $K_2$ についての連立方程式と考えて解くと，

$$K_1 = -\frac{\alpha + \beta}{2\beta} CE, \quad K_2 = \frac{\alpha - \beta}{2\beta} CE \tag{9.100}$$

を得る．これらを式 (9.96) に代入して整理すると，次のようになる．

$$q(t) = CE\left\{ -\frac{\alpha + \beta}{2\beta} e^{(-\alpha+\beta)t} + \frac{\alpha - \beta}{2\beta} e^{(-\alpha-\beta)t} + 1 \right\} \tag{9.101}$$

$\alpha > \beta$ であるから，上式は $t \to \infty$ で $CE$ に収束する．また，回路を流れる電流は，次のように求められる．

$$i(t) = \frac{\mathrm{d}q}{\mathrm{d}t} = CE\left\{ -\frac{\alpha + \beta}{2\beta} (-\alpha + \beta) e^{(-\alpha+\beta)t} + \frac{\alpha - \beta}{2\beta} (-\alpha - \beta) e^{(-\alpha-\beta)t} \right\}$$

---

[†] コンデンサ $C$ との記号の重複を避けるため，ここでは任意定数を $K$ としている．

$$= CE \left\{ \frac{\alpha^2 - \beta^2}{2\beta} e^{(-\alpha+\beta)t} - \frac{\alpha^2 - \beta^2}{2\beta} e^{(-\alpha-\beta)t} \right\}$$

$$= \frac{E}{2\beta L} e^{-\alpha t}(e^{\beta t} - e^{-\beta t}) = \frac{E}{\beta L} e^{-\alpha t} \sinh \beta t \tag{9.102}$$

なお，上式の導出において，式 (9.95)，(9.97) より，$C(\alpha^2 - \beta^2) = 1/L$ となることを用いている．

図 9.6 に，式 (9.101) と式 (9.102) に基づいて描いた，電荷 $q(t)$ と電流 $i(t)$ の時間変化の様子を示す．ここで，$\alpha = 3.0$ で一定とし，また $CE$ というパラメータも一定にして，$\beta$ を 0.5，1.0，1.5 に変化させている．図より，スイッチを入れた後，電荷は増加して一定値 $CE$ に収束することがわかる．一方，電流はいったん増加して，ある最大値をとるが，その後，減少して 0 に近づく．電荷や電流の時間変化には，振動的な現象は現れない．この $D > 0$ の条件における現象を，**過制動**という．

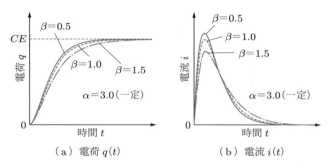

（a）電荷 $q(t)$　　　（b）電流 $i(t)$

図 9.6　**過制動**

## （2）　$D < 0$ の場合

式 (9.91) の非斉次微分方程式の一般解は，式 (9.70) の斉次微分方程式の一般解に，式 (9.94) の特殊解を加えることにより，次のようになる．

$$q(t) = e^{-\alpha t}(K_1 \cos \gamma t + K_2 \sin \gamma t) + CE \tag{9.103}$$

ただし，

$$\alpha = \frac{R}{2L}, \quad \gamma = \frac{\sqrt{-D}}{2} \tag{9.104}$$

である．任意定数 $K_1$，$K_2$ は，$t = 0$ で $q(t) = 0$，$i(t) = 0$ という二つの初期条件から決定される．

$$q(0) = K_1 + CE = 0 \tag{9.105}$$

$$i(0) = \left. \frac{\mathrm{d}q(t)}{\mathrm{d}t} \right|_{t=0}$$

$$
\begin{aligned}
&= \big\{ -\alpha e^{-\alpha t} (K_1 \cos \gamma t + K_2 \sin \gamma t) \\
&\quad + e^{-\alpha t} (-\gamma K_1 \sin \gamma t + \gamma K_2 \cos \gamma t) \big\} \big|_{t=0} \\
&= e^{-\alpha t} \big\{ (\gamma K_2 - \alpha K_1) \cos \gamma t - (\gamma K_1 + \alpha K_2) \sin \gamma t \big\} \big|_{t=0} \\
&= \gamma K_2 - \alpha K_1 = 0
\end{aligned}
\tag{9.106}
$$

よって，

$$
K_1 = -CE, \quad K_2 = \frac{\alpha}{\gamma} K_1 = -\frac{\alpha}{\gamma} CE
\tag{9.107}
$$

を得る．これらを式 (9.103) に代入して整理すると，次のようになる．

$$
q(t) = -CE e^{-\alpha t} \left( \cos \gamma t + \frac{\alpha}{\gamma} \sin \gamma t \right) + CE
\tag{9.108}
$$

8 章の式 (8.29)〜(8.31) に従って，上式の括弧の中を一つにまとめて表してみよう．括弧の中を式 (8.31) と比べると，次の対応関係が得られる．

$$
a_n = 1, \quad b_n = \frac{\alpha}{\gamma}, \quad n\omega = \gamma
\tag{9.109}
$$

よって，式 (9.108) は次のようになる．

$$
q(t) = -CE \sqrt{1 + \left( \frac{\alpha}{\gamma} \right)^2} \, e^{-\alpha t} \sin(\gamma t + \phi) + CE
\tag{9.110}
$$

ここで，

$$
\phi = \tan^{-1} \frac{\gamma}{\alpha}
\tag{9.111}
$$

である．式 (9.110) において，$e^{-\alpha t}$ は，時間の経過とともに減衰する項を表し，$\sin(\gamma t + \phi)$ は正弦波の振動を表す．よって，電荷 $q(t)$ は，右辺第 1 項が振動しながら減衰し，第 2 項が示す一定値 $CE$ に近づくことがわかる．

回路を流れる電流は，式 (9.108) より，次のようになる．

$$
\begin{aligned}
i(t) &= \frac{\mathrm{d}q(t)}{\mathrm{d}t} \\
&= (-CE)(-\alpha) e^{-\alpha t} \left( \cos \gamma t + \frac{\alpha}{\gamma} \sin \gamma t \right) - CE e^{-\alpha t} (-\gamma \sin \gamma t + \alpha \cos \gamma t) \\
&= CE e^{-\alpha t} \left( \frac{\alpha^2}{\gamma} + \gamma \right) \sin \gamma t = \frac{E}{\gamma L} e^{-\alpha t} \sin \gamma t
\end{aligned}
\tag{9.112}
$$

これより，電流 $i(t)$ は，時間の経過とともに，振動しながら減衰することがわかる．なお，上式の導出において，式 (9.95)，(9.104) より，$(\alpha^2/\gamma) + \gamma = 1/CL\gamma$ となることを用いている．

図 9.7 に，それぞれ，式 (9.110) と式 (9.112) に基づいて描いた，電荷 $q(t)$ と電流 $i(t)$ の時間変化の様子を示す．ここで，$\alpha = 1$ で一定とし，また $CE$ というパラメータも

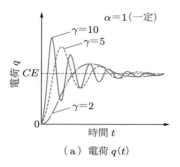

（a）電荷 $q(t)$

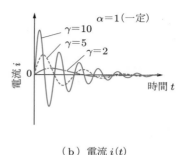

（b）電流 $i(t)$

図 9.7 **減衰振動**

一定にして，$\gamma$ を 2，5，10 に変化させている．図より，スイッチを入れた後，電荷は振動しながら，時間の経過とともに一定値 $CE$ に収束していることがわかる．また，$\gamma$ の増加とともに，振動数が高くなっている．同様に，電流は振動しながら，時間の経過とともに 0 に近づく．この $D < 0$ の条件における現象を，**減衰振動**という．

**（3） $D = 0$ の場合**

式 (9.91) の非斉次微分方程式の一般解は，式 (9.71) の斉次微分方程式の一般解に，式 (9.94) の特殊解を加えることにより，次のようになる．

$$q(t) = K_1 e^{-\alpha t} + K_2 t e^{-\alpha t} + CE \tag{9.113}$$

ただし，

$$\alpha = \frac{R}{2L} \tag{9.114}$$

である．任意定数 $K_1$，$K_2$ は，$t = 0$ で $q(t) = 0$，$i(t) = 0$ という二つの初期条件から決定される．

$$q(0) = K_1 + CE = 0 \tag{9.115}$$

$$i(0) = \frac{\mathrm{d}q(t)}{\mathrm{d}t}\Big|_{t=0} = (-\alpha K_1 e^{-\alpha t} + K_2 e^{-\alpha t} - \alpha K_2 t e^{-\alpha t})\big|_{t=0}$$

$$= -\alpha K_1 + K_2 = 0 \tag{9.116}$$

よって，

$$K_1 = -CE, \quad K_2 = \alpha K_1 = -\alpha CE \tag{9.117}$$

を得る．これらを式 (9.113) に代入して整理すると，次のようになる．

$$q(t) = -CE e^{-\alpha t} - \alpha CE t e^{-\alpha t} + CE = CE\{-(1 + \alpha t)e^{-\alpha t} + 1\} \tag{9.118}$$

よって，回路を流れる電流は，次式のように求められる．

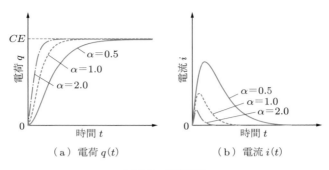

図 9.8 臨界制動

$$i(t) = \frac{\mathrm{d}q}{\mathrm{d}t} = CE\{-\alpha e^{-\alpha t} + (1 + \alpha t)\alpha e^{-\alpha t}\} = CE\alpha^2 t e^{-\alpha t} = \frac{E}{L} t e^{-\alpha t}$$

$$(9.119)$$

なお，上式の導出において，$D = (R/L)^2 - 4/LC = 0$ と式 (9.114) より $\alpha^2 = 1/LC$ となることを用いている．図 9.8 に，式 (9.118) と式 (9.119) に基づいて描いた，電荷 $q(t)$ と電流 $i(t)$ の時間変化の様子を示す．$CE$ というパラメータは一定にして，$\alpha$ を 0.5, 1.0, 2.0 に変化させた，三つの場合を示している．図より，スイッチを入れた後，電荷は時間の経過とともに増加して一定値 $CE$ に収束することがわかる．一方，電流はいったん増加して，ある最大値をとり，その後，減少して 0 に近づく．電荷や電流の時間変化に振動的な現象は現れないが，この $D = 0$ の条件における現象は，$D > 0$ の過制動と，$D < 0$ の減衰振動の場合との境界となる意味で，**臨界制動**という．

○─── **演習問題** ───○

**9.1**【変数分離形微分方程式】次の微分方程式を解け．

(1) $y' - 2y(1 - y) = 0$　　(2) $\cos x \cos^2 y + y' \sin y \sin^2 x = 0$

**9.2**【同次形微分方程式】次の微分方程式を解け．

(1) $xy' - 2x - 5y = 0$　　(2) $(xy - x^2)y' - y^2 = 0$

**9.3**【初期条件による任意定数の決定】次の微分方程式を，与えられた初期条件の下で解け．

(1) $(1 + x^2)y' - 2\sqrt{1 - y^2} = 0$　$(x = 1,\ y = 1/2)$

(2) $2xyy' = x^2 + 3y^2$　$(x = 1,\ y = 1)$

**9.4**【1 階線形微分方程式】次の微分方程式の一般解を求めよ．

$$y' - \frac{1}{x}y = x$$

**9.5**【RC 直列回路】問図 9.1 に示す，直流電圧源 $E$ とスイッチ S をもつ RC 直列回路を考える．時間 $t < 0$ では，スイッチ S は開放されている．$t = 0$ でスイッチ S を閉じた後の，コンデンサに蓄えられる電荷 $q$ と，回路を流れる電流 $i$ の時間変化を求めよ．

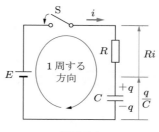

問図 9.1

**9.6**　【2 階線形微分方程式】以下の 2 階線形微分方程式を，与えられた初期条件の下で解け．まず，式 (9.48) の判別式から，三つのどのタイプかを判定する．その後，一般解を求めて，任意定数を初期条件から決定し，最終的な解を求めよ．

(1)　$y'' - 6y' + 9y = 0$　$(y(0) = 1,\ y'(0) = 5)$

(2)　$y'' + 6y' + 10y = 0$　$(y(0) = 2,\ y'(0) = -5)$

(3)　$y'' + 5y' + 6y = 2$　$(y(0) = 0,\ y'(0) = 0)$

**9.7**　【LC 直列回路】問図 9.2 に示す LC 直列回路を考える．時間 $t < 0$ では，スイッチ S は開放されている．$t = 0$ でスイッチ S を閉じた後の，コンデンサに蓄えられる電荷 $q$ と，回路を流れる電流 $i$ の時間変化を，以下のステップに従って求めよ．

(1)　キルヒホッフの法則を適用して，電荷を求める微分方程式を作れ．

(2)　電荷 $q$ の特殊解を求めよ．

(3)　電荷 $q$ および電流 $i$ の一般解を求めよ．

(4)　初期条件から，任意定数を決定し，電荷と電流の時間変化を表す式を求めよ．また，横軸を時間 $t$ にとって，これらをグラフに描け．

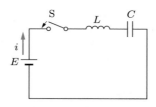

問図 9.2

# 10章 ラプラス変換

9章では，電気回路の過渡現象を解析するために，微分方程式を直接解いていく方法を用いた．この方法は，直接的で，一番オーソドックスな方法であるが，回路方程式が複雑になってくると経験とテクニックを要し，場合によっては解析が困難になってくる．これを解決する手段として，ラプラス変換法がある．ラプラス変換は，積分変換を行って微分方程式を代数方程式に変換することで計算を簡単化し，最後に改めて逆変換を施すことにより解を求める，という方法である．微分方程式が表す現象の物理的意味は理解しにくくなるものの，さまざまな関数のラプラス変換とこの逆変換の対応表をあらかじめ用意しておくことで，機械的に解いていくことができる．この章では，まず，ラプラス変換について定義し，その基本的な公式について説明する．その後，RL 直列回路，RC 直列回路などの具体例を取り上げ，ラプラス変換法の有効性を理解していく．

## 10.1 ラプラス変換の定義

実数である時間 $t$ のすべての正値に対して定義され，これを変数とする一価の連続関数 $f(t)$ を考える．ここで，一価関数とは，一つの $t$ に対して $f(t)$ がただ一つ定まる関数のことである．この関数 $f(t)$ に $e^{-st}$ を掛けて，$t$ について 0 から $\infty$ まで積分して得られる $F(s)$ を定義する．ここで，$s$ は時間 $t$ に無関係な複素数である．

> ▶ ラプラス変換
>
> $F(s)$ を $f(t)$ に対する**ラプラス変換**という．
> $$F(s) = \int_0^\infty f(t)e^{-st}\,\mathrm{d}t \tag{10.1}$$
> 本書では，このラプラス変換を，演算子 $\mathcal{L}$ を用いて，次のように表す．
> $$F(s) = \mathcal{L}[f(t)] \tag{10.2}$$

$f(t)$ は時間 $t$ の関数であるので，**$t$ 関数**という．この $t$ 関数は，通常は小文字 $f, g$ などで書く．これに対し，$F(s)$ は $s$ 空間での関数であるので，**$s$ 関数**ともいう．この

$s$ 関数は大文字 $F$, $G$ などで書く.

　ここで定義したラプラス変換において, 関数 $f(t)$ に対し, 一つ制約条件を設ける.
すなわち, 次式で与えられるように, $t=0$ 以前に対しては, $f(t)=0$ であるとする.
この様子を図 10.1 に示す.

$$f(t) = 0 \quad (t < 0) \tag{10.3}$$

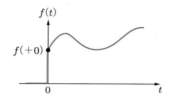

図 10.1　ラプラス変換を行える関数

　一方, 逆に $F(s)$ から $f(t)$ を求めることを, **ラプラス逆変換**という†. このラプラ
ス逆変換は, 演算子 $\mathcal{L}^{-1}$ を用いて, 次のように表される.

$$f(t) = \mathcal{L}^{-1}[F(s)] \tag{10.4}$$

$f(t)$ と $F(s)$ の間には, 1 対 1 の対応関係がある.

　次節から, いくつかの関数に対して具体的にラプラス変換を行っていく. この際に,
**部分積分法**をしばしば用いる.

▶ **ラプラス変換で使う部分積分法**

$$F(s) = \int_0^\infty f(t)e^{-st}\,\mathrm{d}t$$
$$= \left[f(t)\left(-\frac{1}{s}\right)e^{-st}\right]_0^\infty + \frac{1}{s}\int_0^\infty f'(t)e^{-st}\,\mathrm{d}t \tag{10.5}$$

## 10.2　初等関数のラプラス変換

　式 (10.1) の定義に従い, いくつかの初等関数のラプラス変換を求めてみよう.

**(1)　定数 $A$**

$$\mathcal{L}[A] = \int_0^\infty Ae^{-st}\,\mathrm{d}t = A\left[\frac{e^{-st}}{-s}\right]_0^\infty = -\frac{A}{s}\left[e^{-st}\right]_0^\infty = -\frac{A}{s}\left(\frac{1}{e^\infty} - \frac{1}{e^0}\right)$$

---

† これは, $F(s)$ に対する複素積分で与えられるが, 本書では割愛する.

$$= -\frac{A}{s}\left(\frac{1}{\infty} - \frac{1}{1}\right) = \frac{A}{s} \tag{10.6}$$

**(2)　線形関数** $f(t) = At$

このラプラス変換を実行するためには，部分積分法を使う．

$$\mathcal{L}[At] = \int_0^\infty At e^{-st}\,\mathrm{d}t = A\left\{\left[t\left(-\frac{1}{s}\right)e^{-st}\right]_0^\infty - \int_0^\infty \left(-\frac{1}{s}e^{-st}\right)\mathrm{d}t\right\}$$

$$= A\left\{\left[\infty\left(-\frac{1}{s}\right)e^{-s\times\infty}\right] - \left[0\left(-\frac{1}{s}\right)e^{-s\times0}\right] + \int_0^\infty \frac{1}{s}e^{-st}\,\mathrm{d}t\right\}$$

$$= A\left\{\left[\left(-\frac{1}{s}\right)\frac{\infty}{e^\infty}\right] - 0 + \int_0^\infty \frac{1}{s}e^{-st}\,\mathrm{d}t\right\}$$

$$= \frac{A}{s}\int_0^\infty e^{-st}\,\mathrm{d}t = \frac{A}{s^2} \tag{10.7}$$

上記の計算過程において，**ロピタルの定理**に基づく，次の関係式を用いている．

$$\frac{\infty}{e^\infty} = \lim_{t\to\infty}\frac{t}{e^{st}} = \lim_{t\to\infty}\frac{t'}{(e^{st})'} = \lim_{t\to\infty}\frac{1}{se^{st}} = 0 \tag{10.8}$$

**(3)　指数関数** $f(t) = e^{-at}$

$$\mathcal{L}[e^{-at}] = \int_0^\infty e^{-at}e^{-st}\,\mathrm{d}t = \int_0^\infty e^{-(s+a)t}\,\mathrm{d}t = \left[\frac{e^{-(s+a)t}}{-(s+a)}\right]_0^\infty$$

$$= -\frac{1}{s+a}\left[e^{-(s+a)t}\right]_0^\infty = -\frac{1}{s+a}(e^{-\infty} - e^{-0}) = \frac{1}{s+a} \tag{10.9}$$

**(4)　正弦関数** $f(t) = \sin\omega t$

オイラーの公式を用いると，$\sin\omega t$ は次のように表される．

$$f(t) = \sin\omega t = \frac{1}{2j}\left(e^{j\omega t} - e^{-j\omega t}\right) \tag{10.10}$$

よって，次のようになる．

$$\mathcal{L}[\sin\omega t] = \frac{1}{2j}\left(\int_0^\infty e^{j\omega t}e^{-st}\,\mathrm{d}t - \int_0^\infty e^{-j\omega t}e^{-st}\,\mathrm{d}t\right)$$

$$= \frac{1}{2j}\left\{\int_0^\infty e^{-(s-j\omega)t}\,\mathrm{d}t - \int_0^\infty e^{-(s+j\omega)t}\,\mathrm{d}t\right\}$$

$$= \frac{1}{2j}\left\{\left[-\frac{e^{-(s-j\omega)t}}{s-j\omega}\right]_0^\infty - \left[-\frac{e^{-(s+j\omega)t}}{s+j\omega}\right]_0^\infty\right\}$$

$$= \frac{1}{2j}\left(\frac{1}{s-j\omega} - \frac{1}{s+j\omega}\right) = \frac{1}{2j}\frac{(s+j\omega) - (s-j\omega)}{(s-j\omega)(s+j\omega)}$$

$$= \frac{1}{2j}\frac{2j\omega}{s^2+\omega^2} = \frac{\omega}{s^2+\omega^2} \tag{10.11}$$

**（5） 余弦関数** $f(t) = \cos\omega t$

オイラーの公式を用いると，$\cos\omega t$ は次のように表される．

$$f(t) = \cos\omega t = \frac{1}{2}\left(e^{j\omega t} + e^{-j\omega t}\right) \tag{10.12}$$

よって，次のようになる．

$$
\begin{aligned}
\mathcal{L}[\cos\omega t] &= \frac{1}{2}\left(\int_0^\infty e^{j\omega t}e^{-st}\,\mathrm{d}t + \int_0^\infty e^{-j\omega t}e^{-st}\,\mathrm{d}t\right) \\
&= \frac{1}{2}\left\{\int_0^\infty e^{-(s-j\omega)t}\,\mathrm{d}t + \int_0^\infty e^{-(s+j\omega)t}\,\mathrm{d}t\right\} \\
&= \frac{1}{2}\left\{\left[-\frac{e^{-(s-j\omega)t}}{s-j\omega}\right]_0^\infty + \left[-\frac{e^{-(s+j\omega)t}}{s+j\omega}\right]_0^\infty\right\} \\
&= \frac{1}{2}\left(\frac{1}{s-j\omega} + \frac{1}{s+j\omega}\right) = \frac{1}{2}\frac{(s+j\omega)+(s-j\omega)}{(s-j\omega)(s+j\omega)} \\
&= \frac{1}{2}\frac{2s}{s^2+\omega^2} = \frac{s}{s^2+\omega^2}
\end{aligned}
\tag{10.13}
$$

**（6） 単位ステップ関数**

図 10.2 で示される関数を**単位ステップ関数**という．これは，次式で表される．

$$u(t) = \begin{cases} 0 & (t < 0) \\ 1 & (t \geqq 0) \end{cases} \tag{10.14}$$

この関数のラプラス変換は次のようになる．

$$\mathcal{L}[u(t)] = \int_0^\infty u(t)e^{-st}\,\mathrm{d}t = \int_0^\infty e^{-st}\,\mathrm{d}t = \left[\frac{e^{-st}}{-s}\right]_0^\infty = \frac{1}{s} \tag{10.15}$$

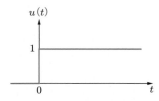

図 10.2 単位ステップ関数

表 10.1 に，初等関数のラプラス変換をまとめたものを示す．これにより，$f(t)$ から $F(s)$ へのラプラス変換，そして，$F(s)$ から $f(t)$ へのラプラス逆変換が，相互に，1 対 1 に対応して求められる．

電気回路で扱う過渡現象においては，$t = 0$ で電圧などの入力が加えられるので，求めるべき電流や電荷などの応答を表す関数は $t \geqq 0$ で定義され，$t < 0$ では 0 であ

表 10.1　初等関数のラプラス変換表

| 番号 | $f(t)$ | $F(s)$ | 番号 | $f(t)$ | $F(s)$ |
|------|--------|--------|------|--------|--------|
| (S1) | $u(t)$ | $\dfrac{1}{s}$ | (S8) | $\sin\omega t$ | $\dfrac{\omega}{s^2+\omega^2}$ |
| (S2) | $u(t-T)$ | $\dfrac{e^{-Ts}}{s}$ | (S9) | $\cos\omega t$ | $\dfrac{s}{s^2+\omega^2}$ |
| (S3) | $1$ | $\dfrac{1}{s}$ | (S10) | $\sinh\alpha t$ | $\dfrac{\alpha}{s^2-\alpha^2}$ |
| (S4) | $t$ | $\dfrac{1}{s^2}$ | (S11) | $\cosh\alpha t$ | $\dfrac{s}{s^2-\alpha^2}$ |
| (S5) | $t^n$ | $\dfrac{n!}{s^{n+1}}$ | (S12) | $e^{-at}\sin\omega t$ | $\dfrac{\omega}{(s+a)^2+\omega^2}$ |
| (S6) | $e^{\pm at}$ | $\dfrac{1}{s\mp a}$ | (S13) | $e^{-at}\cos\omega t$ | $\dfrac{s+a}{(s+a)^2+\omega^2}$ |
| (S7) | $te^{\pm at}$ | $\dfrac{1}{(s\mp a)^2}$ | (S14) | $\sin(\omega t\pm\theta)$ | $\dfrac{\omega\cos\theta\pm s\sin\theta}{s^2+\omega^2}$ |
|  |  |  | (S15) | $\cos(\omega t\pm\theta)$ | $\dfrac{s\cos\theta\mp\omega\sin\theta}{s^2+\omega^2}$ |

るとみなしてよい．すなわち，式 (10.3) の条件を満たしている．$t<0$ においても 0 でない値をもつ任意の関数 $g(t)$ に対して，ラプラス変換を実行できる関数にするためには，次のように，$g(t)$ と $u(t)$ との積をとればよい．

$$f(t) = g(t) \cdot u(t) \tag{10.16}$$

　厳密には，$t<0$ においても 0 でない値をもつ関数 $g(t)$ に対しては，$u(t)$ との積をとってラプラス変換を行うべきである．しかし，通常は $g(t)$ をそのままラプラス変換して差し支えない．次節で示す $f(t)$ に対する推移定理のように，$t$ 関数の定義域を平行移動するような場合には，$u(t)$ との積のラプラス変換を考える必要がある．

**例題 10.1**　$t^n$ のラプラス変換を求めよ．ただし，$n$ は正の整数とする．

**解答**

$$\mathcal{L}[t^n] = \int_0^\infty t^n e^{-st}\,\mathrm{d}t = \left[t^n\left(-\frac{1}{s}\right)e^{-st}\right]_0^\infty - \int_0^\infty nt^{n-1}\left(-\frac{1}{s}\right)e^{-st}\,\mathrm{d}t$$

$$= -\frac{1}{s}\left(\frac{\infty^n}{e^\infty} - \frac{0^n}{e^0}\right) + \frac{n}{s}\int_0^\infty t^{n-1}e^{-st}\,\mathrm{d}t = \frac{n}{s}\mathcal{L}[t^{n-1}] \tag{1}$$

という漸化式が得られる．ここで，式 (10.8) で説明したように，ロピタルの定理に基づいて，$\infty^n/e^\infty = 0$ であることを用いている．

　式 (1) において，$n = 1,2,3,\cdots$ を代入していくと，次のようになる．

$$\mathcal{L}[t] = \frac{1}{s}\mathcal{L}[1] = \frac{1}{s^2}$$

$$\mathcal{L}[t^2] = \frac{2}{s}\,\mathcal{L}[t] = \frac{2 \cdot 1}{s^3} = \frac{2!}{s^3}$$

$$\mathcal{L}[t^3] = \frac{3}{s}\,\mathcal{L}[t^2] = \frac{3 \cdot 2 \cdot 1}{s^4} = \frac{3!}{s^4}$$

以上より，$t^n$ のラプラス変換は，次のように求められる．

$$\mathcal{L}[t^n] = \frac{n}{s}\,\mathcal{L}[t^{n-1}] = \frac{n!}{s^{n+1}}$$

**例題 10.2**　$\sinh \alpha t$ のラプラス変換を，表 10.1 のラプラス変換 (S6) を用いて求めよ．

**解答**

$$\mathcal{L}[\sinh \alpha t] = \mathcal{L}\left[\frac{1}{2}\left(e^{\alpha t} - e^{-\alpha t}\right)\right] = \frac{1}{2}\left(\frac{1}{s-\alpha} - \frac{1}{s+\alpha}\right)$$

$$= \frac{1}{2}\frac{(s+\alpha)-(s-\alpha)}{(s-\alpha)(s+\alpha)} = \frac{1}{2}\frac{2\alpha}{(s-\alpha)(s+\alpha)} = \frac{\alpha}{s^2-\alpha^2}$$

# 10.3 ラプラス変換の公式

　電気回路の解析などで用いられる，いくつかの重要なラプラス変換の公式について説明する．

**（1）　線形定理**

　$c$ を定数として，$f(t)$ を $c$ 倍した関数 $cf(t)$ のラプラス変換は，次のようになる．

$$\mathcal{L}[cf(t)] = c\mathcal{L}[f(t)] = cF(s) \tag{10.17}$$

また，$a$, $b$ を定数とするとき，$f_1(t)$ と $f_2(t)$ を線形結合した関数のラプラス変換は，次のようになる．

$$\mathcal{L}[af_1(t) + bf_2(t)] = a\mathcal{L}[f_1(t)] + b\mathcal{L}[f_2(t)] = aF_1(s) + bF_2(s) \tag{10.18}$$

これらを**線形定理**という．

**（2）　相似定理**

　$c$ を定数として，変数 $t$ を $c$ 倍した変数 $ct$ の関数 $f(ct)$ のラプラス変換は，$ct = \tau$ とおくと，$\mathrm{d}t = \mathrm{d}\tau/c$ であるので，次のようになる．

$$\mathcal{L}[f(ct)] = \int_0^\infty f(ct)e^{-st}\,\mathrm{d}t = \frac{1}{c}\int_0^\infty f(\tau)e^{-(s/c)\tau}\,\mathrm{d}\tau = \frac{1}{c}\,F\left(\frac{s}{c}\right) \tag{10.19}$$

これを**相似定理**という．

**（3）　$s$ 関数 $F(s)$ に対する推移定理**

　$a$ を定数として，$e^{-at}$ を掛けた関数 $e^{-at}f(t)$ のラプラス変換は，次のようになる．

$$\mathcal{L}[e^{-at}f(t)] = \int_0^\infty e^{-at}f(t)e^{-st}\,\mathrm{d}t = \int_0^\infty f(t)e^{-(s+a)t}\,\mathrm{d}t$$
$$= F(s+a) \tag{10.20}$$

$f(t)$ に $e^{-at}$ を掛けたものの $s$ 関数は，$s$ 空間で $a$ だけ進んだものになる．このことから，これを，$s$ 関数に対する**推移定理**という．

### （4）　$t$ 関数 $f(t)$ に対する推移定理

$a$ を定数として，変数 $t-a$ の関数 $f(t-a)$ と，単位ステップ関数 $u(t-a)$ との積のラプラス変換を考える．$t-a=\tau$ とおく．$\tau<0$ で $u(\tau)=0$，$\tau \geqq 0$ で $u(\tau)=1$ であるので，次のようになる．

$$\mathcal{L}[f(t-a)u(t-a)] = \int_0^\infty f(t-a)u(t-a)e^{-st}\,\mathrm{d}t$$
$$= \int_{-a}^\infty f(\tau)u(\tau)e^{-s(\tau+a)}\,\mathrm{d}\tau = e^{-as}\int_0^\infty f(\tau)e^{-s\tau}\,\mathrm{d}\tau$$
$$= e^{-as}F(s) \tag{10.21}$$

$f(t-a)u(t-a)$ のラプラス変換は，$f(t)$ のラプラス変換に $e^{-as}$ を掛けたものになる．$f(t-a)$ は，$f(t)$ に比べて $a$ だけ遅れて変化する関数である．このことから，これを $t$ 関数に対する**推移定理**という．

### （5）　導関数のラプラス変換

$f(t)$ を $t$ について微分した関数のラプラス変換は，次のようになる．

$$\mathcal{L}\left[\frac{\mathrm{d}f(t)}{\mathrm{d}t}\right] = \int_0^\infty \frac{\mathrm{d}f(t)}{\mathrm{d}t}e^{-st}\,\mathrm{d}t = \left[f(t)e^{-st}\right]_0^\infty - \int_0^\infty f(t)\frac{\mathrm{d}}{\mathrm{d}t}e^{-st}\,\mathrm{d}t$$
$$= f(\infty)e^{-\infty} - f(0)e^0 - (-s)\int_0^\infty f(t)e^{-st}\,\mathrm{d}t = sF(s) - f(0) \tag{10.22}$$

### （6）　積分関数のラプラス変換

$f(t)$ の積分のラプラス変換は，次のようになる．

$$\mathcal{L}\left[\int f(t)\,\mathrm{d}t\right] = \frac{F(s)}{s} + \frac{f^{(-1)}(0)}{s} \tag{10.23}$$

ここで，

$$f^{(-1)}(0) = \left[\int f(t)\,\mathrm{d}t\right]_{t=0} = \lim_{t\to+0}\int f(t)\,\mathrm{d}t \tag{10.24}$$

は，$t$ が正の値から 0 に近づくときの，不定積分の極限値である．式 (10.23) を，部分積分法を用いて導いてみよう．

$$\mathcal{L}\left[\int f(t)\,\mathrm{d}t\right] = \int_0^\infty \left\{\int f(t)\,\mathrm{d}t\right\}e^{-st}\,\mathrm{d}t$$

$$= \left[ \int f(t)\,\mathrm{d}t\, \frac{e^{-st}}{-s} \right]_0^\infty - \int_0^\infty f(t)\, \frac{e^{-st}}{-s}\,\mathrm{d}t$$

$$= -\frac{1}{s} \left\{ \left[ \int f(t)\,\mathrm{d}t \right]_{t=\infty} e^{-\infty} - \left[ \int f(t)\,\mathrm{d}t \right]_{t=0} e^0 \right\}$$

$$\quad + \frac{1}{s} \int_0^\infty f(t)\, e^{-st}\,\mathrm{d}t$$

$$= \frac{1}{s} \int_0^\infty f(t)\, e^{-st}\,\mathrm{d}t + \frac{1}{s} \left[ \int f(t)\,\mathrm{d}t \right]_{t=0}$$

$$= \frac{F(s)}{s} + \frac{f^{(-1)}(0)}{s} \tag{10.25}$$

表 10.2 に，ラプラス変換の基本公式をまとめる.

表 10.2　ラプラス変換の基本公式

| 番号 | 名　称 | $f(t)$ | $F(s)$ |
|------|--------|--------|--------|
| (T1) | 線形定理 | $cf(t)$ | $cF(s)$ |
| (T2) | 線形定理 | $af_1(t) + bf_2(t)$ | $aF_1(s) + bF_2(s)$ |
| (T3) | 相似定理 | $f(ct)$ | $\dfrac{1}{c}\, F\left(\dfrac{s}{c}\right)$ |
| (T4) | $F(s)$ に対する推移定理 | $e^{-at} f(t)$ | $F(s+a)$ |
| (T5) | $f(t)$ に対する推移定理 | $f(t-a)u(t-a)$ | $e^{-as}F(s)$ |
| (T6) | 導関数のラプラス変換 | $\dfrac{\mathrm{d}f(t)}{\mathrm{d}t}$ | $sF(s) - f(0)$ |
| (T7) | 積分関数のラプラス変換 | $\displaystyle\int f(t)\,\mathrm{d}t$ | $\dfrac{F(s)}{s} + \dfrac{f^{(-1)}(0)}{s}$ |

**例題 10.3**　$e^{-at}\cos\omega t$ のラプラス変換を，表 10.1 の $\cos\omega t$ に対するラプラス変換の結果と，表 10.2 の推移定理を組み合わせて求めよ.

**解答**　(S9) より，次のようになる.

$$\mathcal{L}[\cos\omega t] = \frac{s}{s^2 + \omega^2} \tag{1}$$

$F(s)$ に対する推移定理 (T4) を式 (1) の結果に適用すると，求めるラプラス変換は，$s$ を $s+a$ に置き換えた次式で与えられる.

$$\mathcal{L}[e^{-at}\cos\omega t] = \frac{s+a}{(s+a)^2 + \omega^2}$$

## 10.4 部分分数分解を用いたラプラス逆変換

ラプラス変換された $F(s)$ が分数式である場合には,その分母が $s$ の1次式であれば,表 10.1 の (S6) に従ってラプラス逆変換を行うことにより,時間関数 $f(t)$ が容易に求められる.しかし,分母が $s$ の2次以上の高次式である場合には,(S7)〜(S15) などのような例外を除き,そのままではラプラス逆変換はできない.そこで,分母が $s$ の1次式となるように,**部分分数に分解**する操作が必要になってくる.

次の $s$ 関数を考えよう.

$$F(s) = \frac{1}{(s-a)(s-b)} \tag{10.26}$$

このラプラス逆変換を求める.まず,次のように部分分数に分解できたとする.

$$\frac{1}{(s-a)(s-b)} = \frac{A}{s-a} + \frac{B}{s-b} \tag{10.27}$$

未定係数 $A$ および $B$ を,以下のように求めていく.

$$\frac{A}{s-a} + \frac{B}{s-b} = \frac{A(s-b)}{(s-a)(s-b)} + \frac{B(s-a)}{(s-b)(s-a)}$$

$$= \frac{(A+B)s - Ab - Ba}{(s-a)(s-b)} \tag{10.28}$$

これが,式 (10.27) の左辺と一致するためには,次の二つの条件を満たせばよい.

$$A + B = 0, \quad -Ab - Ba = 1 \tag{10.29}$$

未定係数 $A$ および $B$ についての,この連立方程式を解くと次のようになる.

$$A = \frac{1}{a-b}, \quad B = -\frac{1}{a-b} \tag{10.30}$$

これを式 (10.27) に代入すると,次式を得る.

▶ **部分分数分解**

$$F(s) = \frac{1}{(s-a)(s-b)} = \frac{1}{a-b}\left(\frac{1}{s-a} - \frac{1}{s-b}\right) \tag{10.31}$$

表 10.1 の (S6) を用いてラプラス逆変換を実行すると,$f(t)$ は次のようになる.

$$f(t) = \mathcal{L}^{-1}[F(s)] = \frac{1}{a-b}\mathcal{L}^{-1}\left[\frac{1}{s-a} - \frac{1}{s-b}\right] = \frac{1}{a-b}\left(e^{at} - e^{bt}\right) \tag{10.32}$$

**例題 10.4** 次の $s$ 関数のラプラス逆変換を求めよ.

$$F(s) = \frac{1}{s^2 + 5s + 6}$$

**解答** $F(s)$ の分母が $s$ の 2 次式になっているので，$s$ の 1 次式の積になるように，これを因数分解する．その後，$F(s)$ を部分分数に分解する．

$$F(s) = \frac{1}{s^2 + 5s + 6} = \frac{1}{(s+3)(s+2)} = \frac{A}{s+3} + \frac{B}{s+2} \tag{1}$$

ここで，$A$ および $B$ は未定係数である．式 (1) より，

$$F(s) = \frac{A(s+2) + B(s+3)}{(s+3)(s+2)} = \frac{(A+B)s + 2A + 3B}{s^2 + 5s + 6} \tag{2}$$

となり，式 (2) が式 (1) と一致するためには，

$$A + B = 0, \quad 2A + 3B = 1$$

であればよい．これを解いて，$A = -1$，$B = 1$ となる．これらを式 (1) に代入すると，

$$F(s) = \frac{-1}{s+3} + \frac{1}{s+2}$$

となる．表 10.1 の (S6) を用いて，求める $f(t)$ は次のようになる．

$$f(t) = -e^{-3t} + e^{-2t}$$

## 10.5 RL 直列回路の過渡現象

　ラプラス変換の応用例として，9.5 節において微分方程式を直接解くことにより解析した，RL 直列回路の過渡現象を取り上げてみよう．

　図 10.3 は，図 9.2 と同じ直流電圧源 $E$ とスイッチ S をもつ RL 直列回路である．時間 $t < 0$ ではスイッチ S は開放されている．$t = 0$ のとき，スイッチ S を閉じる．$t \geqq 0$ における電流 $i(t)$ の時間変化を求めよう．周回方向に沿って，キルヒホッフの第二法則を適用すると，次式が成り立つ．

$$Ri(t) + L\frac{\mathrm{d}i(t)}{\mathrm{d}t} = E \tag{10.33}$$

ここで，

$$\mathcal{L}[i(t)] = I(s) \tag{10.34}$$

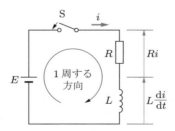

図 10.3 スイッチ S をもつ RL 直列回路

とおいて，式 (10.33) の各項をラプラス変換する．表 10.2 の (T6) を用いる．

$$RI(s) + L\{sI(s) - i(0)\} = \frac{E}{s} \tag{10.35}$$

このように，$i(t)$ を未知関数とする式 (10.33) の微分方程式は，この $i(t)$ をラプラス変換した $I(s)$ を未知関数とする式 (10.35) の代数方程式に変わっている．$t = 0$ におけるスイッチを入れた瞬間の電流に対する初期条件は，次のように与えられる．

$$i(0) = 0 \tag{10.36}$$

式 (10.36) を式 (10.35) に代入し，さらに $I(s)$ について整理すると，

$$(R + sL)I(s) = \frac{E}{s} \tag{10.37}$$

となる．これを $I(s)$ について解くと，次のようになる．

$$I(s) = \frac{E}{s}\frac{1}{R + sL} = \frac{E}{L}\frac{1}{s(s + R/L)} = \frac{E}{L}\frac{1}{s(s + 1/\tau)} \tag{10.38}$$

ここで，$\tau = L/R$ は時定数である．$I(s)$ を部分分数に分解する．すなわち，

$$I(s) = \frac{E}{L}\left(\frac{A}{s} + \frac{B}{s + 1/\tau}\right) \tag{10.39}$$

とおいて，未定係数 $A$ および $B$ を決定する．括弧の中を通分して，

$$\frac{A}{s} + \frac{B}{s + 1/\tau} = \frac{A(s + 1/\tau) + sB}{s(s + 1/\tau)} = \frac{(A + B)s + A/\tau}{s(s + 1/\tau)} \tag{10.40}$$

となる．式 (10.40) を式 (10.39) に代入した $I(s)$ の式が，式 (10.38) と等しくなるためには，次の二つの条件を満たせばよい．

$$A + B = 0, \quad \frac{A}{\tau} = 1 \tag{10.41}$$

この連立方程式を解くと，$A$ および $B$ は次のように求められる．

$$A = \tau, \quad B = -\tau \tag{10.42}$$

この結果を式 (10.39) に代入すると，$I(s)$ は次のようになる．

$$I(s) = \frac{E}{L}\frac{L}{R}\left(\frac{1}{s} - \frac{1}{s + 1/\tau}\right) = \frac{E}{R}\left(\frac{1}{s} - \frac{1}{s + 1/\tau}\right) \tag{10.43}$$

これを，表 10.1 の (S3) と (S6) を用いてラプラス逆変換すると，$i(t)$ は次のように求められる．

$$i(t) = \frac{E}{R}\left(1 - e^{-t/\tau}\right) \tag{10.44}$$

この結果は，9 章で求めた式 (9.39) と一致する．

**例題 10.5**　図 10.4 は，演習問題 9.5 の問図 9.1 と同じ直流電圧源 $E$ とスイッチ S をもつ RC 直列回路である．時間 $t < 0$ では，スイッチ S は開放されている．$t = 0$ のとき，スイッチ S を閉じる．$t \geqq 0$ における電流 $i(t)$ の時間変化を，ラプラス変換を用いて求めよ．

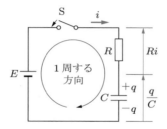

図 10.4　スイッチ S をもつ RC 直列回路

**解答**　周回方向に沿って，キルヒホッフの第二法則を適用すると，次式が成り立つ．

$$Ri(t) + \frac{q(t)}{C} = R\,\frac{\mathrm{d}q(t)}{\mathrm{d}t} + \frac{1}{C}\,q(t) = E \tag{1}$$

9 章の演習問題 9.5 では，未知関数を電荷 $q$ に統一して，この電荷 $q$ についての定数係数の 1 階線形微分方程式を出発点として解いた．しかし，直接求めたいのは電荷 $q$ ではなく，むしろ電流 $i$ である．また，本章でせっかく積分関数のラプラス変換を学んだので，以下のように電流 $i$ についての積分方程式を考えることにしよう．すなわち，電荷 $q$ は電流 $i$ を時間 $t$ について積分したものであるので，式 (1) は，次式のように書くことができる．

$$Ri(t) + \frac{1}{C}\int i(t)\,\mathrm{d}t = E \tag{2}$$

$\mathcal{L}[i(t)] = I(s)$ とおいて，式 (2) の各項をラプラス変換すると次式が得られる．

$$RI(s) + \frac{1}{sC}\,I(s) + \frac{i^{(-1)}(0)}{sC} = \frac{E}{s} \tag{3}$$

ここで，積分関数のラプラス変換に対しては，表 10.2 の (T7) を用いた．コンデンサに蓄えられている電荷 $q(t)$ は，$t = 0$ において 0 である．すなわち，

$$q(0) = i^{(-1)}(0) = \left[\int i(t)\,\mathrm{d}t\right]_{t=0} = 0 \tag{4}$$

となる．式 (4) の初期条件を式 (3) に代入すると，式 (2) の積分方程式は，未知関数を $I(s)$ とする次の代数方程式に変わる．

$$RI(s) + \frac{1}{sC}\,I(s) = \frac{E}{s} \tag{5}$$

$I(s)$ について整理すると，次のようになる．

$$\left(R + \frac{1}{sC}\right)I(s) = \frac{E}{s}$$

$$\therefore\ I(s) = \frac{E}{s}\,\frac{1}{R + 1/sC} = \frac{E}{R}\,\frac{1}{s + 1/RC} = \frac{E}{R}\,\frac{1}{s + 1/\tau} \tag{6}$$

ここで，$\tau = RC$ は時定数である．この式を，表 10.1 の (S6) を用いてラプラス逆変換すると，次のように $i(t)$ が求められる．

$$i(t) = \frac{E}{R}\,e^{-t/\tau} \tag{7}$$

この式は，9 章の演習問題 9.5 で求めた結果と一致する．

**例題 10.6** 図 10.5 に示すスイッチ S をもつ RL 直列回路に，次のような正弦波交流電圧を加える場合を考える．

$$v = V_m \sin(\omega t + \phi)$$

ここで，$\omega$ は角周波数，$\phi$ は電圧の初期位相である．時間 $t < 0$ では，スイッチ S は開放されている．$t = 0$ のとき，スイッチ S を閉じる．$t \geqq 0$ における電流 $i(t)$ を，ラプラス変換を用いて求めよ．

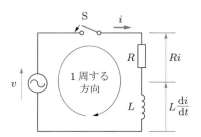

図 10.5 **スイッチ S をもつ交流 RL 直列回路**

**解答** 5.6 節で説明したように，複素数表示を用いた方法で解いていこう．加える正弦波交流電圧は，次のように指数関数表示した電圧の虚部で表される．

$$V_m \sin(\omega t + \phi) = \mathrm{Im}\big[V_m e^{j(\omega t + \phi)}\big]$$

ここで虚部を示すために，$\mathrm{Im}$（imaginary の頭 2 文字）という記号を用いている．次の方程式を解き，求める答えは，得られた解の虚部をとればよい．

$$Ri(t) + L\,\frac{\mathrm{d}i(t)}{\mathrm{d}t} = V_m e^{j(\omega t + \phi)} \tag{1}$$

ここで，$\mathcal{L}[i(t)] = I(s)$ とおいて，式 (1) の各項をラプラス変換する．ここで，表 10.1 の (S6) と表 10.2 の (T6) を用いる．

$$RI(s) + L\big\{sI(s) - i(0)\big\} = \frac{V_m}{s - j\omega}\,e^{j\phi}$$

電流に対する初期条件 $i(0) = 0$ を代入し，整理すると，

$$(R + sL)I(s) = \frac{V_m}{s - j\omega}\,e^{j\phi}$$

$$\therefore\; I(s) = V_m e^{j\phi}\,\frac{1}{R + sL}\,\frac{1}{s - j\omega} = \frac{V_m e^{j\phi}}{L}\,\frac{1}{(s - j\omega)(s + 1/\tau)}$$

となる．ここで，$\tau = L/R$ は時定数である．$I(s)$ を部分分数に分解する．式 (10.31) において，$a \to j\omega$，$b \to -1/\tau$ の対応関係を用いて，次のようになる．

$$I(s) = \frac{V_m e^{j\phi}}{L}\,\frac{1}{j\omega + 1/\tau}\left(\frac{1}{s - j\omega} - \frac{1}{s + 1/\tau}\right)$$

$$= \frac{V_m e^{j\phi}}{R + j\omega L}\left(\frac{1}{s - j\omega} - \frac{1}{s + 1/\tau}\right)$$

これを，(S6) を用いてラプラス逆変換すると，$i(t)$ は次のように求められる．

$$i(t) = \frac{V_m e^{j\phi}}{R + j\omega L} \left( e^{j\omega t} - e^{-t/\tau} \right)$$

ここで,

$$R + j\omega L = \sqrt{R^2 + \omega^2 L^2}\, e^{j\theta}, \quad \theta = \tan^{-1} \frac{\omega L}{R} = \tan^{-1} \omega\tau$$

と表すことができる. よって, $i(t)$ は次のようになる.

$$i(t) = \frac{V_m e^{j\phi}}{\sqrt{R^2 + \omega^2 L^2}\, e^{j\theta}} \left( e^{j\omega t} - e^{-t/\tau} \right)$$

$$= \frac{V_m}{\sqrt{R^2 + \omega^2 L^2}} \left\{ e^{j(\omega t + \phi - \theta)} - e^{-t/\tau} e^{j(\phi - \theta)} \right\}$$

この式の虚部をとって, 求める電流は次のようになる.

$$i(t) = \frac{V_m}{\sqrt{R^2 + \omega^2 L^2}} \left\{ \sin(\omega t + \phi - \theta) - e^{-t/\tau} \sin(\phi - \theta) \right\}$$

## 10.6 ラプラス変換による解析手順のまとめ

RL 直列回路や RC 直列回路について, これらの回路で生じる電流 $i(t)$ や電荷 $q(t)$ の過渡現象を, ラプラス変換を用いて解く方法を説明してきた. この解析方法を振り返ってみよう.

図 10.6 は, ラプラス変換を用いた解析の流れをまとめたものである. 次のようなステップで実行すればよい.

(1) 回路の素子構成に従って, 時間 $t$ を変数とする求めるべき関数 $f(t)$ の支配方程式を作る. これは, 一般に微積分方程式となる. 具体的には, $f(t)$ は, 電流 $i(t)$ あるいは電荷 $q(t)$ である.

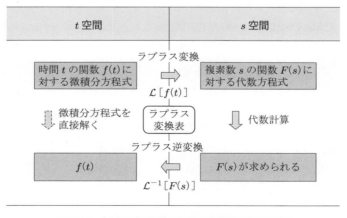

図 10.6 微積分方程式をラプラス変換で解く手順

(2) $f(t)$ のラプラス変換を $F(s)$ とする．支配方程式の各項について，ラプラス変換表に従って機械的にラプラス変換を実行し，$F(s)$ に対する代数方程式を得る．

(3) 加減乗除の代数計算により，この代数方程式を $F(s)$ について解く．

(4) 求めた $F(s)$ を表す式の各項について，ラプラス変換表に従って，今度は機械的にラプラス逆変換を実行し，$f(t)$ を求める．

　このように，$f(t)$ に対する微積分方程式を直接解く場合に比べて，多くのステップを要する．しかし，ラプラス変換表さえ手元に置いておけば，加減乗除の代数計算の知識だけで，確実に解くことができる．一方，微積分方程式を直接解こうとすると，微積分方程式が複雑なものであれば，往々にして，その解法に悩むことになる．

────────●　**演習問題**　●────────

**10.1** 【基本関数のラプラス変換】表 10.1 を用いるのではなく，式 (10.1) に従って具体的に積分計算を実行することにより，次の関数のラプラス変換を求めよ．

　(1) $e^{-3t}$　　(2) $5te^{5t}$　　(3) $\cosh \alpha t$　　(4) $\sin(\omega t + \theta)$ および $\cos(\omega t + \theta)$

**10.2** 【ラプラス逆変換】表 10.1，表 10.2 を用いて，次の関数のラプラス逆変換を求めよ．

　(1) $\dfrac{1}{s+5}$　　(2) $\dfrac{5}{(s-3)^2}$　　(3) $\dfrac{5}{s^2+25}$　　(4) $\dfrac{s+8}{(s+8)^2+36}$

**10.3** 【部分分数分解によるラプラス逆変換】部分分数分解を行い，表 10.1 を用いて，次の関数のラプラス逆変換を求めよ．

　(1) $\dfrac{1}{(s+a)(s+b)}$　　(2) $\dfrac{1}{s^2+8s+15}$　　(3) $\dfrac{6}{s^2+36}$　　(4) $\dfrac{10s^2-23s-9}{(s^2-9)(s-2)}$

**10.4** 【RL 直列回路の電圧の切り替え】問図 10.1 で示される回路において，時間 $t=0$ でスイッチを a から b に切り替えた．回路を流れる電流 $i(t)$ を，ラプラス変換を用いて求めよ．

**10.5** 【LC 直列回路】問図 10.2 で与えられる，LC 直列回路がある．時間 $t=0$ でスイッチを入れた後の，この回路を流れる電流 $i(t)$ を，ラプラス変換を用いて求めよ．

**10.6** 【正弦波交流電圧を印加した RC 直列回路】問図 10.3 に示すスイッチ S をもつ RC 直列回路に，時間 $t=0$ でスイッチを入れて正弦波交流電圧 $v = V_m \sin(\omega t + \phi)$ を加える．スイッチを入れた後の，この回路を流れる電流 $i(t)$ を，ラプラス変換を用いて求めよ．

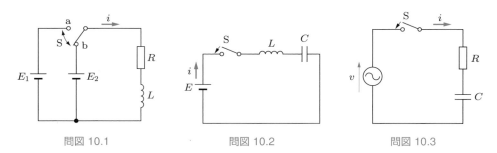

問図 10.1　　　　　　　　　問図 10.2　　　　　　　　　問図 10.3

# 演習問題 解答

○━━━━━━━━━━━━━━━━━━━ **1章** ━○

**1.1** （1） 与えられた 1 次関数のグラフを描くと，解図 1.1 のようになる．この関数 $y$ は単調に増加する．よって，定義域の下端 $x=-2$ と上端 $x=1$ を代入して，それぞれ $y=-3$ および $y=3$ となる．よって，求める値域は，$-3 \leqq y \leqq 3$ となる．

（2） 与えられた 1 次関数のグラフを描くと，解図 1.2 のようになる．この関数 $y$ は単調に減少する．よって，定義域の下端 $x=2$ と上端 $x=6$ を代入して，それぞれ $y=2$ および $y=0$ となる．よって，求める値域は，$0 \leqq y \leqq 2$ となる．

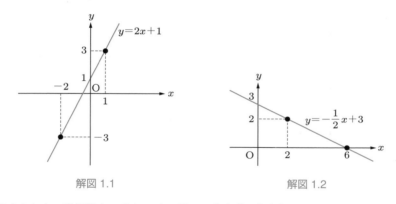

解図 1.1　　　　　　　　　　解図 1.2

**1.2** 与えられた 2 次関数を，式 (1.10) に従って基本形に直すと，

$$y=-2x^2+4x+1=-2(x^2-2x)+1=-2\{(x-1)^2-1^2\}+1$$
$$=-2(x-1)^2+2\times 1^2+1=-2(x-1)^2+3$$

となる．よって，軸の式は $x=1$，また頂点の座標は $(1,3)$ となる．

**1.3** $y=3x^2+3x+1$ を，$x$ 軸の方向に $-2$，$y$ 軸の方向に $-1$ だけ平行移動したグラフの方程式は，式 (1.14) に従って次のようになる．

$$y-(-1)=3\{x-(-2)\}^2+3\{x-(-2)\}+1$$
$$\therefore\ y=3x^2+15x+18$$

**1.4** 与えられた 2 次関数を，基本形に直す．

$$y=3x^2+12x+10=3(x^2+4x)+10=3\{(x+2)^2-4\}+10=3(x+2)^2-2$$

よって，この 2 次関数のグラフは下に凸であり，$x=-2$ のとき最小値 $-2$ をとる．最大値はない．

**1.5**　与えられた 2 次関数を $f(x)$ とおき，基本形に直す．

$$f(x) = x^2 - 4x + 2 = (x - 2)^2 - 4 + 2 = (x - 2)^2 - 2$$

よって，この 2 次関数のグラフは下に凸であり，軸の式は $x = 2$，頂点の座標は $(2, -2)$ となる．解図 1.3 に，この 2 次関数のグラフを示す．$a > 0$ を満たす定数 $a$ の値について，（a）〜（d）の四つの場合分けを行って検討する．図（a）の場合は，$x = 0$ のとき最大値を，$x = a$ のとき最小値をとる．図（b）の場合は，$x = 0$ のとき最大値を，$x = 2$ のとき最小値をとる．図（c）の場合は，$x = 0$ および 4 のとき最大値を，$x = 2$ のとき最小値をとる．図（d）の場合は，$x = a$ のとき最大値を，$x = 2$ のとき最小値をとる．以上を整理すると以下のようになる．

> $0 < a < 2$ のとき：　最大値 $f(0) = 2$，最小値 $f(a) = a^2 - 4a + 2$
>
> $2 \leqq a < 4$ のとき：　最大値 $f(0) = 2$，最小値 $f(2) = -2$
>
> $a = 4$ のとき：　最大値 $f(0) = f(4) = 2$，最小値 $f(2) = -2$
>
> $a > 4$ のとき：　最大値 $f(a) = a^2 - 4a + 2$，最小値 $f(2) = -2$

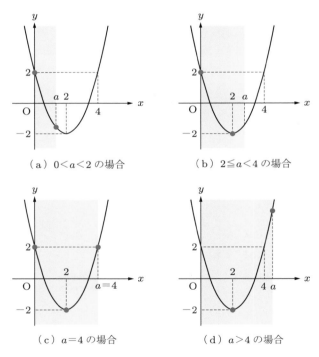

解図 1.3

**1.6**　(1)　次のようになる．

$$16^2 \div 8^{-3} \times 4^2 = (2^4)^2 \times \frac{1}{(2^3)^{-3}} \times (2^2)^2 = 2^8 \times (2^3)^3 \times 2^4 = 2^{8+9+4} = 2^{21}$$

(2)　次のようになる．

$$\sqrt[4]{a} \times \sqrt{b} \div \sqrt[3]{ab^2} = a^{1/4} \times b^{1/2} \div (ab^2)^{1/3} = a^{1/4} \times b^{1/2} \times a^{-1/3} \times b^{-2/3}$$
$$= a^{1/4-1/3} \times b^{1/2-2/3} = a^{-1/12} b^{-1/6}$$

**1.7** 解図 1.4 に，これら四つの指数関数のグラフを示す．ここで，(4) の指数関数は，$y = -3^{-x} = -(1/3)^x$ であることに注意すること．(1) と (2) のグラフは，$y$ 軸についてお互いに対称である．同様に，(3) と (4) のグラフも，$y$ 軸についてお互いに対称である．一方，(1) と (3) のグラフは，$x$ 軸についてお互いに対称である．同様に，(2) と (4) のグラフも，$x$ 軸についてお互いに対称である．

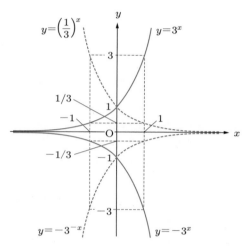

解図 1.4

**1.8** (1) 次のようになる．

$$3\log_2 3 - 6\log_2 \frac{\sqrt{3}}{2} = \log_2 3^3 - \log_2 \left(\frac{3^{1/2}}{2}\right)^6 = \log_2 \left\{ 3^3 \times \left(\frac{2}{3^{1/2}}\right)^6 \right\}$$
$$= \log_2 \left(3^3 \times \frac{2^6}{3^3}\right) = \log_2 2^6 = 6$$

(2) 底の変換公式を用いる．ここでは，底を 3 にそろえて計算を進める．

$$\log_3 4 \times \log_4 9 = \frac{\log_3 4}{\log_3 3} \times \frac{\log_3 9}{\log_3 4} = \frac{\log_3 9}{\log_3 3} = \frac{\log_3 3^2}{\log_3 3} = \frac{2\log_3 3}{\log_3 3} = 2$$

**1.9** 解図 1.5 に，これら四つの対数関数のグラフを示す．ここで，(2) の対数関数は，

$$y = \log_{1/3} x = \frac{\log_3 x}{\log_3 (1/3)} = \frac{\log_3 x}{\log_3 3^{-1}} = -\frac{\log_3 x}{\log_3 3} = -\log_3 x$$

となるので，(3) の対数関数と同じである．同様に，(1) の対数関数は，(4) の対数関数と同じである．(1) と (2) のグラフは，$x$ 軸についてお互いに対称である．

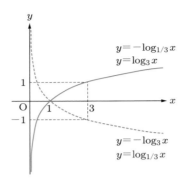

解図 1.5

---
○ **2章** ○
---

**2.1** 式 (2.19) より, $\sin^2\theta = 1 - \cos^2\theta = 1 - 0.3^2 = 1 - 0.09 = 0.91$ となる. 題意より, $0 \leqq \theta \leqq \pi/2$ であるので, $\sin\theta > 0$ である. よって, $\sin\theta = \sqrt{0.91} \fallingdotseq 0.95$ となる. さらに, $\tan\theta = \sin\theta/\cos\theta = \sqrt{0.91}/0.3 \fallingdotseq 3.18$ となる.

**2.2** 与式より, $\cos\theta = -1/2$ である. これを満たす $\theta$ のうち, 主値の条件 $0 \leqq \theta \leqq \pi$ を満たすのは $\theta = 2\pi/3$ である.

**2.3** (1) $\cos 15° = \cos(45° - 30°) = \cos 45° \cos 30° + \sin 45° \sin 30° = (\sqrt{2}/2)(\sqrt{3}/2) + (\sqrt{2}/2)(1/2) = (\sqrt{6} + \sqrt{2})/4$ となる.

(2) $\tan 75° = \tan(45° + 30°) = (\tan 45° + \tan 30°)/(1 - \tan 45° \tan 30°) = (1 + 1/\sqrt{3})/(1 - 1 \times 1/\sqrt{3}) = (\sqrt{3} + 1)/(\sqrt{3} - 1) = 2 + \sqrt{3}$ となる.

**2.4** (1) 式 (2.51) より,

$$\sin^2 15° = \sin^2\frac{30°}{2} = \frac{1 - \cos 30°}{2} = \frac{1 - \sqrt{3}/2}{2} = \frac{2 - \sqrt{3}}{4}$$

となる. ここで, $\sin 15° > 0$ であるので, 次のようになる.

$$\sin 15° = \frac{\sqrt{2 - \sqrt{3}}}{2} = \frac{\sqrt{8 - 2\sqrt{12}}}{4} = \frac{\sqrt{(\sqrt{6} - \sqrt{2})^2}}{4} = \frac{\sqrt{6} - \sqrt{2}}{4}$$

(2) 同様にして,

$$\cos^2 15° = \cos^2\frac{30°}{2} = \frac{1 + \cos 30°}{2} = \frac{1 + \sqrt{3}/2}{2} = \frac{2 + \sqrt{3}}{4}$$

となる. ここで, $\cos 15° > 0$ であるので, 次のようになる.

$$\cos 15° = \frac{\sqrt{2 + \sqrt{3}}}{2} = \frac{\sqrt{8 + 2\sqrt{12}}}{4} = \frac{\sqrt{(\sqrt{6} + \sqrt{2})^2}}{4} = \frac{\sqrt{6} + \sqrt{2}}{4}$$

**2.5** 式 (2.67) より, $f = 1/T = 1/(20 \times 10^{-3}) = 1/0.02 = 50$ [Hz] となる.

**2.6** 式 (2.69) を用いて, $T = 2\pi/\omega = 2\pi/1000 = 6.28 \times 10^{-3}$ [s] となる.

**2.7** (1) 式 (2.73) と対応させて考えると, 最大値 $V_m = 256$ [V], 角周波数 $\omega = 120\pi$ [rad/s].

初期位相 $\theta = 3\pi/2$ [rad]，周波数 $f = \omega/2\pi = 120\pi/2\pi = 60$ [Hz]，周期 $T = 1/f = 1/60 = 0.0167$ [s] となる．

(2)　電流 $i$ は余弦関数で表されているので，正弦関数に書き換える．式 (2.33) を用いて，

$$i = 120 \cos\left(500t - \frac{\pi}{6}\right) = 120 \sin\left(500t - \frac{\pi}{6} + \frac{\pi}{2}\right) = 120 \sin\left(500t + \frac{\pi}{3}\right)$$

となる．式 (2.74) と対応させて考えると，最大値 $I_m = 120$ [A]，角周波数 $\omega = 500$ [rad/s]，初期位相 $\theta = \pi/3$ [rad]，周波数 $f = \omega/2\pi = 500/2\pi = 79.6$ [Hz]，周期 $T = 1/f = 2\pi/500 = 0.0126$ [s] となる．

**2.8**　電流 $i$ は正弦関数で表されているが，電圧 $v$ は余弦関数で表されているので，このままでは比較することができない．よって，$v$ を正弦関数に書き換えて，両者が同じ関数形になるようにしてから比べる必要がある．式 (2.33) および式 (2.30) を順に用いて，

$$v = -100 \cos\left(\omega t + \frac{\pi}{3}\right) = -100 \sin\left(\omega t + \frac{\pi}{3} + \frac{\pi}{2}\right) = 100 \sin\left(\omega t + \frac{\pi}{3} + \frac{\pi}{2} - \pi\right)$$
$$= 100 \sin\left(\omega t - \frac{\pi}{6}\right)$$

となる．よって，$i$ と $v$ の位相差は，$\pi/6 - (-\pi/6) = \pi/3$ となる．すなわち，電流 $i$ は電圧 $v$ に比べて位相が $\pi/3$ 進んでいる．なお，電圧や電流の位相 $\theta$ の進みや遅れは，$-\pi \leqq \theta \leqq \pi$ の範囲で表されることを念頭に置いて，$v$ の位相を変形している．

---

○ **3章** ○

---

**3.1**　(1)　合成関数の微分法を用いて求める．$t = x^2 - 2x + 1$ とおくと，$y = \sqrt{t}$ となる．よって，$\mathrm{d}y/\mathrm{d}t = (\sqrt{t})' = (t^{1/2})' = (1/2)t^{-1/2} = 1/2\sqrt{t}$，また $\mathrm{d}t/\mathrm{d}x = 2x - 2$ である．したがって，次のようになる．

$$\frac{\mathrm{d}y}{\mathrm{d}x} = \frac{\mathrm{d}y}{\mathrm{d}t}\frac{\mathrm{d}t}{\mathrm{d}x} = \frac{1}{2\sqrt{t}}(2x - 2) = \frac{2x - 2}{2\sqrt{x^2 - 2x + 1}} = \frac{x - 1}{\sqrt{x^2 - 2x + 1}}$$

(2)　微分の公式 (3.10) を用いる．

$$\frac{\mathrm{d}y}{\mathrm{d}x} = \left(\frac{5x + 3}{3x + 1}\right)' = \frac{(5x+3)'(3x+1) - (5x+3)(3x+1)'}{(3x+1)^2} = \frac{5(3x+1) - 3(5x+3)}{(3x+1)^2}$$
$$= -\frac{4}{(3x+1)^2}$$

**3.2**　式 (3.4) の定義より，次のようになる．

$$(\cos x)' = \lim_{\Delta x \to 0} \frac{\cos(x + \Delta x) - \cos x}{\Delta x} = \lim_{\Delta x \to 0} \frac{-2\sin(x + \Delta x/2)\sin(\Delta x/2)}{\Delta x}$$
$$= -\lim_{\Delta x \to 0} \sin\left(x + \frac{\Delta x}{2}\right)\frac{\sin(\Delta x/2)}{\Delta x/2}$$

ここで，三角関数の和を積に直す公式 (2.62) を用いている．$\Delta x/2 = \theta$ とおくと，$\Delta x \to 0$ の極限では $\theta \to 0$ である．よって，上式は次のようになる．

$$(\cos x)' = -\sin x \lim_{\theta \to 0} \frac{\sin \theta}{\theta} \tag{1}$$

この式を求めるためには，$\theta \to 0$ の極限における $\sin\theta/\theta$ の値を評価する必要がある．3.5 節で説明したように $\lim_{\theta \to 0}(\sin\theta/\theta) = 1$ であるから，これを，式 (1) に代入して，次のように導かれる．

$$(\cos x)' = -\lim_{\Delta x \to 0}\sin\left(x + \frac{\Delta x}{2}\right)\frac{\sin(\Delta x/2)}{\Delta x/2} = -\sin x \lim_{\theta \to 0}\frac{\sin\theta}{\theta} = -\sin x$$

**3.3**　$f(x) = -x^3 + 3x$ とおくと，$f'(x) = -3x^2 + 3 = -3(x^2 - 1) = -3(x + 1)(x - 1)$ となる．$f'(x) = 0$ を満たす解は，$x = \pm 1$ であるので，これを基に関数 $y = f(x)$ の増減表を書くと，解表 3.1 のようになる．解図 3.1 に，関数 $y = f(x)$ のグラフを示す．$x < -1$ の領域 A では，関数 $f(x)$ は $x$ の増加とともに減少し，このとき，接線の傾きは負である．$-1 < x < 1$ の領域 B では，関数 $f(x)$ は増加に転じ，接線の傾きは正である．$x > 1$ の領域 C では，再び減少し，接線の傾きは負である．接線の傾きは $f'(x)$ で与えられるので，領域 A では $f'(x) < 0$，領域 B では $f'(x) > 0$，そして領域 C では再び $f'(x) < 0$ となる．この結果，点 $(-1, -2)$ で極小点をとり，点 $(1, 2)$ で極大点をとる．このように，$f'(x)$ の符号から，$f(x)$ の増減の変化の様子が理解できる．

解表 3.1

| $x$ | $x < -1$ | $x = -1$ | $-1 < x < 1$ | $x = 1$ | $1 < x$ |
|---|---|---|---|---|---|
| $f'(x)$ | 負 | 0 | 正 | 0 | 負 |
| $f(x)$ | ↘ | $-2$ | ↗ | $2$ | ↘ |

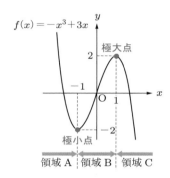

解図 3.1

**3.4**　(1)　微分の公式 (3.8)，および三角関数の微分の公式 (3.26)，(3.27) を用いる．

$$(\sin 3x \cos 2x)' = (\sin 3x)' \cos 2x + \sin 3x (\cos 2x)'$$
$$= 3\cos 3x \cos 2x - 2\sin 3x \sin 2x$$

(2)　微分の公式 (3.9)，および三角関数の微分の公式 (3.28) を用いる．

$$\left(\frac{1}{\tan 2x}\right)' = -\frac{(\tan 2x)'}{\tan^2 2x} = -\frac{1}{\tan^2 2x}\frac{2}{\cos^2 2x} = -2\frac{\cos^2 2x}{\sin^2 2x}\frac{1}{\cos^2 2x} = -\frac{2}{\sin^2 2x}$$

(3)　逆関数の微分の公式 (3.14)，および三角関数の微分の公式 (3.27) を用いる．$y = \cos^{-1}(x/2)$ とおくと，$x/2 = \cos y$ であるので，$(1/2)(dx/dy) = -\sin y$ となる．よって，

$$\frac{dy}{dx} = \frac{1}{dx/dy} = -\frac{1}{2\sin y} = \pm\frac{1}{2\sqrt{1 - \cos^2 y}} = \pm\frac{1}{2\sqrt{1 - (x/2)^2}} = \pm\frac{1}{\sqrt{4 - x^2}}$$

となる．ただし，複号において，$\pi < y < 2\pi$ のとき ＋ であり，$0 < y < \pi$ のとき − である．

(4)　双曲線関数の公式 (3.42)，および例題 3.6 の双曲線正弦と双曲線余弦の微分の結果を用いる．

$$(\tanh 3x)' = \left(\frac{\sinh 3x}{\cosh 3x}\right)' = \frac{(\sinh 3x)' \cosh 3x - \sinh 3x (\cosh 3x)'}{\cosh^2 3x}$$

$$= \frac{3\cosh^2 3x - 3\sinh^2 3x}{\cosh^2 3x} = \frac{3}{\cosh^2 3x}$$

**3.5**　合成関数の微分の公式 (3.15)，および対数関数の微分の公式 (3.33) を用いる．$t = x^2 + 2x + 5$ とおくと，$y = \log_e t$ となる．よって，$dy/dt = 1/t$，また $dt/dx = 2x + 2$ である．したがって，次のようになる．

$$\frac{dy}{dx} = \frac{dy}{dt}\frac{dt}{dx} = \frac{1}{t}(2x+2) = \frac{2x+2}{x^2+2x+5}$$

**3.6**　(1) 合成関数の微分の公式 (3.15)，および指数関数の微分の公式 (3.39) を用いる．$t = -2x^2$ とおくと，$y = e^t$ となる．よって，$dy/dt = e^t$，また $dt/dx = -4x$ である．したがって，次のようになる．

$$\frac{dy}{dx} = \frac{dy}{dt}\frac{dt}{dx} = e^t(-4x) = -4xe^{-2x^2}$$

(2) 微分の公式 (3.8)，(3.33)，(3.39) を用いる．

$$y' = \left\{e^{2x}\log_e(x+3)\right\}' = (e^{2x})'\log_e(x+3) + e^{2x}\left\{\log_e(x+3)\right\}'$$

$$= 2e^{2x}\log_e(x+3) + e^{2x}\frac{1}{x+3} = e^{2x}\left\{2\log_e(x+3) + \frac{1}{x+3}\right\}$$

---

### ○　**4 章**　○

**4.1**　(1) 式 (4.19) の部分積分法の公式において，$f'(x) = \sin x$，$g(x) = x$ と考え，次のようになる．

$$\int x \sin x\, dx = \int (-\cos x)' x\, dx = (-\cos x)x - \int (-\cos x)x'\, dx$$

$$= -x\cos x + \int \cos x \times 1\, dx = -x\cos x + \int \cos x\, dx$$

$$= -x\cos x + \sin x + C$$

(2) 式 (4.19) の部分積分法の公式において，$f'(x) = e^{3x}$，$g(x) = x$ と考え，次のようになる．

$$\int xe^{3x}\, dx = \int \left(\frac{1}{3}e^{3x}\right)' x\, dx = \frac{1}{3}e^{3x}x - \int \frac{1}{3}e^{3x}x'\, dx$$

$$= \frac{1}{3}xe^{3x} - \frac{1}{3}\int e^{3x}\, dx = \frac{1}{3}xe^{3x} - \frac{1}{9}e^{3x} + C$$

**4.2**　(1) $5x + 3 = t$ とおく．すると，$x = (t-3)/5$，よって $dx/dt = 1/5$，すなわち $dx = (1/5)\,dt$ である．したがって，次のようになる．

$$\int (5x+3)^n\, dx = \int t^n\frac{1}{5}\, dt = \frac{1}{5}\frac{t^{n+1}}{n+1} + C = \frac{(5x+3)^{n+1}}{5(n+1)} + C$$

(2) $x = a\tan\theta$ とおく．解図 4.1 に示す直角三角形 ABC において，$x$, $a$, および $\sqrt{a^2+x^2}$ の関係を考えながら，以下の計算を追跡すると理解しやすい．式 (3.28) より，$dx/d\theta = a/\cos^2\theta$，すなわち $dx = (a/\cos^2\theta)\,d\theta$ である．また，

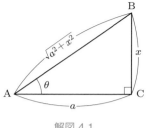

解図 4.1

$$a^2 + x^2 = a^2 + a^2 \tan^2\theta = a^2(1 + \tan^2\theta)$$
$$= a^2\left(1 + \frac{\sin^2\theta}{\cos^2\theta}\right) = a^2\left(\frac{\cos^2\theta + \sin^2\theta}{\cos^2\theta}\right) = \frac{a^2}{\cos^2\theta}$$

であるので,

$$\int \frac{dx}{(a^2 + x^2)^{3/2}} = \int \frac{1}{(a^2/\cos^2\theta)^{3/2}}\frac{a}{\cos^2\theta}\,d\theta = \int \left(\frac{\cos^2\theta}{a^2}\right)^{3/2}\frac{a}{\cos^2\theta}\,d\theta$$
$$= \int \frac{\cos^3\theta}{a^3}\frac{a}{\cos^2\theta}\,d\theta = \int \frac{\cos\theta}{a^2}\,d\theta = \frac{1}{a^2}\sin\theta + C$$

となる. このように,被積分関数が, $a^2 + x^2$ の累乗を含む場合には, $x = a\tan\theta$ という置き換えを行うと,積分演算が簡単に行える.

(3) この例のように,被積分関数が,三角関数を分母に含む分数式に対しては, $t = \tan(x/2)$ という置き換えを行うと,積分演算が簡単に行える場合が多い. ここで,

$$\frac{dt}{dx} = \frac{1}{2}\frac{1}{\cos^2(x/2)} = \frac{1}{2}\frac{\cos^2(x/2) + \sin^2(x/2)}{\cos^2(x/2)} = \frac{1}{2}\left(1 + \tan^2\frac{x}{2}\right) = \frac{1 + t^2}{2}$$

すなわち, $dx = \{2/(1+t^2)\}\,dt$ となる. また,倍角の公式 (2.49) より,

$$\cos x = \cos^2\frac{x}{2} - \sin^2\frac{x}{2} = \frac{\cos^2(x/2) - \sin^2(x/2)}{\cos^2(x/2) + \sin^2(x/2)} = \frac{1 - \tan^2(x/2)}{1 + \tan^2(x/2)} = \frac{1 - t^2}{1 + t^2}$$

となる. よって,求める不定積分は,次のように計算できる.

$$\int \frac{1}{\cos x}\,dx = \int \frac{1+t^2}{1-t^2}\frac{2}{1+t^2}\,dt = 2\int \frac{1}{1-t^2}\,dt = 2\int \frac{1}{(1-t)(1+t)}\,dt$$
$$= \int \left(\frac{1}{1-t} + \frac{1}{1+t}\right)dt = -\log_e|1-t| + \log_e|1+t| + C$$
$$= \log_e\left|\frac{1+t}{1-t}\right| + C = \log_e\left|\frac{1+\tan(x/2)}{1-\tan(x/2)}\right| + C$$

ここで,被積分関数に対して部分分数分解を用いた.

**4.3** (1) 次のようになる.

$$\int \frac{x}{x^2+3}\,dx = \frac{1}{2}\int \frac{(x^2+3)'}{x^2+3}\,dx = \frac{1}{2}\log_e(x^2+3) + C = \log_e\sqrt{x^2+3} + C$$

(2) 次のようになる.

$$\int \frac{5\cos x}{1+\sin x}\,dx = 5\int \frac{(1+\sin x)'}{1+\sin x}\,dx = 5\log_e(1+\sin x) + C$$

**4.4**　(1)　次のようになる.

$$\int_0^1 (x^2 + 3)\,dx = \left[\frac{x^3}{3} + 3x\right]_0^1 = \frac{1}{3} + 3 = \frac{10}{3}$$

(2)　分母が $x$ の 2 次以上の関数になっている場合には，まず分母の関数を因数分解し，さらに，分母が $x$ の 1 次式になるように部分分数に分解するとよい. $A$, $B$ を未定係数として，被積分関数を，次のように部分分数に分解できたとする.

$$\frac{1}{x^2 + 3x + 2} = \frac{1}{(x+2)(x+1)} = \frac{A}{x+2} + \frac{B}{x+1} = \frac{A(x+1) + B(x+2)}{(x+2)(x+1)}$$
$$= \frac{(A+B)x + (A+2B)}{(x+2)(x+1)}$$

したがって，$A + B = 0$, $A + 2B = 1$ より，$A = -1$, $B = 1$ となる. よって，次のようになる.

$$\int_2^3 \frac{dx}{x^2 + 3x + 2} = \int_2^3 \left(-\frac{1}{x+2} + \frac{1}{x+1}\right) dx = \left[-\log_e(x+2) + \log_e(x+1)\right]_2^3$$
$$= (-\log_e 5 + \log_e 4) - (-\log_e 4 + \log_e 3)$$
$$= -\log_e 3 + 2\log_e 4 - \log_e 5 = \log_e \frac{4^2}{3 \times 5} = \log_e \frac{16}{15}$$

(3)　被積分関数が，$\sqrt{a^2 - x^2}$ という項を含む場合には，$x = a\cos\theta$ という置き換えを行うと，積分演算が簡単に行える. この意味を，解図 4.2 を用いて確認しよう. 与えられた被積分関数は，半径 $a$ の半円周上にある点 P の軌跡を表している. よって，図のように変数を $x$ から $\theta$ に変換して，$\theta$ について積分すればよい. 積分範囲は，$x: -a \to a$ が $\theta: \pi \to 0$ と変わる. $dx/d\theta = -a\sin\theta$ より，$dx = -a\sin\theta\,d\theta$ であり，$\sqrt{a^2 - x^2} = \sqrt{a^2 - a^2\cos^2\theta} = a\sin\theta$ であるので，

$$\int_{-a}^a \sqrt{a^2 - x^2}\,dx = \int_\pi^0 a\sin\theta\,(-a\sin\theta)\,d\theta = -a^2 \int_\pi^0 \sin^2\theta\,d\theta = a^2 \int_0^\pi \sin^2\theta\,d\theta$$
$$= a^2 \int_0^\pi \frac{1 - \cos 2\theta}{2}\,d\theta = a^2 \left[\frac{\theta}{2} - \frac{\sin 2\theta}{4}\right]_0^\pi = \frac{\pi a^2}{2}$$

となる. これは，図の半円の面積になっていることがわかる.

(4)　$2x^2 = t$ とおく. すると，$d(2x^2)/dt = 4x\,dx/dt = 1$ であるから，$x\,dx = (1/4)\,dt$ である. 積分範囲は，$x: 0 \to 1$ が $t: 0 \to 2$ と変わる. したがって，次のようになる.

$$\int_0^1 xe^{2x^2}\,dx = \int_0^2 \frac{1}{4}e^t\,dt = \left[\frac{1}{4}e^t\right]_0^2 = \frac{1}{4}(e^2 - 1)$$

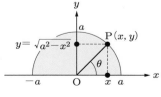

解図 4.2

**4.5** $t$ について $0$ から $T = 2\pi/\omega$ まで積分し，この積分区間での平均値を計算すると，次のようになる．

$$P = \frac{1}{T} \int_0^T p(t)\,\mathrm{d}t = \frac{VI}{T} \int_0^T \{\cos\theta - \cos(2\omega t - \theta)\}\,\mathrm{d}t$$

$$= \frac{VI}{T} \left\{ \big[t\cos\theta\big]_0^T - \frac{1}{2\omega}\big[\sin(2\omega t - \theta)\big]_0^T \right\} = \frac{VI}{T}\,T\cos\theta = VI\cos\theta$$

---

## ○── 5章 ──○

**5.1** （1）式 (5.5) より，$r = |\boldsymbol{Z}| = \sqrt{(\sqrt{3})^2 + 1^2} = 2$ である．また，式 (5.6) より，偏角 $\theta = \tan^{-1}(1/\sqrt{3}) = \pi/6$ である．よって，式 (5.8) および式 (5.16) より，$\boldsymbol{Z} = 2\{\cos(\pi/6) + j\sin(\pi/6)\} = 2e^{j\pi/6}$ となる．

（2）$r = |\boldsymbol{Z}| = \sqrt{8^2 + (-6)^2} = 10$，$\theta = \tan^{-1}(-6/8) = -36.9°$，$\boldsymbol{Z} = 10\{\cos(-36.9°) + j\sin(-36.9°)\} = 10e^{j(-36.9°)}$ となる．

**5.2** 加減算は直交座標形式のままで行う．加算：$\boldsymbol{Z}_1 + \boldsymbol{Z}_2 = (3 + j3\sqrt{3}) + (2 - j2) = 5 + j(3\sqrt{3} - 2)$，減算：$\boldsymbol{Z}_1 - \boldsymbol{Z}_2 = (3 + j3\sqrt{3}) - (2 - j2) = 1 + j(3\sqrt{3} + 2)$ となる．乗除算は指数関数形式で行う．そのために，$\boldsymbol{Z}_1$ と $\boldsymbol{Z}_2$ を指数関数形式に直す．$r_1 = \sqrt{3^2 + (3\sqrt{3})^2} = 6$，$\theta_1 = \tan^{-1}(3\sqrt{3}/3) = \pi/3$，$r_2 = \sqrt{2^2 + (-2)^2} = 2\sqrt{2}$，$\theta_2 = \tan^{-1}(-2/2) = -\pi/4$ である．よって，$\boldsymbol{Z}_1 = r_1 e^{j\theta_1} = 6e^{j\pi/3}$，$\boldsymbol{Z}_2 = r_2 e^{j\theta_2} = 2\sqrt{2}\,e^{-j\pi/4}$ と表せる．これらを用いて，乗算：$\boldsymbol{Z}_1 \times \boldsymbol{Z}_2 = (6 \times 2\sqrt{2})\,e^{j(\pi/3 - \pi/4)} = 12\sqrt{2}\,e^{j\pi/12}$，除算：$\boldsymbol{Z}_1/\boldsymbol{Z}_2 = \{6/(2\sqrt{2})\}\,e^{j(\pi/3 + \pi/4)} = (3\sqrt{2}/2)e^{j7\pi/12}$ となる．

**5.3** 複素数 $\boldsymbol{Z}$ の絶対値 $r$ と偏角 $\theta$ は，$r = |\boldsymbol{Z}| = \sqrt{(2\sqrt{3})^2 + 2^2} = 4$，$\theta = \tan^{-1}\{2/(2\sqrt{3})\} = 30°$ となる．よって，求める共役複素数は，絶対値 $r$ はそのままで，偏角 $\theta$ を $-\theta$ にすればよいので，$\overline{\boldsymbol{Z}} = r\angle(-\theta) = 4\angle(-30°)$ となる．解図 5.1 に，複素数 $\boldsymbol{Z}$ と，その共役複素数 $\overline{\boldsymbol{Z}}$ を示す．

**5.4** $\boldsymbol{Z}$ をフェーザ形式で表す．$r = |\boldsymbol{Z}| = \sqrt{(3\sqrt{3})^2 + 3^2} = 6$，$\theta = \tan^{-1}\{3/(3\sqrt{3})\} = 30°$ である．よって，$\boldsymbol{Z} = 6\angle 30°$ となる．題意より，複素数 $\boldsymbol{Z}^* = j \times j \times (1/j)\boldsymbol{Z} = j\boldsymbol{Z}$ と計算される．これより，複素数 $\boldsymbol{Z}^*$ は，$\boldsymbol{Z}$ の絶対値は変化させず，その偏角を $90°$ だけ増加させたも

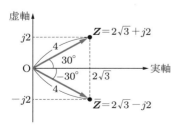

解図 5.1

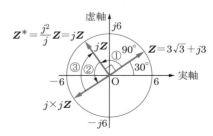

解図 5.2

のであることがわかる．すなわち，複素数 $\boldsymbol{Z}^*$ は，$\boldsymbol{Z}$ を反時計回りに $90°$ だけ回転させたものである．

　解図 5.2 に，複素数 $\boldsymbol{Z}$ に題意の演算操作を順番に行ったときの動きと，最終的な複素数 $\boldsymbol{Z}^*$ の位置を示す．ここで，最初の 2 回の乗算は①〜②で，次の 1 回の除算は③で示されている．

**5.5**（1）与えられた電圧の実効値 $V$ は $V_m/\sqrt{2}$，また，初期位相は $\theta$ である．よって，指数関数形式では $\boldsymbol{V} = (V_m/\sqrt{2})e^{j\theta}$，フェーザ形式では $\boldsymbol{V} = (V_m/\sqrt{2})\angle\theta$，直交座標形式では $\boldsymbol{V} = (V_m/\sqrt{2})(\cos\theta + j\sin\theta) = (V_m/\sqrt{2})\cos\theta + j(V_m/\sqrt{2})\sin\theta$ となる．

（2）与えられた電流の実効値 $I$ は 80 [A]，また，初期位相 $\phi$ は $-\pi/4$ [rad] である．よって，指数関数形式では $\boldsymbol{I} = 80e^{-j\pi/4}$ [A]，フェーザ形式では $\boldsymbol{I} = 80\angle(-45°)$ [A]，直交座標形式では $\boldsymbol{I} = 80\{\cos(-\pi/4) + j\sin(-\pi/4)\} = 40\sqrt{2} - j40\sqrt{2}$ [A] となる．

**5.6**（1）題意より，この瞬時電圧 $v$ の実効値は $V = 100/\sqrt{2} = 70.7$ [V] である．初期位相は $\pi/3$ [rad] である．よって，$\boldsymbol{V} = 70.7\angle60°$ [V] となる．解図 5.3 にフェーザ図を示す．

（2）$i = 20\cos(60\pi t - \pi/4) = 20\sin(60\pi t - \pi/4 + \pi/2) = 20\sin(60\pi t + \pi/4)$ [A] である．これより，瞬時電流 $i$ の実効値は $I = 20/\sqrt{2} = 14.1$ [A] であり，初期位相は $\pi/4$ [rad] である．よって，$\boldsymbol{I} = 14.1\angle45°$ [A] となる．解図 5.4 にフェーザ図を示す．

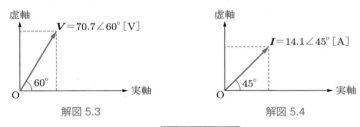

解図 5.3　　　　　　　　　　　　解図 5.4

**5.7**（1）電圧の実効値は，$V = |\boldsymbol{V}| = \sqrt{30^2 + (30\sqrt{3})^2} = 60$ [V] である．よって，電圧の最大値 $V_m$ は $60\sqrt{2}$ [V] となる．初期位相は，$\theta = \tan^{-1}(30\sqrt{3}/30) = \pi/3$ [rad]，また，角周波数は，$\omega = 2\pi f = 100\pi$ [rad/s] である．よって，瞬時値は，$v = 60\sqrt{2}\sin(100\pi t + \pi/3)$ [V] となる．

（2）電流の実効値は，$I = |\boldsymbol{I}| = \sqrt{(10\sqrt{3})^2 + 10^2} = 20$ [A] である．よって，電流の最大値 $I_m$ は $20\sqrt{2}$ [A] となる．初期位相は，$\phi = \tan^{-1}\{10/(10\sqrt{3})\} = \pi/6$ [rad]，また，角周波数は，$\omega = 2\pi f = 100\pi$ [rad/s] である．よって，瞬時値は，$i = 20\sqrt{2}\sin(100\pi t + \pi/6)$ [A] となる．

**5.8**（1）電圧の実効値は 60 [V]，初期位相 $\theta$ は $\pi/3$ [rad]，また，角周波数 $\omega$ は 360 [rad/s] である．よって，$v = 60\sqrt{2}\sin(360t + \pi/3)$ [V] となる．

（2）電流の実効値は 30 [A]，初期位相 $\phi$ は $-\pi/4$ [rad]，また，角周波数 $\omega$ は 360 [rad/s] である．よって，$i = 30\sqrt{2}\sin(360t - \pi/4)$ [A] となる．

**5.9**（1）電圧の実効値は 100 [V]，初期位相 $\theta$ は $-\pi/3$ [rad] となる．よって，$v = 100\sqrt{2} \times \sin(360t - \pi/3)$ [V] となる．

（2）電流の実効値は 20 [A]，初期位相 $\phi$ は $\pi/4$ [rad] となる．よって，$i = 20\sqrt{2}\sin(360t + \pi/4)$ [A] となる．

#### 6章

**6.1** 題意より，フェーザ形式で表した電圧は，$V = 150\angle 30°$ [V] である．よって，$I = V/R = 150\angle 30°/30 = 5\angle 30°$ [A] となる．求めるフェーザ図を，解図 6.1 に示す．

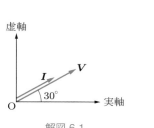

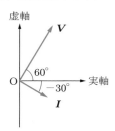

解図 6.1 　　　　　　　　　　　解図 6.2

**6.2** 交流電圧が余弦関数で表されているので，正弦関数に書き換える．$v = 200\sqrt{2}\cos(200t - \pi/6) = 200\sqrt{2}\sin(200t - \pi/6 + \pi/2) = 200\sqrt{2}\sin(200t + \pi/3)$ [V] である．角周波数 $\omega$ は 200 [rad/s] であるので，$X_L = \omega L = 200 \times 500 \times 10^{-3} = 100$ [Ω] となる．また，フェーザ形式で表した電圧と電流は，それぞれ $V = 200\angle 60°$ [V]，$I = -j(V/\omega L) = -j(200/100)\angle 60° = 2\angle(60° - 90°) = 2\angle(-30°)$ [A] となる．求めるフェーザ図を，解図 6.2 に示す．

**6.3** キャパシタンス $C$ は，$C = 50$ [μF] $= 5 \times 10^{-5}$ [F] である．また，$\omega = 2\pi f = 2\pi \times 60 = 377$ [rad/s] である．よって，$\omega C = 377 \times 5 \times 10^{-5} = 1.885 \times 10^{-2}$ [S] となる．以上より，求める容量性リアクタンス $X_C$ は，式 (6.18) より，$X_C = 1/(\omega C) = 53.1$ [Ω] となる．式 (6.19) より，電流は，$I = j\omega CV = j(1.885 \times 10^{-2} \times 120)\angle(-60°) = 2.26\angle(-60° + 90°) = 2.26\angle 30°$ [A] となる．解図 6.3 が求める電圧と電流のフェーザ図である．

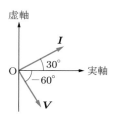

解図 6.3

**6.4** （1）電圧をフェーザ形式で表すと，$V = 100\angle 60°$ [V] となる．よって，インピーダンスは $Z = V/I = (100\angle 60°)/\{2.5\angle(-30°)\} = 40\angle\{60° - (-30°)\} = 40\angle 90°$ [Ω] となり，$V = ZI = 40\angle 90° I$ [V] となる．$V$ は $I$ より位相が $\pi/2$ 進んでいる．よって，この素子はコイルである．

（2）電圧をフェーザ形式で表すと，$V = 100\angle(-30°)$ [V] となる．よって，$Z = V/I = 100\angle(-30°)/\{2.5\angle(-30°)\} = 40$ [Ω] となる．$Z$ は実数となることから，この素子は抵抗である．

（3）電圧をフェーザ形式で表すと，$\boldsymbol{V} = 100\angle(-120°)$ [V] となる．よって，$\boldsymbol{Z} = \boldsymbol{V}/\boldsymbol{I} = 100\angle(-120°)/\{2.5\angle(-30°)\} = 40\angle\{-120° - (-30°)\} = 40\angle(-90°)$ [Ω] となる．すなわち，$\boldsymbol{V} = \boldsymbol{Z}\boldsymbol{I} = 40\angle(-90°)\boldsymbol{I}$ となる．$\boldsymbol{V}$ は $\boldsymbol{I}$ より位相が $\pi/2$ 遅れているので，この素子はコンデンサである．

**6.5**　題意より，角周波数は，$\omega = 2\pi f = 2\pi \times 50 = 314$ [rad/s]，インピーダンスは，$\boldsymbol{Z} = R + j\omega L = 100 + j314 \times 0.4 = 100 + j126$ [Ω]，$\boldsymbol{Z}$ の偏角は，$\tan^{-1}(314 \times 0.4/100) = 51.5°$ である．よって，$\boldsymbol{V}_R = R\boldsymbol{I} = 100 \times 2 = 200$ [V]，$\boldsymbol{V}_L = j\omega L\boldsymbol{I} = j314 \times 0.4 \times 2 = j251$ [V]，$\boldsymbol{V} = \boldsymbol{V}_R + \boldsymbol{V}_L = 200 + j251$ [V] となる．電圧 $\boldsymbol{V}$ の偏角は，$\tan^{-1}(251/200) = 51.5°$ で，$\boldsymbol{Z}$ の偏角と等しい．以上を複素平面上にまとめると，解図 6.4 のようになる．

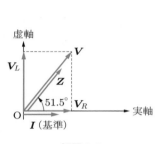

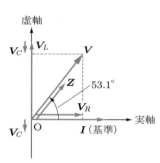

解図 6.4　　　　　　　　　　　　解図 6.5

**6.6**　合成インピーダンスは，$\boldsymbol{Z} = R + jX_L - jX_C = 6 + j8$ [Ω]，$\boldsymbol{Z}$ の偏角は，$\tan^{-1}(8/6) = 53.1°$，$\boldsymbol{V}_R = R\boldsymbol{I} = 6 \times 2.5 = 15$ [V]，$\boldsymbol{V}_L = jX_L\boldsymbol{I} = j10 \times 2.5 = j25$ [V]，$\boldsymbol{V}_C = -jX_C\boldsymbol{I} = -j2 \times 2.5 = -j5$ [V]，$\boldsymbol{V} = \boldsymbol{V}_R + \boldsymbol{V}_L + \boldsymbol{V}_C = 15 + j20$ [V] である．電圧 $\boldsymbol{V}$ の大きさは，$V = \sqrt{15^2 + 20^2} = 25$ [V]，電圧 $\boldsymbol{V}$ の偏角は，$\tan^{-1}(20/15) = 53.1°$ で，$\boldsymbol{Z}$ の偏角と等しい．以上を複素平面上にまとめると，解図 6.5 になる．

**6.7**　題意より，印加電圧の実効値は 100 [V]，また，角周波数は，$\omega = 500$ [rad/s] である．$\boldsymbol{Y}_R = 1/50 = 0.02$ [S]，$\boldsymbol{Y}_C = j\omega C = j \times 500 \times 100 \times 10^{-6} = j0.05$ [S] であり，$\boldsymbol{Y} = \boldsymbol{Y}_R + \boldsymbol{Y}_C = 0.02 + j0.05$ [S] となる．$\boldsymbol{Y}$ の偏角は，$\tan^{-1}(0.05/0.02) = \tan^{-1}2.5 = 68.2°$ である．$\boldsymbol{I}_R = \boldsymbol{Y}_R\boldsymbol{V} = 0.02 \times 100 = 2$ [A]，$\boldsymbol{I}_C = \boldsymbol{Y}_C\boldsymbol{V} = j0.05 \times 100 = j5$ [A]，$\boldsymbol{I} = \boldsymbol{Y}\boldsymbol{V} = 2 + j5$ [A] となる．$\boldsymbol{I}$ の偏角は，$\boldsymbol{Y}$ の偏角と等しい．これらを複素平面上にまとめたものが，解図 6.6 である．

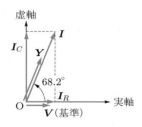

解図 6.6

**6.8**　題意より，角周波数は，$\omega = 2\pi f = 2\pi \times 50 = 314.2$ [rad/s] で，$X_L = \omega L = 62.84$ [Ω]，$X_C = 1/(\omega C) = 31.83$ [Ω] である．インピーダンスは，$\boldsymbol{Z} = R + j(X_L - X_C) = 50 + j31.01$ [Ω]，よって，$\boldsymbol{Z}$ の大きさは $|\boldsymbol{Z}| = \sqrt{50^2 + 31.01^2} = 58.84$ [Ω]，$\boldsymbol{Z}$ の偏角は $\theta = \tan^{-1}(31.01/50) = 31.8°$ となる．求める電流は，$\boldsymbol{I} = \boldsymbol{V}/\boldsymbol{Z} = 100/(58.84\angle 31.8°) = 1.70\angle(-31.8°)$ [A] となり，力率は，$\cos\theta = \cos 31.8° = 0.850$ となる．よって，皮相電力 $P_a$，有効電力 $P$，無効電力 $P_r$ は，それぞれ $P_a = VI = 100 \times 1.70 = 170$ [VA]，$P = VI\cos\theta = 144.5$ [W]，$P_r = VI\sin\theta = 89.6$ [var] となる．

**6.9**　並列回路の解析であるので，まず，各素子のアドミタンスを求める．$\boldsymbol{Y}_R = 1/R = 0.04$ [S]，$\boldsymbol{Y}_L = -j(1/\omega L) = -j(1/X_L) = -j0.025$ [S]，$\boldsymbol{Y}_C = j\omega C = j(1/X_C) = j0.05$ [S] である．よって，合成アドミタンスは，$\boldsymbol{Y} = \boldsymbol{Y}_R + \boldsymbol{Y}_L + \boldsymbol{Y}_C = 0.04 + j0.025$ [S] となる．合成インピーダンスは，$\boldsymbol{Z} = 1/\boldsymbol{Y} = 17.98 - j11.24$ [Ω] となる．よって，$\boldsymbol{Z}$ の偏角は，$\theta = \tan^{-1}(-11.24/17.98) = -32.0°$ で，力率は $\cos\theta = 0.848$ となる．電流は，$\boldsymbol{I} = \boldsymbol{Y}\boldsymbol{V} = (0.04 + j0.025) \times 100 = 4 + j2.5$ [A] となる．$I = |\boldsymbol{I}| = \sqrt{4^2 + 2.5^2} = 4.72$ [A] であるので，皮相電力 $P_a$，有効電力 $P$，無効電力 $P_r$ は，それぞれ $P_a = VI = 100 \times 4.72 = 472$ [VA]，$P = VI\cos\theta = 400$ [W]，$P_r = VI\sin\theta = -250$ [var] となる．

**6.10**　$\boldsymbol{I} = \boldsymbol{V}/\boldsymbol{Z} = (200 + j100)/(40 - j30) = 2 + j4$ [A]，電流 $\boldsymbol{I}$ の共役複素数は $\overline{\boldsymbol{I}} = 2 - j4$ [A]，よって，複素電力 $\boldsymbol{P}$ は，$\boldsymbol{P} = \boldsymbol{V}\overline{\boldsymbol{I}} = 800 - j600$ [VA] となる．有効電力 $P$ は，複素電力 $\boldsymbol{P}$ の実部をとって，$P = 800$ [W] であり，また，無効電力 $P_r$ は，複素電力 $\boldsymbol{P}$ の虚部をとり，$P_r = -600$ [var] である．皮相電力は $P_a = \sqrt{P^2 + P_r{}^2} = 1000$ [VA] となる．

---

### ○ **7章** ○

**7.1**　$^t(AB)$ は，

$$
^t(AB) = {}^t\left(\begin{bmatrix} 1 & 2 & 1 \\ 2 & 0 & 5 \\ 1 & 3 & 2 \end{bmatrix}\begin{bmatrix} 3 & 0 & 2 \\ 1 & 2 & 2 \\ 2 & 4 & 1 \end{bmatrix}\right)
$$

$$
= {}^t\begin{bmatrix} 1\times3+2\times1+1\times2 & 1\times0+2\times2+1\times4 & 1\times2+2\times2+1\times1 \\ 2\times3+0\times1+5\times2 & 2\times0+0\times2+5\times4 & 2\times2+0\times2+5\times1 \\ 1\times3+3\times1+2\times2 & 1\times0+3\times2+2\times4 & 1\times2+3\times2+2\times1 \end{bmatrix}
$$

$$
= {}^t\begin{bmatrix} 7 & 8 & 7 \\ 16 & 20 & 9 \\ 10 & 14 & 10 \end{bmatrix} = \begin{bmatrix} 7 & 16 & 10 \\ 8 & 20 & 14 \\ 7 & 9 & 10 \end{bmatrix}
$$

となる．一方，

$$
{}^tA = {}^t\begin{bmatrix} 1 & 2 & 1 \\ 2 & 0 & 5 \\ 1 & 3 & 2 \end{bmatrix} = \begin{bmatrix} 1 & 2 & 1 \\ 2 & 0 & 3 \\ 1 & 5 & 2 \end{bmatrix}, \quad {}^tB = {}^t\begin{bmatrix} 3 & 0 & 2 \\ 1 & 2 & 2 \\ 2 & 4 & 1 \end{bmatrix} = \begin{bmatrix} 3 & 1 & 2 \\ 0 & 2 & 4 \\ 2 & 2 & 1 \end{bmatrix}
$$

であるので，

$$
{}^{t}B\,{}^{t}A=\begin{bmatrix} 3 & 1 & 2 \\ 0 & 2 & 4 \\ 2 & 2 & 1 \end{bmatrix}\begin{bmatrix} 1 & 2 & 1 \\ 2 & 0 & 3 \\ 1 & 5 & 2 \end{bmatrix}=\begin{bmatrix} 7 & 16 & 10 \\ 8 & 20 & 14 \\ 7 & 9 & 10 \end{bmatrix}
$$

となる．よって，${}^{t}(AB)={}^{t}B\,{}^{t}A$ が成り立つことがわかる．

**7.2**　恒等置換を出発点として，下段の数値の順序が題意と一致するように，互換を順に繰り返していく．

$$
\begin{pmatrix} 1 & 2 & 3 & 4 & 5 \\ 1 & 2 & 3 & 4 & 5 \end{pmatrix} \xrightarrow{(1\leftrightarrow3)} \begin{pmatrix} 1 & 2 & 3 & 4 & 5 \\ 3 & 2 & 1 & 4 & 5 \end{pmatrix} \xrightarrow{(2\leftrightarrow1)} \begin{pmatrix} 1 & 2 & 3 & 4 & 5 \\ 3 & 1 & 2 & 4 & 5 \end{pmatrix}
$$

$$
\xrightarrow{(2\leftrightarrow4)} \begin{pmatrix} 1 & 2 & 3 & 4 & 5 \\ 3 & 1 & 4 & 2 & 5 \end{pmatrix} \xrightarrow{(2\leftrightarrow5)} \begin{pmatrix} 1 & 2 & 3 & 4 & 5 \\ 3 & 1 & 4 & 5 & 2 \end{pmatrix}=\sigma_a
$$

結局，4 回の互換を行ったので，この置換 $\sigma_a$ は偶置換である．

$$
\begin{pmatrix} 1 & 2 & 3 & 4 & 5 \\ 1 & 2 & 3 & 4 & 5 \end{pmatrix} \xrightarrow{(1\leftrightarrow5)} \begin{pmatrix} 1 & 2 & 3 & 4 & 5 \\ 5 & 2 & 3 & 4 & 1 \end{pmatrix} \xrightarrow{(3\leftrightarrow4)} \begin{pmatrix} 1 & 2 & 3 & 4 & 5 \\ 5 & 2 & 4 & 3 & 1 \end{pmatrix}
$$

$$
\xrightarrow{(3\leftrightarrow1)} \begin{pmatrix} 1 & 2 & 3 & 4 & 5 \\ 5 & 2 & 4 & 1 & 3 \end{pmatrix}=\sigma_b
$$

結局，3 回の互換を行ったので，この置換 $\sigma_b$ は奇置換である．

**7.3**　次のようになる．

$$
|A|=\begin{vmatrix} 2 & 1 & 0 \\ 1 & 3 & 1 \\ -1 & 2 & 1 \end{vmatrix}
$$
$$
=2\times3\times1+1\times1\times(-1)+0\times1\times2-2\times1\times2-1\times1\times1-0\times3\times(-1)
$$
$$
=6-1+0-4-1+0=0
$$

$$
|B|=\begin{vmatrix} 1 & 5 & 2 \\ 0 & 1 & 3 \\ 2 & -1 & 0 \end{vmatrix}
$$
$$
=1\times1\times0+5\times3\times2+2\times0\times(-1)-1\times3\times(-1)-5\times0\times0-2\times1\times2
$$
$$
=0+30+0+3-0-4=29
$$

**7.4**　第 1 列は 0 の成分が多いので，第 1 列について展開する．網かけは，削除する部分を表す．

$$
|A|=\begin{vmatrix} -2 & 1 & -1 & 2 \\ 0 & 2 & 1 & 3 \\ -2 & 3 & 4 & 2 \\ 0 & 6 & 2 & 6 \end{vmatrix}
$$

$$= a_{11}(-1)^{1+1}\begin{vmatrix} -2 & 1 & -1 & 2 \\ 0 & 2 & 1 & 3 \\ -2 & 3 & 4 & 2 \\ 0 & 6 & 2 & 6 \end{vmatrix} + a_{31}(-1)^{3+1}\begin{vmatrix} -2 & 1 & -1 & 2 \\ 0 & 2 & 1 & 3 \\ -2 & 3 & 4 & 2 \\ 0 & 6 & 2 & 6 \end{vmatrix}$$

$$= (-2)(-1)^2\begin{vmatrix} 2 & 1 & 3 \\ 3 & 4 & 2 \\ 6 & 2 & 6 \end{vmatrix} + (-2)(-1)^4\begin{vmatrix} 1 & -1 & 2 \\ 2 & 1 & 3 \\ 6 & 2 & 6 \end{vmatrix}$$

$$= -2 \times (2 \times 4 \times 6 + 1 \times 2 \times 6 + 3 \times 3 \times 2 - 2 \times 2 \times 2 - 1 \times 3 \times 6 - 3 \times 4 \times 6)$$
$$\quad - 2 \times \{1 \times 1 \times 6 + (-1) \times 3 \times 6 + 2 \times 2 \times 2$$
$$\quad\quad - 1 \times 3 \times 2 - (-1) \times 2 \times 6 - 2 \times 1 \times 6\}$$
$$= -2 \times (48 + 12 + 18 - 8 - 18 - 72 + 6 - 18 + 8 - 6 + 12 - 12) = 60$$

**7.5** まず，行列 $A$ の行列式をサラスの方法で求める．

$$|A| = \begin{vmatrix} 1 & 0 & 1 \\ 2 & 2 & 3 \\ 1 & -1 & 1 \end{vmatrix}$$
$$= 1 \times 2 \times 1 + 0 \times 3 \times 1 + 1 \times 2 \times (-1) - 1 \times 3 \times (-1) - 0 \times 2 \times 1 - 1 \times 2 \times 1$$
$$= 2 + 0 - 2 + 3 - 0 - 2 = 1$$

次に，余因子を順に求める．

$$A_{11} = (-1)^{1+1}\begin{vmatrix} 2 & 3 \\ -1 & 1 \end{vmatrix} = 5, \quad A_{12} = (-1)^{1+2}\begin{vmatrix} 2 & 3 \\ 1 & 1 \end{vmatrix} = 1,$$

$$A_{13} = (-1)^{1+3}\begin{vmatrix} 2 & 2 \\ 1 & -1 \end{vmatrix} = -4, \quad A_{21} = (-1)^{2+1}\begin{vmatrix} 0 & 1 \\ -1 & 1 \end{vmatrix} = -1,$$

$$A_{22} = (-1)^{2+2}\begin{vmatrix} 1 & 1 \\ 1 & 1 \end{vmatrix} = 0, \quad A_{23} = (-1)^{2+3}\begin{vmatrix} 1 & 0 \\ 1 & -1 \end{vmatrix} = 1,$$

$$A_{31} = (-1)^{3+1}\begin{vmatrix} 0 & 1 \\ 2 & 3 \end{vmatrix} = -2, \quad A_{32} = (-1)^{3+2}\begin{vmatrix} 1 & 1 \\ 2 & 3 \end{vmatrix} = -1,$$

$$A_{33} = (-1)^{3+3}\begin{vmatrix} 1 & 0 \\ 2 & 2 \end{vmatrix} = 2$$

よって，求める逆行列 $A^{-1}$ は，次のようになる．

$$A^{-1} = \frac{1}{|A|}\begin{bmatrix} A_{11} & A_{21} & A_{31} \\ A_{12} & A_{22} & A_{32} \\ A_{13} & A_{23} & A_{33} \end{bmatrix} = \begin{bmatrix} 5 & -1 & -2 \\ 1 & 0 & -1 \\ -4 & 1 & 2 \end{bmatrix}$$

また，

$$A^{-1}A = \begin{bmatrix} 5 & -1 & -2 \\ 1 & 0 & -1 \\ -4 & 1 & 2 \end{bmatrix} \begin{bmatrix} 1 & 0 & 1 \\ 2 & 2 & 3 \\ 1 & -1 & 1 \end{bmatrix}$$

$$= \begin{bmatrix} 5 \times 1 + (-1) \times 2 + (-2) \times 1 & 5 \times 0 + (-1) \times 2 + (-2) \times (-1) & 5 \times 1 + (-1) \times 3 + (-2) \times 1 \\ 1 \times 1 + 0 \times 2 + (-1) \times 1 & 1 \times 0 + 0 \times 2 + (-1) \times (-1) & 1 \times 1 + 0 \times 3 + (-1) \times 1 \\ (-4) \times 1 + 1 \times 2 + 2 \times 1 & (-4) \times 0 + 1 \times 2 + 2 \times (-1) & (-4) \times 1 + 1 \times 3 + 2 \times 1 \end{bmatrix}$$

$$= \begin{bmatrix} 1 & 0 & 0 \\ 0 & 1 & 0 \\ 0 & 0 & 1 \end{bmatrix} = U$$

であるので，$A^{-1}A$ が単位行列になることが確認できた．

**7.6**　与えられた連立 1 次方程式は，行列を用いると次のように表される．

$$\begin{bmatrix} 2 & 1 & 3 \\ 1 & 3 & 1 \\ 3 & 2 & 2 \end{bmatrix} \begin{bmatrix} x_1 \\ x_2 \\ x_3 \end{bmatrix} = \begin{bmatrix} 13 \\ 8 \\ 15 \end{bmatrix}$$

上式の左辺の係数行列を $A$ とすると，この行列式の値はサラスの方法を用いて，次のように求められる．

$$|A| = 2 \times 3 \times 2 + 1 \times 1 \times 3 + 3 \times 1 \times 2 - 2 \times 1 \times 2 - 1 \times 1 \times 2 - 3 \times 3 \times 3$$
$$= 12 + 3 + 6 - 4 - 2 - 27 = -12$$

$\Delta_i$ を，行列 $A$ の第 $i$ 列を右辺のベクトルで置き換えた行列の行列式とする．

$$\Delta_1 = \begin{vmatrix} 13 & 1 & 3 \\ 8 & 3 & 1 \\ 15 & 2 & 2 \end{vmatrix}$$

$$= 13 \times 3 \times 2 + 1 \times 1 \times 15 + 3 \times 8 \times 2 - 13 \times 1 \times 2 - 1 \times 8 \times 2 - 3 \times 3 \times 15$$
$$= 78 + 15 + 48 - 26 - 16 - 135 = -36$$

$$\Delta_2 = \begin{vmatrix} 2 & 13 & 3 \\ 1 & 8 & 1 \\ 3 & 15 & 2 \end{vmatrix}$$

$$= 2 \times 8 \times 2 + 13 \times 1 \times 3 + 3 \times 1 \times 15 - 2 \times 1 \times 15 - 13 \times 1 \times 2 - 3 \times 8 \times 3$$
$$= 32 + 39 + 45 - 30 - 26 - 72 = -12$$

$$\Delta_3 = \begin{vmatrix} 2 & 1 & 13 \\ 1 & 3 & 8 \\ 3 & 2 & 15 \end{vmatrix}$$

$$= 2 \times 3 \times 15 + 1 \times 8 \times 3 + 13 \times 1 \times 2 - 2 \times 8 \times 2 - 1 \times 1 \times 15 - 13 \times 3 \times 3$$
$$= 90 + 24 + 26 - 32 - 15 - 117 = -24$$

よって，$x_1$, $x_2$, $x_3$ は次のように求められる．

$$x_1 = \frac{\Delta_1}{|A|} = \frac{-36}{-12} = 3, \quad x_2 = \frac{\Delta_2}{|A|} = \frac{-12}{-12} = 1, \quad x_3 = \frac{\Delta_3}{|A|} = \frac{-24}{-12} = 2$$

**7.7**　与えられた連立 1 次方程式の拡大係数行列は次のようになる．

$$\left[\ A \ \vdots \ \vec{b}\ \right] = \begin{bmatrix} 1 & 1 & -2 & \vdots & -1 \\ 3 & 2 & -1 & \vdots & -1 \\ -1 & 3 & 3 & \vdots & 14 \end{bmatrix}$$

この拡大係数行列に対して，行基本変形を適用する．なお，各行の順番を，丸で囲った数字で表す．また，ローマ数字 I，II，III は，それぞれ，行基本変形の操作 I，II，III を示す．

$$\begin{bmatrix} 1 & 1 & -2 & \vdots & -1 \\ 3 & 2 & -1 & \vdots & -1 \\ -1 & 3 & 3 & \vdots & 14 \end{bmatrix} \begin{array}{c} \text{III} \\ \to \\ ②-3\times① \\ ③+① \end{array} \begin{bmatrix} 1 & 1 & -2 & \vdots & -1 \\ 0 & -1 & 5 & \vdots & 2 \\ 0 & 4 & 1 & \vdots & 13 \end{bmatrix}$$

$$\begin{array}{c} \text{III} \\ \to \\ ③+4\times② \end{array} \begin{bmatrix} 1 & 1 & -2 & \vdots & -1 \\ 0 & -1 & 5 & \vdots & 2 \\ 0 & 0 & 21 & \vdots & 21 \end{bmatrix} \begin{array}{c} \text{II} \\ \to \\ (1/7)\times③ \end{array} \begin{bmatrix} 1 & 1 & -2 & \vdots & -1 \\ 0 & -1 & 5 & \vdots & 2 \\ 0 & 0 & 1 & \vdots & 1 \end{bmatrix}$$

$$\begin{array}{c} \text{III} \\ \to \\ ①+② \end{array} \begin{bmatrix} 1 & 0 & 3 & \vdots & 1 \\ 0 & -1 & 5 & \vdots & 2 \\ 0 & 0 & 1 & \vdots & 1 \end{bmatrix} \begin{array}{c} \text{II} \\ \to \\ (-1)\times② \end{array} \begin{bmatrix} 1 & 0 & 3 & \vdots & 1 \\ 0 & 1 & -5 & \vdots & -2 \\ 0 & 0 & 1 & \vdots & 1 \end{bmatrix}$$

$$\begin{array}{c} \text{III} \\ \to \\ ①-3\times③ \\ ②+5\times③ \end{array} \begin{bmatrix} 1 & 0 & 0 & \vdots & -2 \\ 0 & 1 & 0 & \vdots & 3 \\ 0 & 0 & 1 & \vdots & 1 \end{bmatrix} \tag{1}$$

すなわち，拡大係数行列 $[A \mid \vec{b}]$ は，行基本変形を行うことにより，単位行列 $U$ と解ベクトル $\vec{x}$ を並べてできる行列 $[U \mid \vec{x}]$ になることがわかる．

$$\left[\ A \ \vdots \ \vec{b}\ \right] \Rightarrow \left[\ U \ \vdots \ \vec{x}\ \right] \tag{2}$$

式 (1) と式 (2) を比較することにより，解ベクトル

$$\vec{x} = \begin{bmatrix} x_1 \\ x_2 \\ x_3 \end{bmatrix} = \begin{bmatrix} -2 \\ 3 \\ 1 \end{bmatrix}$$

が求められる．

**7.8**　節点 A に対しキルヒホッフの第一法則を適用することにより，

$$\boldsymbol{I}_1 = \boldsymbol{I}_2 + \boldsymbol{I}_3 \tag{1}$$

となる．二つの独立な閉回路 $S_a$ および $S_b$ の矢印の方向に沿って，キルヒホッフの第二法則を適用する．

$$S_a : \boldsymbol{Z}_1 \boldsymbol{I}_1 + \boldsymbol{Z}_2 \boldsymbol{I}_2 = \boldsymbol{E} \quad \text{すなわち，} \quad 40\boldsymbol{I}_1 - j10\boldsymbol{I}_2 = 100\angle 0° \tag{2}$$

$$S_b : \boldsymbol{Z}_2\boldsymbol{I}_2 - (\boldsymbol{Z}_3 + \boldsymbol{Z}_4)\boldsymbol{I}_3 = 0 \quad \text{すなわち,} \quad -j10\boldsymbol{I}_2 - (10 + j20)\boldsymbol{I}_3 = 0 \tag{3}$$

この連立方程式 (1), (2), (3) を行列で表すと

$$\begin{bmatrix} 1 & -1 & -1 \\ 40 & -j10 & 0 \\ 0 & -j10 & -(10+j20) \end{bmatrix} \begin{bmatrix} \boldsymbol{I}_1 \\ \boldsymbol{I}_2 \\ \boldsymbol{I}_3 \end{bmatrix} = \begin{bmatrix} 0 \\ 100 \\ 0 \end{bmatrix}$$

となる. これをクラメールの公式を用いて解く. 左辺の係数行列の行列式 $\varDelta$ は,

$$\varDelta = \begin{vmatrix} 1 & -1 & -1 \\ 40 & -j10 & 0 \\ 0 & -j10 & -(10+j20) \end{vmatrix}$$

$$= 1 \times (-j10) \times \{-(10+j20)\} + (-1) \times 40 \times (-j10) - (-1) \times 40 \times \{-(10+j20)\}$$

$$= -600 - j300$$

であるので, 求める枝電流 $\boldsymbol{I}_1$, $\boldsymbol{I}_2$, $\boldsymbol{I}_3$ は, 次式のようになる.

$$\boldsymbol{I}_1 = \frac{1}{\varDelta} \begin{vmatrix} 0 & -1 & -1 \\ 100 & -j10 & 0 \\ 0 & -j10 & -(10+j20) \end{vmatrix}$$

$$= \frac{(-1) \times 100 \times (-j10) - (-1) \times 100 \times \{-(10+j20)\}}{-600 - j300} = 2 + j0.667 \text{ [A]}$$

$$\boldsymbol{I}_2 = \frac{1}{\varDelta} \begin{vmatrix} 1 & 0 & -1 \\ 40 & 100 & 0 \\ 0 & 0 & -(10+j20) \end{vmatrix} = \frac{1 \times 100 \times \{-(10+j20)\}}{-600 - j300} = 2.667 + j2 \text{ [A]}$$

$$\boldsymbol{I}_3 = \frac{1}{\varDelta} \begin{vmatrix} 1 & -1 & 0 \\ 40 & -j10 & 100 \\ 0 & -j10 & 0 \end{vmatrix} = \frac{(-1) \times 100 \times (-j10)}{-600 - j300} = -0.667 - j1.333 \text{ [A]}$$

**7.9**　閉回路 $S_a$, $S_b$ に沿ってキルヒホッフの第二法則を適用し, 整理すると,

$$S_a : (\boldsymbol{Z}_1 + \boldsymbol{Z}_2)\boldsymbol{I}_a + \boldsymbol{Z}_2\boldsymbol{I}_b = E \quad \text{すなわち,} \quad (40 - j10)\boldsymbol{I}_a - j10\boldsymbol{I}_b = 100$$

$$S_b : \boldsymbol{Z}_2\boldsymbol{I}_a + (\boldsymbol{Z}_2 + \boldsymbol{Z}_3 + \boldsymbol{Z}_4)\boldsymbol{I}_b = 0 \quad \text{すなわち,} \quad -j10\boldsymbol{I}_a + (10 + j10)\boldsymbol{I}_b = 0$$

となる. この連立方程式を行列で表すと,

$$\begin{bmatrix} 40 - j10 & -j10 \\ -j10 & 10 + j10 \end{bmatrix} \begin{bmatrix} \boldsymbol{I}_a \\ \boldsymbol{I}_b \end{bmatrix} = \begin{bmatrix} 100 \\ 0 \end{bmatrix}$$

となる. これをクラメールの公式を用いて解く. 左辺の係数行列の行列式 $\varDelta$ は,

$$\varDelta = \begin{vmatrix} 40 - j10 & -j10 \\ -j10 & 10 + j10 \end{vmatrix} = (40 - j10) \times (10 + j10) - (-j10) \times (-j10) = 600 + j300$$

であるので, 求める閉路電流 $\boldsymbol{I}_a$ および $\boldsymbol{I}_b$ は, 次のように計算できる.

$$I_a = \frac{1}{\Delta} \begin{vmatrix} 100 & -j10 \\ 0 & 10+j10 \end{vmatrix} = \frac{100 \times (10+j10)}{600+j300} = 2 + j0.667 \text{ [A]}$$

$$I_b = \frac{1}{\Delta} \begin{vmatrix} 40-j10 & 100 \\ -j10 & 0 \end{vmatrix} = \frac{j10 \times 100}{600+j300} = 0.667 + j1.333 \text{ [A]}$$

よって，$I_1$, $I_2$, $I_3$ は，$I_1 = I_a = 2 + j0.667$ [A]，$I_2 = I_a + I_b = 2.667 + j2$ [A]，$I_3 = -I_b$ $= -0.667 - j1.333$ [A] となる．

---

## 8章

**8.1**　問図 8.1 の波形は，次式で与えられる．

$$v(t) = \begin{cases} -V_m & (0 \leqq t \leqq T/2) \\ V_m & (T/2 \leqq t \leqq T) \end{cases}$$

$v(t)$ は奇関数であるので，$a_0 = a_n = 0$ である．一方，式 (8.46) より $b_n$ を計算すると，次のようになる．

$$b_n = \frac{4}{T} \int_0^{T/2} (-V_m) \sin n\omega t \, \mathrm{d}t = -\frac{4V_m}{T} \left[ -\frac{\cos n\omega t}{n\omega} \right]_0^{T/2}$$

$$= \frac{4V_m}{n\omega T} \left( \cos \frac{n\omega T}{2} - \cos 0 \right) = \frac{2V_m}{n\pi} (\cos n\pi - 1) = -\frac{2V_m}{n\pi} \{1 - (-1)^n\}$$

ここで，$\omega T = 2\pi$ の関係を用いている．$a_0$, $a_n$, および求めた $b_n$ を式 (8.21) に代入することにより，$v(t)$ は次のようにフーリエ級数展開できる．

$$v(t) = -\frac{2V_m}{\pi} \times 2 \times \sin \omega t - \frac{2V_m}{2\pi} \times 0 \times \sin 2\omega t - \frac{2V_m}{3\pi} \times 2 \times \sin 3\omega t$$

$$- \frac{2V_m}{4\pi} \times 0 \times \sin 4\omega t - \frac{2V_m}{5\pi} \times 2 \times \sin 5\omega t + \cdots$$

$$= -\frac{4V_m}{\pi} \left( \sin \omega t + \frac{1}{3} \sin 3\omega t + \frac{1}{5} \sin 5\omega t + \cdots \right)$$

**8.2**　問図 8.2 の波形は，次式で与えられる．

$$i(t) = \begin{cases} 0 & (0 \leqq t \leqq T/2) \\ I_m & (T/2 \leqq t \leqq T) \end{cases}$$

式 (8.22)〜(8.24) より，

$$a_0 = \frac{1}{T} \int_0^T i(t) \, \mathrm{d}t = \frac{1}{T} \left( \int_0^{T/2} 0 \, \mathrm{d}t + \int_{T/2}^T I_m \, \mathrm{d}t \right) = \frac{I_m}{2}$$

$$a_n = \frac{2}{T} \left( \int_0^{T/2} 0 \times \cos n\omega t \, \mathrm{d}t + \int_{T/2}^T I_m \cos n\omega t \, \mathrm{d}t \right) = \frac{2I_m}{T} \left[ \frac{\sin n\omega t}{n\omega} \right]_{T/2}^T$$

$$= \frac{2I_m}{n\omega T} \left( \sin n\omega T - \sin \frac{n\omega T}{2} \right) = \frac{I_m}{n\pi} (\sin 2n\pi - \sin n\pi) = 0$$

$$b_n = \frac{2}{T}\left(\int_0^{T/2} 0 \times \sin n\omega t \,\mathrm{d}t + \int_{T/2}^T I_m \sin n\omega t \,\mathrm{d}t\right) = \frac{2I_m}{T}\left[-\frac{\cos n\omega t}{n\omega}\right]_{T/2}^T$$

$$= -\frac{2I_m}{n\omega T}\left(\cos n\omega T - \cos\frac{n\omega T}{2}\right) = -\frac{I_m}{n\pi}(\cos 2n\pi - \cos n\pi)$$

$$= -\frac{I_m}{n\pi}\left\{1 - (-1)^n\right\}$$

となる．これらを式 (8.21) に代入することにより，$i(t)$ は次のようにフーリエ級数展開できる．

$$i(t) = \frac{I_m}{2} - \frac{I_m}{\pi} \times 2 \times \sin\omega t - \frac{I_m}{2\pi} \times 0 \times \sin 2\omega t$$

$$- \frac{I_m}{3\pi} \times 2 \times \sin 3\omega t - \frac{I_m}{4\pi} \times 0 \times \sin 4\omega t - \frac{I_m}{5\pi} \times 2 \times \sin 5\omega t$$

$$- \frac{I_m}{6\pi} \times 0 \times \sin 6\omega t - \frac{I_m}{7\pi} \times 2 \times \sin 7\omega t - \cdots$$

$$= \frac{I_m}{2} - \frac{2I_m}{\pi}\left(\sin\omega t + \frac{1}{3}\sin 3\omega t + \frac{1}{5}\sin 5\omega t + \frac{1}{7}\sin 7\omega t + \cdots\right)$$

よって，フーリエスペクトルは，次のようになる．

$$A_0 = \frac{I_m}{2}, \quad A_1 = \sqrt{a_1{}^2 + b_1{}^2} = \sqrt{0^2 + \left(-\frac{2I_m}{\pi}\right)^2} = \frac{2I_m}{\pi},$$

$$A_n = \begin{cases} \dfrac{2I_m}{n\pi} & (n:\text{奇数}) \\[2mm] 0 & (n:2\text{以上の偶数}) \end{cases}$$

規格化振幅は，次式で与えられる．

$$G_n = \frac{A_n}{A_1} = \begin{cases} \dfrac{\pi}{4} & (n=0) \\[2mm] \dfrac{1}{n} & (n:\text{奇数}) \\[2mm] 0 & (n:2\text{以上の偶数}) \end{cases}$$

解図 8.1 に，フーリエスペクトルをグラフで示す．

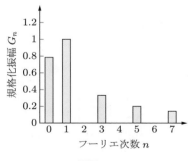

解図 8.1

**8.3**　問図 8.3 の波形は，次式で与えられる．

$$i(t) = \begin{cases} I_m \sin \omega t & (0 \leqq t \leqq T/2) \\ 0 & (T/2 \leqq t \leqq T) \end{cases}$$

$a_0$ は，式 (8.22) より，$\omega T = 2\pi$ の関係式を使って，次のようになる．

$$a_0 = \frac{1}{T} \int_0^T i(t)\,\mathrm{d}t = \frac{1}{T} \int_0^{T/2} I_m \sin \omega t\,\mathrm{d}t + \frac{1}{T} \int_{T/2}^T 0\,\mathrm{d}t = \frac{I_m}{\omega T} \left[ -\cos \omega t \right]_0^{T/2}$$

$$= -\frac{I_m}{2\pi} \left( \cos \frac{\omega T}{2} - \cos 0 \right) = -\frac{I_m}{2\pi} (\cos \pi - \cos 0) = \frac{I_m}{\pi} \tag{1}$$

$a_n$ は，式 (8.23) より，

$$a_n = \frac{2}{T} \int_0^T i(t) \cos n\omega t\,\mathrm{d}t = \frac{2}{T} \int_0^{T/2} I_m \sin \omega t \cos n\omega t\,\mathrm{d}t$$

$$= \frac{2}{T} \int_0^{T/2} \frac{I_m}{2} \{ \sin(n+1)\omega t - \sin(n-1)\omega t \}\,\mathrm{d}t$$

となり，$n=1$ の場合には，次のようになる．

$$a_1 = \frac{I_m}{T} \int_0^{T/2} \sin 2\omega t\,\mathrm{d}t = \frac{I_m}{T} \left[ -\frac{\cos 2\omega t}{2\omega} \right]_0^{T/2} = 0 \tag{2}$$

$n \neq 1$ の場合には，次のようになる．

$$a_n = \frac{I_m}{\omega T} \left[ -\frac{\cos(n+1)\omega t}{n+1} + \frac{\cos(n-1)\omega t}{n-1} \right]_0^{T/2}$$

$$= \frac{I_m}{2\pi} \left\{ -\frac{\cos(n+1)\pi}{n+1} + \frac{\cos(n-1)\pi}{n-1} + \frac{\cos 0}{n+1} - \frac{\cos 0}{n-1} \right\}$$

$$= \frac{I_m}{2\pi} \left\{ \frac{1 - (-1)^{n+1}}{n+1} - \frac{1 - (-1)^{n-1}}{n-1} \right\} = -\frac{I_m \{ 1 - (-1)^{n-1} \}}{\pi(n^2 - 1)} \tag{3}$$

$b_n$ は，式 (8.24) より，

$$b_n = \frac{2}{T} \int_0^T i(t) \sin n\omega t\,\mathrm{d}t = \frac{2}{T} \int_0^{T/2} I_m \sin \omega t \sin n\omega t\,\mathrm{d}t$$

$$= \frac{2}{T} \int_0^{T/2} \left[ -\frac{I_m}{2} \{ \cos(n+1)\omega t - \cos(n-1)\omega t \} \right]\,\mathrm{d}t$$

となり，$n=1$ の場合には，次のようになる．

$$b_1 = \frac{I_m}{T} \int_0^{T/2} (1 - \cos 2\omega t)\,\mathrm{d}t = \frac{I_m}{T} \left[ t - \frac{\sin 2\omega t}{2\omega} \right]_0^{T/2} = \frac{I_m}{2} \tag{4}$$

$n \neq 1$ の場合には，次のようになる．

$$b_n = -\frac{I_m}{T} \left[ \frac{\sin(n+1)\omega t}{(n+1)\omega} - \frac{\sin(n-1)\omega t}{(n-1)\omega} \right]_0^{T/2}$$

$$= -\frac{I_m}{\omega T} \left[ \left\{ \frac{\sin(n+1)\pi}{n+1} - \frac{\sin(n-1)\pi}{n-1} \right\} - \left( \frac{\sin 0}{n+1} - \frac{\sin 0}{n-1} \right) \right] = 0 \tag{5}$$

よって，式 (1)〜(5) で求めた $a_0$，$a_n$，$b_n$ を，式 (8.21) に代入することにより，$i(t)$ は次のようにフーリエ級数展開できる．

$$i(t) = I_m \left( \frac{1}{\pi} + \frac{1}{2} \sin \omega t - \frac{2}{3\pi} \cos 2\omega t - \frac{2}{15\pi} \cos 4\omega t - \frac{2}{35\pi} \cos 6\omega t - \cdots \right)$$

**8.4**　与えられた波形は偶関数である．半周期区間 $0 \leqq \theta \leqq \pi$ における $i(\theta)$ の波形は，$i(\theta) = I_m \sin \theta$ で与えられる．よって，式 (8.25)～(8.28) および式 (8.41)～(8.43) に従って，次のようになる．

$$a_0 = \frac{1}{\pi} \left( \int_0^\pi I_m \sin \theta \, \mathrm{d}\theta \right) = -\frac{I_m}{\pi} \left[ \cos \theta \right]_0^\pi = -\frac{I_m}{\pi} (\cos \pi - \cos 0) = \frac{2}{\pi} I_m$$

$n = 1$ の場合には，次のようになる．

$$a_1 = \frac{2}{\pi} \int_0^\pi I_m \sin \theta \cos \theta \, \mathrm{d}\theta = \frac{I_m}{\pi} \int_0^\pi \sin 2\theta \, \mathrm{d}\theta = 0$$

$n \neq 1$ の場合には，次のようになる．

$$a_n = \frac{2}{\pi} \int_0^\pi I_m \sin \theta \cos n\theta \, \mathrm{d}\theta = \frac{I_m}{\pi} \int_0^\pi \left\{ \sin(n+1)\theta - \sin(n-1)\theta \right\} \mathrm{d}\theta$$

$$= -\frac{I_m}{\pi} \left[ \frac{\cos(n+1)\theta}{n+1} - \frac{\cos(n-1)\theta}{n-1} \right]_0^\pi$$

$$= \frac{I_m}{\pi} \left\{ \frac{1 - (-1)^{n+1}}{n+1} - \frac{1 - (-1)^{n-1}}{n-1} \right\} = -\frac{2I_m \{ 1 - (-1)^{n-1} \}}{\pi(n^2 - 1)}$$

$b_n$ は，$n \geqq 1$ の自然数に対して，次のようになる．

$$b_n = 0$$

よって，求めた $a_0$, $a_n$, $b_n$ を，式 (8.25) に代入することにより，$i(\theta)$ は次のようにフーリエ級数展開できる．

$$i(\theta) = \frac{I_m}{\pi} \left( 2 - \frac{4}{3} \cos 2\theta - \frac{4}{15} \cos 4\theta - \frac{4}{35} \cos 6\theta - \cdots \right)$$

---

## 9章

**9.1**　(1)　変数を分離する．ただし，$y = 0$ あるいは $y = 1$ ではないとする．

$$\frac{\mathrm{d}y}{\mathrm{d}x} = 2y(1 - y), \quad \therefore \frac{\mathrm{d}y}{y(1 - y)} = 2 \, \mathrm{d}x$$

左辺を部分分数に分解して，積分を実行すると

$$\int \left( \frac{1}{y} + \frac{1}{1 - y} \right) \mathrm{d}y = 2 \int \mathrm{d}x$$

$$\therefore \log_e |y| - \log_e |1 - y| = 2x + C_1, \quad \therefore \log_e \left| \frac{y}{1 - y} \right| = 2x + C_1$$

となる．$C_1$ は任意定数である．両辺の指数をとって

$$\frac{y}{1 - y} = \pm e^{C_1} e^{2x} = C_2 e^{2x}, \quad \therefore y = \frac{C_2 e^{2x}}{1 + C_2 e^{2x}} = \frac{1}{C_3 e^{-2x} + 1}$$

と求められる．ここで，$C_2 = \pm e^{C_1} \neq 0$, $C_3 = 1/C_2 \neq 0$ であるが，$y = 0$ あるいは $y = 1$ も与えられた微分方程式を満たし，これらは，それぞれ $C_2 = 0$, $C_3 = 0$ の場合になっている．

(2)　変数を分離する．

$$\cos x \cos^2 y + \frac{\mathrm{d}y}{\mathrm{d}x} \sin y \sin^2 x = 0, \quad \therefore \ \frac{\sin y}{\cos^2 y}\, \mathrm{d}y = -\frac{\cos x}{\sin^2 x}\, \mathrm{d}x$$

積分を実行すると

$$\int \frac{\sin y}{\cos^2 y}\, \mathrm{d}y = -\int \frac{\cos x}{\sin^2 x}\, \mathrm{d}x$$

$$\therefore \ \frac{1}{\cos y} = \frac{1}{\sin x} + C, \quad \therefore \ \sin x - \cos y = C \sin x \cos y$$

と求められる．ただし，$C$ は任意定数である．

**9.2**　（1）両辺を $x$ で割り，整理する．

$$\frac{\mathrm{d}y}{\mathrm{d}x} = 2 + 5\frac{y}{x}$$

$u = y/x$ すなわち $y = xu$ とおくと，$y' = u + xu'$ となる．これを上式に代入して，

$$u + xu' = 2 + 5u, \quad \therefore \ \frac{\mathrm{d}u}{\mathrm{d}x} x = 4u + 2$$

となる．変数分離して両辺を積分する．ただし，$u = -1/2$，つまり $y = -x/2$ ではないとする．

$$\int \frac{\mathrm{d}u}{4u+2} = \int \frac{\mathrm{d}x}{x}$$

$$\therefore \ \frac{1}{4} \log_e |4u+2| = \log_e |x| + C_1, \quad \therefore \ |4u+2| = e^{4C_1} |x|^4$$

$C_1$ は任意定数である．よって，

$$4u + 2 = 4\frac{y}{x} + 2 = \pm e^{4C_1} x^4 = C_2 x^4$$

$$\therefore \ y = \frac{x}{4}(C_2 x^4 - 2) = \frac{C_2}{4} x^5 - \frac{x}{2} = C x^5 - \frac{x}{2}$$

と求められる．ここで，$C_2 = \pm e^{4C_1} \neq 0$，$C = C_2/4 \neq 0$ は任意定数であるが，$y = -x/2$ も与えられた微分方程式を満たし，これは $C_2 = C = 0$ の場合になっている．

（2）両辺を $xy - x^2$ で割り，整理する．

$$\frac{\mathrm{d}y}{\mathrm{d}x} = \frac{y^2}{xy - x^2} = \frac{(y/x)^2}{y/x - 1}$$

$u = y/x$ すなわち $y = xu$ とおくと，$y' = u + xu'$ となる．これを上式に代入して，

$$u + xu' = \frac{u^2}{u-1}, \quad \therefore \ \frac{\mathrm{d}u}{\mathrm{d}x} x = \frac{u^2}{u-1} - u = \frac{u}{u-1}$$

となる．変数分離して両辺を積分する．ただし，$u = 0$ ではない，つまり $y = 0$ ではないとする．

$$\int \frac{u-1}{u}\, \mathrm{d}u = \int \left(1 - \frac{1}{u}\right) \mathrm{d}u = \int \frac{\mathrm{d}x}{x}, \quad \therefore \ u - \log_e |u| = \log_e |x| + C_1$$

ここで，$C_1$ は任意定数である．よって，

$$\log_e |xu| = \log_e |y| = u - C_1 = \frac{y}{x} - C_1, \quad \therefore \ y = \pm e^{-C_1} e^{y/x} = C e^{y/x}$$

と求められる．ここで，$C = \pm e^{-C_1} \neq 0$ であるが，$y = 0$ も与えられた微分方程式を満たし，これは $C = 0$ の場合になっている．

**9.3**　（1）変数を分離する．

$$(1+x^2)\frac{\mathrm{d}y}{\mathrm{d}x}=2\sqrt{1-y^2},\quad \therefore\ \frac{\mathrm{d}y}{\sqrt{1-y^2}}=\frac{2\,\mathrm{d}x}{1+x^2}$$

ここで, 演習問題 4.4 (3) および解図 4.2 を参考にして, $\sqrt{1-y^2}$ を含む積分に対しては $y=\sin\theta$, また $1+x^2$ を含む積分に対しては $x=\tan\gamma$ という置き換えを行って, 両辺を積分する. このとき, $\gamma=\tan^{-1}x$ は主値をとり $-\pi/2<\gamma<\pi/2$ としてよいが, $y=\sin\theta$ は $x$ により決まるので, $-\pi/2\leqq\theta\leqq\pi/2$ とできないことに注意する. $\mathrm{d}y=\cos\theta\,\mathrm{d}\theta$, $\mathrm{d}x=(1/\cos^2\gamma)\mathrm{d}\gamma$ となるから,

$$\frac{1}{\sqrt{1-y^2}}\,\mathrm{d}y=\frac{\cos\theta}{\sqrt{1-\sin^2\theta}}\,\mathrm{d}\theta=\frac{\cos\theta}{\cos\theta}\,\mathrm{d}\theta=\mathrm{d}\theta$$

$$\frac{2\,\mathrm{d}x}{1+x^2}=\frac{2}{1+\tan^2\gamma}\frac{\mathrm{d}\gamma}{\cos^2\gamma}=2\cos^2\gamma\frac{\mathrm{d}\gamma}{\cos^2\gamma}=2\,\mathrm{d}\gamma$$

より,

$$\int\mathrm{d}\theta=\int 2\,\mathrm{d}\gamma,\quad \therefore\ \theta=2\gamma+C$$

となる. $C$ は任意定数である. ここで, $\theta=\sin^{-1}y$, $\gamma=\tan^{-1}x$ および初期条件より,

$$\sin^{-1}\frac{1}{2}=2\tan^{-1}1+C$$

$$\therefore\ \frac{\pi}{6}+2n\pi=2\times\frac{\pi}{4}+C\ \text{または}\ \frac{5\pi}{6}+2n\pi=2\times\frac{\pi}{4}+C,\quad \therefore\ C=\pm\frac{\pi}{3}+2n\pi$$

となる. ここで, $n$ は任意の整数である. よって, 求める解は次式で与えられる.

$$\sin^{-1}y=2\tan^{-1}x\pm\frac{\pi}{3}+2n\pi$$

$$\therefore\ y=\sin\left(2\tan^{-1}x\pm\frac{\pi}{3}+2n\pi\right)=\sin\left(2\tan^{-1}x\pm\frac{\pi}{3}\right)$$

(2) 両辺を $xy$ で割り, 整理する.

$$2\frac{\mathrm{d}y}{\mathrm{d}x}=\frac{x}{y}+3\frac{y}{x}$$

$u=y/x$ すなわち, $y=xu$ とおくと, $y'=u+xu'$ となる. これを上式に代入して,

$$2u+2xu'=\frac{1}{u}+3u,\quad \therefore\ 2\frac{\mathrm{d}u}{\mathrm{d}x}x=\frac{u^2+1}{u}$$

となる. 変数分離して両辺を積分し,

$$\int\frac{2u}{u^2+1}\,\mathrm{d}u=\int\frac{\mathrm{d}x}{x},\quad \therefore\ \log_e|u^2+1|=\log_e|x|+C_1$$

となる. よって,

$$\log_e\left|\frac{u^2+1}{x}\right|=\log_e\left|\frac{1}{x}\left\{\left(\frac{y}{x}\right)^2+1\right\}\right|=C_1$$

より, 次のようになる.

$$\frac{1}{x}\left\{\left(\frac{y}{x}\right)^2+1\right\}=\pm e^{C_1}=C,\quad \therefore\ x^2+y^2=Cx^3$$

ここで, $C=\pm e^{C_1}\neq 0$ である. 初期条件を与えると $C=2$ となり, 次のように求められる.

$$x^2+y^2=2x^3$$

**9.4**　式 (9.30) と対応させると，$P(x) = -1/x$，$r(x) = x$ であるので，これらを式 (9.31) に代入して，一般解は次のようになる.

$$y = \exp\left(\int \frac{1}{x}\,\mathrm{d}x\right)\left\{\int x\exp\left(-\int \frac{1}{x}\,\mathrm{d}x\right)\mathrm{d}x + A\right\}$$

$A$ は任意定数である. ここで，$\exp\{\int(1/x)\,\mathrm{d}x\} = \exp(\log_e x) = X$ とおき，両辺の対数をとると，次のようになる.

$$\log_e x = \log_e X, \quad \therefore \ X = x$$

また，$\exp\{-\int(1/x)\,\mathrm{d}x\} = \exp(-\log_e x) = Y$ とおき，両辺の対数をとると，次のようになる.

$$-\log_e x = \log_e \frac{1}{x} = \log_e Y, \quad \therefore \ Y = \frac{1}{x}$$

よって，次のように求められる.

$$y = x\left(\int x\frac{1}{x}\,\mathrm{d}x + A\right) = x(x + A) = x^2 + Ax$$

**9.5**　$t = 0$ でスイッチ S を閉じると，電流 $i(t)$ が矢印の向きに流れ始め，コンデンサ $C$ の両端に正負の電荷が充電される. 図の閉回路に沿ってキルヒホッフの第二法則を適用すると，次式が成り立つ.

$$Ri(t) + \frac{q(t)}{C} = E$$

これが，この回路で生じている現象を記述している支配方程式である. ここで，$i(t) = \mathrm{d}q(t)/\mathrm{d}t$ を上式に代入し整理すると，次のようになる.

$$\frac{\mathrm{d}q(t)}{\mathrm{d}t} + \frac{1}{RC}\,q(t) = \frac{E}{R}$$

$R$ および $C$ は定数であるので，これは定数係数の 1 階線形微分方程式である. 式 (9.34) と比較してみると，$x \to t$，$y(x) \to q(t)$，$P \to 1/RC$，$r \to E/R$ の対応関係がある. したがって，一般解は次のようになる.

$$q(t) = Ae^{-(1/RC)t} + CE$$

ここで，$t = 0$ のとき $q(t) = 0$ という初期条件より，$0 = A + CE$，すなわち $A = -CE$ となる. よって，電荷 $q(t)$ は次のようになる.

$$q(t) = CE\{1 - e^{-(1/RC)t}\}$$

また，電流 $i(t)$ は次のようになる.

$$i(t) = \frac{\mathrm{d}q(t)}{\mathrm{d}t} = -CE\left(-\frac{1}{RC}\right)e^{-(1/RC)t} = \frac{E}{R}\,e^{-(1/RC)t}$$

解図 9.1，9.2 に，電荷 $q(t)$ および電流 $i(t)$ の時間変化の様子を示す. RC 直列回路の時定数は $\tau = RC$ となる.

**9.6**　(1)　判別式 $D = P^2 - 4Q = (-6)^2 - 4 \times 9 = 0$ である. よって，$\alpha = P/2 = -6/2 = -3$，および式 (9.71) より，この斉次微分方程式の一般解およびその導関数は次のようになる.

$$y(x) = C_1 e^{-\alpha x} + C_2 x e^{-\alpha x} = C_1 e^{3x} + C_2 x e^{3x}$$
$$y'(x) = 3C_1 e^{3x} + C_2 e^{3x} + 3C_2 x e^{3x}$$

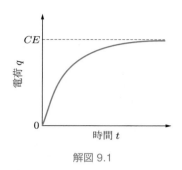

解図 9.1

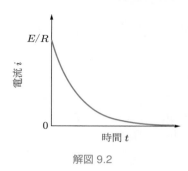

解図 9.2

初期条件を代入して,

$$y(0) = C_1 = 1, \quad y'(0) = 3C_1 + C_2 = 5$$

となる. これを解くと, $C_1 = 1$, $C_2 = 2$ となる. よって, 解は次のように求められる.

$$y(x) = (2x + 1)e^{3x}$$

(2) 判別式 $D = P^2 - 4Q = 6^2 - 4 \times 10 = -4 < 0$ である. よって, $\alpha = P/2 = 6/2 = 3$, $\gamma = \sqrt{-D}/2 = \sqrt{4}/2 = 1$, および式 (9.70) より, この斉次微分方程式の一般解およびその導関数は次のようになる.

$$y(x) = e^{-\alpha x}(C_1 \cos \gamma x + C_2 \sin \gamma x) = e^{-3x}(C_1 \cos x + C_2 \sin x)$$

$$y'(x) = -3e^{-3x}(C_1 \cos x + C_2 \sin x) + e^{-3x}(-C_1 \sin x + C_2 \cos x)$$

初期条件を代入して,

$$y(0) = C_1 = 2, \quad y'(0) = -3C_1 + C_2 = -5$$

となる. これを解くと, $C_1 = 2$, $C_2 = 1$ となる. よって, 解は次のように求められる.

$$y(x) = e^{-3x}(2 \cos x + \sin x)$$

(3) まず, 右辺を 0 とした斉次微分方程式の一般解を求める. 判別式 $D = P^2 - 4Q = 5^2 - 4 \times 6 = 1 > 0$ である. よって, $\alpha = P/2 = 5/2$, $\beta = \sqrt{D}/2 = 1/2$, および式 (9.69) より, 斉次微分方程式の一般解 $y_h(x)$ は次のようになる.

$$y_h(x) = C_1 e^{(-\alpha + \beta)x} + C_2 e^{(-\alpha - \beta)x} = C_1 e^{-2x} + C_2 e^{-3x}$$

次に, 与えられた非斉次微分方程式の特殊解を求める. 右辺は定数であるので, 特殊解を $y_p(x) = C$ と仮定して, 与えられた微分方程式に代入すると, $6C = 2$ より $C = 1/3$ となる.

以上より, 求める非斉次微分方程式の一般解およびその導関数は次のようになる.

$$y(x) = y_h(x) + y_p(x) = C_1 e^{-2x} + C_2 e^{-3x} + \frac{1}{3}$$

$$y'(x) = -2C_1 e^{-2x} - 3C_2 e^{-3x}$$

初期条件を代入して,

$$y(0) = C_1 + C_2 + \frac{1}{3} = 0, \quad y'(0) = -2C_1 - 3C_2 = 0$$

となる. これを解くと, $C_1 = -1$, $C_2 = 2/3$ となる. よって, 解は次のように求められる.

$$y(x) = -e^{-2x} + \frac{2}{3}e^{-3x} + \frac{1}{3}$$

**9.7** （1）図の閉回路に沿ってキルヒホッフの第二法則を適用すると，次式が成り立つ.

$$L\frac{di(t)}{dt} + \frac{q(t)}{C} = E \tag{1}$$

ここで，$i(t) = dq(t)/dt$ を代入し整理すると，次のようになる.

$$\frac{d^2q(t)}{dt^2} + \frac{1}{LC}q(t) = \frac{E}{L} \tag{2}$$

（2）求めた微分方程式の右辺は定数であるので，特殊解を $q_p(t) = A$（定数）と仮定し，式 (2) に代入すると $A/LC = E/L$ となる. よって，特殊解は次のように求められる.

$$q_p(t) = CE$$

（3）対応する斉次微分方程式は，次のようになる.

$$\frac{d^2q(t)}{dt^2} + \frac{1}{LC}q(t) = 0$$

この判別式は，$D = P^2 - 4Q = -4/LC < 0$ である. また，式 (9.72) より，$\alpha = P/2 = 0$，$\gamma = \sqrt{-D}/2 = 1/\sqrt{LC}$ である. 以上より，式 (9.70) を用いて，この斉次微分方程式の一般解は

$$q_h(t) = e^{-\alpha t}(K_1\cos\gamma t + K_2\sin\gamma t) = K_1\cos\omega_0 t + K_2\sin\omega_0 t$$

となる. ここで，$\omega_0 = 1/\sqrt{LC}$ である. したがって，非斉次微分方程式 (2) の一般解は次のようになる.

$$q(t) = q_h(t) + q_p(t) = K_1\cos\omega_0 t + K_2\sin\omega_0 t + CE$$

また，電流 $i$ の一般解は，次のようになる.

$$i(t) = \frac{dq(t)}{dt} = -K_1\omega_0\sin\omega_0 t + K_2\omega_0\cos\omega_0 t$$

（4）任意定数 $K_1$，$K_2$ は，$t = 0$ において $q = 0$，$i = 0$ という，次の二つの初期条件から決定される.

$$q(0) = K_1 + CE = 0, \quad i(0) = K_2\omega_0 = 0$$

これを解いて $K_1 = -CE$，$K_2 = 0$ となる. よって，

$$q(t) = CE(-\cos\omega_0 t + 1)$$

$$i(t) = \frac{dq(t)}{dt} = CE\omega_0\sin\omega_0 t$$

となる. なお，$q(t)$ および $i(t)$ の周期 $T$ は，$\omega_0 T = 2\pi$ より，$T = 2\pi/\omega_0 = 2\pi\sqrt{LC}$ となる. 解図 9.3 にこれらのグラフを示す.

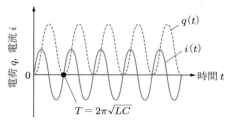

解図 9.3

○—　**10 章**　—○

**10.1**　(1)　次のように求められる.

$$F(s) = \int_0^\infty e^{-3t} e^{-st}\,\mathrm{d}t = \int_0^\infty e^{-(s+3)t}\,\mathrm{d}t = \left[\frac{e^{-(s+3)t}}{-(s+3)}\right]_0^\infty = \frac{1}{s+3}$$

(2)　部分積分法を使う.

$$F(s) = \int_0^\infty 5te^{5t} e^{-st}\,\mathrm{d}t = 5\int_0^\infty te^{-(s-5)t}\,\mathrm{d}t$$

$$= 5\left\{\left[t\left(-\frac{1}{s-5}\right)e^{-(s-5)t}\right]_0^\infty - \int_0^\infty \left(-\frac{1}{s-5}\right)e^{-(s-5)t}\,\mathrm{d}t\right\}$$

$$= \frac{5}{s-5}\int_0^\infty e^{-(s-5)t}\,\mathrm{d}t = \frac{5}{(s-5)^2}$$

(3)　式 (3.41) を用いて，次のように求められる.

$$F(s) = \mathcal{L}\left[\frac{1}{2}\left(e^{\alpha t} + e^{-\alpha t}\right)\right] = \frac{1}{2}\int_0^\infty \left\{e^{-(s-\alpha)t} + e^{-(s+\alpha)t}\right\}\,\mathrm{d}t$$

$$= \frac{1}{2}\left\{\left[-\frac{1}{s-\alpha}e^{-(s-\alpha)t}\right]_0^\infty + \left[-\frac{1}{s+\alpha}e^{-(s+\alpha)t}\right]_0^\infty\right\}$$

$$= \frac{1}{2}\left(\frac{1}{s-\alpha} + \frac{1}{s+\alpha}\right) = \frac{s}{s^2 - \alpha^2}$$

(4)　それぞれのラプラス変換は，次のようになる.

$$\mathcal{L}[\sin(\omega t + \theta)] = \int_0^\infty \sin(\omega t + \theta)e^{-st}\,\mathrm{d}t$$

$$= \left[-\frac{1}{s}e^{-st}\sin(\omega t + \theta)\right]_0^\infty - \int_0^\infty \left(-\frac{1}{s}e^{-st}\right)\omega\cos(\omega t + \theta)\,\mathrm{d}t$$

$$= \frac{\sin\theta}{s} + \frac{\omega}{s}\int_0^\infty \cos(\omega t + \theta)e^{-st}\,\mathrm{d}t \tag{1}$$

$$\mathcal{L}[\cos(\omega t + \theta)] = \int_0^\infty \cos(\omega t + \theta)e^{-st}\,\mathrm{d}t$$

$$= \left[-\frac{1}{s}e^{-st}\cos(\omega t + \theta)\right]_0^\infty - \int_0^\infty \left(-\frac{1}{s}e^{-st}\right)\left\{-\omega\sin(\omega t + \theta)\right\}\,\mathrm{d}t$$

$$= \frac{\cos\theta}{s} - \frac{\omega}{s} \int_0^\infty \sin(\omega t + \theta)e^{-st}\,\mathrm{d}t \tag{2}$$

式 (1), (2) より，次のようになる．

$$\mathcal{L}[\sin(\omega t + \theta)] = \frac{\sin\theta}{s} + \frac{\omega}{s}\mathcal{L}[\cos(\omega t + \theta)] \tag{3}$$

$$\mathcal{L}[\cos(\omega t + \theta)] = \frac{\cos\theta}{s} - \frac{\omega}{s}\mathcal{L}[\sin(\omega t + \theta)] \tag{4}$$

式 (4) を式 (3) に代入して，

$$\mathcal{L}[\sin(\omega t + \theta)] = \frac{\sin\theta}{s} + \frac{\omega\cos\theta}{s^2} - \frac{\omega^2}{s^2}\mathcal{L}[\sin(\omega t + \theta)]$$

$$\therefore \quad \left(\frac{s^2+\omega^2}{s^2}\right)\mathcal{L}[\sin(\omega t + \theta)] = \frac{\sin\theta}{s} + \frac{\omega\cos\theta}{s^2} = \frac{s\sin\theta + \omega\cos\theta}{s^2}$$

$$\therefore \quad \mathcal{L}[\sin(\omega t + \theta)] = \frac{s\sin\theta + \omega\cos\theta}{s^2+\omega^2}$$

となる．これを式 (4) に代入して，次のように求められる．

$$\mathcal{L}[\cos(\omega t + \theta)] = \frac{\cos\theta}{s} - \frac{\omega}{s}\left(\frac{s\sin\theta + \omega\cos\theta}{s^2+\omega^2}\right)$$

$$= \frac{(s^2+\omega^2)\cos\theta - s\omega\sin\theta - \omega^2\cos\theta}{s(s^2+\omega^2)} = \frac{s\cos\theta - \omega\sin\theta}{s^2+\omega^2}$$

**10.2** (1) (S6) を用いる．

$$f(t) = \mathcal{L}^{-1}\left[\frac{1}{s+5}\right] = e^{-5t}$$

(2) (S7) を用いる．

$$f(t) = \mathcal{L}^{-1}\left[\frac{5}{(s-3)^2}\right] = 5te^{3t}$$

(3) (S8) を用いる．

$$f(t) = \mathcal{L}^{-1}\left[\frac{5}{s^2+25}\right] = \mathcal{L}^{-1}\left[\frac{5}{s^2+5^2}\right] = \sin 5t$$

(4) (S9) と (T4) を組み合わせて用いる．あるいは (S13) を用いる．

$$f(t) = \mathcal{L}^{-1}\left[\frac{s+8}{(s+8)^2+36}\right] = e^{-8t}\cos 6t$$

**10.3** (1) 式 (10.31) において，$a \to -a$, $b \to -b$ に置き換えて，部分分数分解する．

$$F(s) = \frac{1}{(s+a)(s+b)} = \frac{1}{b-a}\left(\frac{1}{s+a} - \frac{1}{s+b}\right)$$

表 10.1 の (S6) を用いてラプラス逆変換を実行すると，$f(t)$ は次のように求められる．

$$f(t) = \frac{1}{b-a}\mathcal{L}^{-1}\left[\frac{1}{s+a} - \frac{1}{s+b}\right] = \frac{1}{b-a}\left(e^{-at} - e^{-bt}\right)$$

(2) 分母を因数分解する．

$$\frac{1}{s^2+8s+15} = \frac{1}{(s+3)(s+5)}$$

式 (10.31) において，$a \to -3$, $b \to -5$ に置き換えて，次式を得る.

$$F(s) = \frac{1}{(s+3)(s+5)} = \frac{1}{2}\left(\frac{1}{s+3} - \frac{1}{s+5}\right)$$

表 10.1 の (S6) を用いてラプラス逆変換を実行すると，$f(t)$ は次のように求められる.

$$f(t) = \frac{1}{2}\mathcal{L}^{-1}\left[\frac{1}{s+3} - \frac{1}{s+5}\right] = \frac{1}{2}\left(e^{-3t} - e^{-5t}\right)$$

(3) 分母を因数分解する.

$$\frac{6}{s^2 + 36} = \frac{6}{(s+j6)(s-j6)}$$

式 (10.31) において，$a \to -j6$, $b \to j6$ に置き換えて，次式を得る.

$$F(s) = \frac{6}{(s+j6)(s-j6)} = \frac{1}{2j}\left(\frac{1}{s-j6} - \frac{1}{s+j6}\right)$$

表 10.1 の (S6) を用いてラプラス逆変換を実行し，式 (5.17) の正弦関数の定義を使うと，$f(t)$ は次のように求められる.

$$f(t) = \frac{1}{2j}\mathcal{L}^{-1}\left[\frac{1}{s-j6} - \frac{1}{s+j6}\right] = \frac{1}{2j}\left(e^{j6t} - e^{-j6t}\right) = \sin 6t$$

これは，(S8) を直接用いて得られる結果と一致する.

(4) 分母を因数分解する. さらに，次のように部分分数に分解できたとする.

$$\frac{10s^2 - 23s - 9}{(s^2 - 9)(s-2)} = \frac{10s^2 - 23s - 9}{(s+3)(s-3)(s-2)} = \frac{A}{s+3} + \frac{B}{s-3} + \frac{C}{s-2} \tag{1}$$

未定係数 $A$, $B$, $C$ を，以下のように求めていく. まず，右辺を変形する.

$$\frac{A}{s+3} + \frac{B}{s-3} + \frac{C}{s-2} = \frac{A(s^2 - 5s + 6) + B(s^2 + s - 6) + C(s^2 - 9)}{(s+3)(s-3)(s-2)}$$

$$= \frac{(A+B+C)s^2 + (-5A+B)s + 6A - 6B - 9C}{(s+3)(s-3)(s-2)} \tag{2}$$

式 (2) が式 (1) の左辺と一致するためには，次の三つの条件を満たせばよい.

$$A + B + C = 10, \quad -5A + B = -23, \quad 6A - 6B - 9C = -9$$

この連立方程式を解くと，$A = 5$, $B = 2$, $C = 3$ となる. これらを式 (1) に代入すると，次式を得る.

$$F(s) = \frac{10s^2 - 23s - 9}{(s^2 - 9)(s-2)} = \frac{5}{s+3} + \frac{2}{s-3} + \frac{3}{s-2}$$

表 10.1 の (S6) を用いてラプラス逆変換を実行すると，$f(t)$ は次のように求められる.

$$f(t) = \mathcal{L}^{-1}\left[\frac{5}{s+3} + \frac{2}{s-3} + \frac{3}{s-2}\right] = 5e^{-3t} + 2e^{3t} + 3e^{2t}$$

**10.4**　$t \geqq 0$ における電流 $i(t)$ の過渡現象は，次式で表される.

$$Ri(t) + L\frac{\mathrm{d}i(t)}{\mathrm{d}t} = E_2$$

ここで，$\mathcal{L}[i(t)] = I(s)$ とおいて，各項をラプラス変換する. 表 10.2 の (T6) を用いる.

$$RI(s) + L\{sI(s) - i(0)\} = \frac{E_2}{s}$$

$t = 0$ における電流の初期値 $i(0) = E_1/R$ を代入し，整理すると，次のようになる．

$$(R + sL)I(s) = \frac{E_2}{s} + \frac{L}{R}E_1$$

$$\therefore I(s) = \frac{1}{R + sL}\left(\frac{E_2}{s} + \frac{L}{R}E_1\right) = \frac{E_2}{L}\frac{1}{s(s + R/L)} + \frac{E_1}{R}\frac{1}{s + R/L}$$

ここで，式 (10.31) で $a \to 0$, $b \to -R/L$ に置き換えると，

$$\frac{1}{s(s + R/L)} = \frac{1}{R/L}\left(\frac{1}{s} - \frac{1}{s + R/L}\right)$$

となるので，$I(s)$ は次のようになる．

$$I(s) = \frac{E_2}{R}\left(\frac{1}{s} - \frac{1}{s + R/L}\right) + \frac{E_1}{R}\frac{1}{s + R/L}$$

表 10.1 の (S3) と (S6) を用いてラプラス逆変換すると，次のように求められる．

$$i(t) = \frac{E_2}{R}\{1 - e^{-(R/L)t}\} + \frac{E_1}{R}e^{-(R/L)t}$$

**10.5** 閉回路に沿って，キルヒホッフの第二法則を適用すると，次式が成り立つ．

$$L\frac{\mathrm{d}i(t)}{\mathrm{d}t} + \frac{1}{C}\int i(t)\,\mathrm{d}t = E \tag{1}$$

ここで，$\mathcal{L}[i(t)] = I(s)$ とおいて，式 (1) の各項をラプラス変換する．

$$L\{sI(s) - i(0)\} + \frac{1}{sC}I(s) + \frac{i^{(-1)}(0)}{sC} = \frac{E}{s} \tag{2}$$

電流および電荷に対する初期条件 $i(0) = 0$, $q(0) = i^{(-1)}(0) = 0$ を式 (2) に代入し，整理すると，次のようになる．

$$\left(sL + \frac{1}{sC}\right)I(s) = \frac{E}{s}$$

$$\therefore I(s) = \frac{E}{s}\frac{1}{sL + 1/sC} = \frac{E}{L}\frac{1}{s^2 + 1/LC} = \frac{E}{\sqrt{L/C}}\frac{1/\sqrt{LC}}{s^2 + (1/\sqrt{LC})^2}$$

この $I(s)$ に対して，表 10.1 の (S8) を用いてラプラス逆変換すると，

$$i(t) = \frac{E}{\sqrt{L/C}}\sin\frac{1}{\sqrt{LC}}t = CE\omega_0\sin\omega_0 t \tag{3}$$

となる．ただし，$\omega_0 = 1/\sqrt{LC}$ としている．式 (3) は，9 章の演習問題 9.7 で求めた結果と一致している．

**10.6** 複素数表示を用いて解く．$V_m\sin(\omega t + \phi) = \mathrm{Im}\left[V_m e^{j(\omega t + \phi)}\right]$ なので，印加する電圧は複素数表示した電圧の虚部である．よって，次の方程式を解き，得られた解の虚部をとればよい．

$$Ri(t) + \frac{1}{C}\int i(t)\,\mathrm{d}t = V_m e^{j(\omega t + \phi)}$$

$\mathcal{L}[i(t)] = I(s)$ とおいて，各項をラプラス変換する．積分のラプラス変換は表 10.2 の (T7) を用いる．

$$RI(s) + \frac{1}{sC}I(s) + \frac{i^{(-1)}(0)}{sC} = \frac{V_m e^{j\phi}}{s - j\omega}$$

$t = 0$ で $q(0) = i^{(-1)}(0) = 0$ という初期条件を代入して整理すると，次のようになる．

$$RI(s) + \frac{1}{sC} I(s) = \left( R + \frac{1}{sC} \right) I(s) = \frac{V_m e^{j\phi}}{s - j\omega}$$

$$\therefore \; I(s) = \frac{V_m e^{j\phi}}{(R + 1/sC)(s - j\omega)} = \frac{V_m e^{j\phi}}{R} \frac{s}{(s - j\omega)(s + 1/RC)} \tag{1}$$

ここで，$I(s)$ を，未定係数 $A, B$ を用いて，次のように部分分数に分解する．

$$I(s) = \frac{V_m e^{j\phi}}{R} \left( \frac{A}{s - j\omega} + \frac{B}{s + 1/RC} \right) = \frac{V_m e^{j\phi}}{R} \frac{A(s + 1/RC) + B(s - j\omega)}{(s - j\omega)(s + 1/RC)}$$

$$= \frac{V_m e^{j\phi}}{R} \frac{(A + B)s + A/RC - j\omega B}{(s - j\omega)(s + 1/RC)} \tag{2}$$

式 (1) と式 (2) が等しくなるためには，次の二つの条件を満たせばよい．

$$A + B = 1, \quad \frac{A}{RC} - j\omega B = 0$$

この連立方程式を解いて，次のようになる．

$$A = \frac{j\omega CR}{1 + j\omega CR}, \quad B = \frac{1}{1 + j\omega CR}$$

これらを式 (2) に代入すると，$I(s)$ は次のようになる．

$$I(s) = \frac{V_m e^{j\phi}}{R(1 + j\omega CR)} \left( \frac{j\omega CR}{s - j\omega} + \frac{1}{s + 1/RC} \right)$$

表 10.1 の (S3) と (S6) を用いてラプラス逆変換すると，

$$i(t) = \frac{V_m e^{j\phi}}{R(1 + j\omega CR)} \left\{ j\omega CR e^{j\omega t} + e^{-(1/RC)t} \right\}$$

$$= \frac{V_m e^{j\phi}}{R - j/\omega C} \left( e^{j\omega t} + \frac{1}{j\omega\tau} e^{-t/\tau} \right)$$

となる．$\tau = RC$ は時定数である．ここで，

$$R - j\frac{1}{\omega C} = \sqrt{R^2 + \left( \frac{1}{\omega C} \right)^2}\, e^{-j\theta}$$

$$\theta = \tan^{-1} \frac{1/\omega C}{R} = \tan^{-1} \frac{1}{\omega CR} = \tan^{-1} \frac{1}{\omega\tau}$$

と表すことができる．よって，$i(t)$ は次のようになる．

$$i(t) = \frac{V_m e^{j\phi}}{\sqrt{R^2 + (1/\omega C)^2}\, e^{-j\theta}} \left( e^{j\omega t} + \frac{1}{j\omega\tau} e^{-t/\tau} \right)$$

$$= \frac{V_m}{\sqrt{R^2 + (1/\omega C)^2}} \left\{ e^{j(\omega t + \phi + \theta)} - j\frac{1}{\omega\tau} e^{-t/\tau} e^{j(\phi + \theta)} \right\}$$

求める解は，虚部をとって，次のようになる．

$$i(t) = \frac{V_m}{\sqrt{R^2 + (1/\omega C)^2}} \left\{ \sin(\omega t + \phi + \theta) - \frac{1}{\omega\tau} e^{-t/\tau} \cos(\phi + \theta) \right\}$$

# 付　録

## 三角関数の公式等

### 定　義

$$\sin \theta = \frac{\mathrm{BC}}{\mathrm{AB}} = \frac{a}{c} \tag{A.1}$$

$$\cos \theta = \frac{\mathrm{AC}}{\mathrm{AB}} = \frac{b}{c} \tag{A.2}$$

$$\tan \theta = \frac{\mathrm{BC}}{\mathrm{AC}} = \frac{a}{b} \tag{A.3}$$

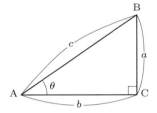

### 相互関係

$$\sin^2 \theta + \cos^2 \theta = 1 \tag{A.4}$$

$$\tan \theta = \frac{\sin \theta}{\cos \theta} \tag{A.5}$$

$$1 + \tan^2 \theta = \frac{1}{\cos^2 \theta} \tag{A.6}$$

$$\sin(-\theta) = -\sin \theta \tag{A.7}$$

$$\cos(-\theta) = \cos \theta \tag{A.8}$$

$$\tan(-\theta) = -\tan \theta \tag{A.9}$$

$$\sin \left( \theta + \frac{\pi}{2} \right) = \cos \theta \tag{A.10}$$

$$\cos \left( \theta + \frac{\pi}{2} \right) = -\sin \theta \tag{A.11}$$

$$\tan \left( \theta + \frac{\pi}{2} \right) = -\frac{1}{\tan \theta} \tag{A.12}$$

$$\sin(\theta + \pi) = -\sin\theta \tag{A.13}$$

$$\cos(\theta + \pi) = -\cos\theta \tag{A.14}$$

$$\tan(\theta + \pi) = \tan\theta \tag{A.15}$$

### 加法定理

$$\sin(\alpha + \beta) = \sin\alpha\cos\beta + \cos\alpha\sin\beta \tag{A.16}$$

$$\sin(\alpha - \beta) = \sin\alpha\cos\beta - \cos\alpha\sin\beta \tag{A.17}$$

$$\cos(\alpha + \beta) = \cos\alpha\cos\beta - \sin\alpha\sin\beta \tag{A.18}$$

$$\cos(\alpha - \beta) = \cos\alpha\cos\beta + \sin\alpha\sin\beta \tag{A.19}$$

$$\tan(\alpha + \beta) = \frac{\tan\alpha + \tan\beta}{1 - \tan\alpha\tan\beta} \tag{A.20}$$

$$\tan(\alpha - \beta) = \frac{\tan\alpha - \tan\beta}{1 + \tan\alpha\tan\beta} \tag{A.21}$$

### 倍角および半角の公式

$$\sin 2\alpha = 2\sin\alpha\cos\alpha \tag{A.22}$$

$$\cos 2\alpha = \cos^2\alpha - \sin^2\alpha$$
$$= 2\cos^2\alpha - 1 = 1 - 2\sin^2\alpha \tag{A.23}$$

$$\tan 2\alpha = \frac{2\tan\alpha}{1 - \tan^2\alpha} \tag{A.24}$$

$$\sin^2\frac{\alpha}{2} = \frac{1 - \cos\alpha}{2} \tag{A.25}$$

$$\cos^2\frac{\alpha}{2} = \frac{1 + \cos\alpha}{2} \tag{A.26}$$

### 積を和に直す公式

$$\sin\alpha\cos\beta = \frac{1}{2}\left\{\sin(\alpha + \beta) + \sin(\alpha - \beta)\right\} \tag{A.27}$$

$$\cos\alpha\sin\beta = \frac{1}{2}\left\{\sin(\alpha + \beta) - \sin(\alpha - \beta)\right\} \tag{A.28}$$

$$\cos\alpha\cos\beta = \frac{1}{2}\left\{\cos(\alpha + \beta) + \cos(\alpha - \beta)\right\} \tag{A.29}$$

$$\sin\alpha\sin\beta = -\frac{1}{2}\left\{\cos(\alpha + \beta) - \cos(\alpha - \beta)\right\} \tag{A.30}$$

### 和を積に直す公式

$$\sin\alpha + \sin\beta = 2\sin\frac{\alpha + \beta}{2}\cos\frac{\alpha - \beta}{2} \tag{A.31}$$

$$\sin\alpha - \sin\beta = 2\cos\frac{\alpha + \beta}{2}\sin\frac{\alpha - \beta}{2} \tag{A.32}$$

$$\cos \alpha + \cos \beta = 2 \cos \frac{\alpha + \beta}{2} \cos \frac{\alpha - \beta}{2} \tag{A.33}$$

$$\cos \alpha - \cos \beta = -2 \sin \frac{\alpha + \beta}{2} \sin \frac{\alpha - \beta}{2} \tag{A.34}$$

## オイラーの公式

$$e^{\pm jx} = \cos x \pm j \sin x \quad （複号同順） \tag{A.35}$$

## 複素指数関数による表現

$$\sin x = \frac{e^{jx} - e^{-jx}}{2j} \tag{A.36}$$

$$\cos x = \frac{e^{jx} + e^{-jx}}{2} \tag{A.37}$$

$$\tan x = \frac{\sin x}{\cos x} = \frac{1}{j} \cdot \frac{e^{jx} - e^{-jx}}{e^{jx} + e^{-jx}} \tag{A.38}$$

## 双曲線関数

$$\sinh x = \frac{e^x - e^{-x}}{2} \tag{A.39}$$

$$\cosh x = \frac{e^x + e^{-x}}{2} \tag{A.40}$$

$$\tanh x = \frac{\sinh x}{\cosh x} = \frac{e^x - e^{-x}}{e^x + e^{-x}} \tag{A.41}$$

$$\cosh^2 x - \sinh^2 x = 1 \tag{A.42}$$

$$e^{\pm x} = \cosh x \pm \sinh x \quad （複号同順） \tag{A.43}$$

# 参考文献

1) 服藤憲司：例題と演習で学ぶ　電気回路（第2版），森北出版（2017）
2) 服藤憲司：例題と演習で学ぶ　続・電気回路（第2版），森北出版（2017）
3) 服藤憲司：例題と演習で学ぶ　基礎電気回路，森北出版（2020）
4) 服藤憲司：グラフ理論による回路解析，森北出版（2014）
5) 高橋陽一郎編：詳説　数学I，啓林館（2013）
6) 高橋陽一郎編：詳説　数学II，啓林館（2014）
7) 高橋陽一郎編：詳説　数学A，啓林館（2013）
8) 高橋陽一郎編：詳説　数学B，啓林館（2014）
9) チャート研究所編著：改訂版　チャート式　基礎からの数学I＋A，数研出版（2016）
10) 今野紀雄　監修：ニュートン式超図解最強に面白い!! 対数，ニュートンプレス（2019）
11) 三宅敏恒：入門線形代数，培風館（1991）
12) 矢野健太郎，石原繁：基礎解析学（改訂版），裳華房（2018）
13) 矢嶋信男：理工系の数学入門コース4　常微分方程式，岩波書店（1989）
14) 御園生善尚，渡利千波，斎藤偵四郎，望月望：大学課程　解析学大要，養賢堂（1973）
15) 和田秀三，岩田恒一，大野芳希，酒井隆：線形代数学，廣川書店（1972）
16) 金原粲　監修，吉田貞史，石谷善博，菊池昭彦，松田七美男，明連広昭，矢口裕之：電気数学，実教出版（2008）
17) 卯本重郎：現代基礎電気数学（改訂増補版），オーム社（1990）
18) 高木浩一，猪原哲，佐藤秀則，高橋徹，向川政治：大学1年生のための電気数学（第2版），森北出版（2014）
19) 森武昭，奥村万規子，竹尾英哉：電気数学入門，森北出版（2010）
20) 森武昭，大矢征：電気電子工学のための基礎数学（第2版），森北出版（2014）
21) 近藤次郎：演算子法，培風館（1956）
22) 原島博，堀洋一：工学基礎　ラプラス変換とz変換，数理工学社（2004）
23) 三浦光：ポイントで学ぶ電気回路　直流・交流基礎編，昭晃堂（2008）・コロナ社（2015）
24) 三浦光：ポイントで学ぶ電気回路　交流活用編，昭晃堂（2010）・コロナ社（2015）
25) 家村道雄，原谷直実，中原正俊，松岡剛志：入門電気回路　基礎編，オーム社（2005）
26) 家村道雄，村田勝昭，園田義人，原谷直実，松岡剛志：入門電気回路　発展編，オーム社（2005）
27) 西巻正郎，森武昭，荒井俊彦：電気回路の基礎（第3版），森北出版（2014）
28) 西巻正郎，下川博文，奥村万規子：続電気回路の基礎（第3版），森北出版（2014）
29) 大野克郎，西哲生：大学課程　電気回路（1）（第3版），オーム社（1999）
30) 尾崎弘：大学課程　電気回路（2）（第3版），オーム社（2000）
31) 金原粲　監修，加藤政一，和田成夫，佐野正敏，田井野徹，鷹野致和，高田進：電気回路（改訂版），実教出版（2016）
32) 山本弘明，高橋謙三，谷口秀次，森幹男：電気回路，共立出版（2008）
33) 大下眞二郎：詳解電気回路演習（上），共立出版（1979）
34) 大下眞二郎：詳解電気回路演習（下），共立出版（1980）
35) 森口繁一，宇田川銈久，一松信：数学公式I，II，III，岩波書店（1987）

# 索　引

著 者 略 歴
服藤 憲司（はらふじ・けんじ）
1977 年 東北大学工学部卒業
1982 年 東北大学大学院工学研究科博士後期課程修了
工学博士（東北大学）
1987 年 松下電器産業株式会社 半導体研究センター
2006 年 高松工業高等専門学校 教授
2008 年 立命館大学理工学部電気電子工学科 教授
2020 年 立命館大学理工学部 特別任用教授
現在に至る


編集担当 富井 晃（森北出版）
編集責任 上村紗帆（森北出版）
組 版 ブレイン
印 刷 丸井工文社
製 本 丸井工文社

例題と演習で学ぶ 電気数学 　　　　　　　　　　　ⓒ 服藤憲司 2021

2021 年 7 月 21 日 　第 1 版第 1 刷発行　　　【本書の無断転載を禁ず】


著 者 服藤憲司
発 行 者 森北博巳
発 行 所 森北出版株式会社
東京都千代田区富士見 1-4-11 （〒102-0071）
電話 03-3265-8341／FAX 03-3264-8709
https://www.morikita.co.jp/
日本書籍出版協会・自然科学書協会 会員
JCOPY ＜（一社）出版者著作権管理機構 委託出版物＞

Printed in Japan／ISBN978-4-627-73671-9

# MEMO

# MEMO

MEMO

# MEMO

# MEMO